Grundlagen der Bruchmechanik

Herausgegeben von

H.-P. Rossmanith

Springer-Verlag Wien New York

Doz. Dr. Hans-Peter Rossmanith
Institut für Mechanik
Technische Universität Wien, Österreich

Softcover reprint of the hardcover 1st edition 1982

Mit 187 Abbildungen

CIP-Kurztitelaufnahme der Deutschen Bibliothek
Grundlagen der Bruchmechanik / hrsg. von H.-P. Rossmanith. — Wien ; New York : Springer, 1982.
ISBN-13:978-3-7091-8648-0

NE: Rossmanith, Hans-P. [Hrsg.]

ISBN-13:978-3-7091-8648-0 e-ISBN-13:978-3-7091-8647-3
DOI: 10.1007/978-3-7091-8647-3

VORWORT

Die Bruchmechanik als Lehre und Wissenschaft der Vorgänge beim Brechen und Trennen von Festkörpern in zwei oder mehrere Teile kombiniert analytische und experimentelle Methoden und Verfahren aus der Materialtechnologie, der angewandten Mechanik und dem Ingenieurwesen. Die Ingenieurwissenschaft trägt zur Last- und Spannungsanalyse bei, die angewandte Mechanik liefert die Spannungsverteilung an der Rißspitze sowie die elastischen und plastischen Deformationsanteile des Materials in der Umgebung der Rißspitze, und die Materialtechnologie befaßt sich mit dem Bruchvorgang im mikrostrukturellen und atomaren Bereich. Diese Vernetzung verschiedener Wissensgebiete trägt einerseits zur Komplexität der Bruchforschung bei, andererseits liegt gerade in der interdisziplinären Wechselwirkung und konstruktiven Synthese der Grund für die besondere Attraktivität des heute hochaktuellen Forschungsgebietes der Bruchmechanik.

Der Grund für den außerordentlich raschen Aufschwung der Bruchmechanik in den letzten beiden Jahrzehnten ist vor allem in ihrer großen praktischen Bedeutung für die Festigkeitslehre zu suchen. Die Kumulation von katastrophalen Schäden im Flugzeug-, Schiff-, Reaktor- und Brückenbau infolge Sprödbruchausbreitung bewirkte vor allem in USA in den vergangenen drei Jahrzehnten ein ständig wachsendes Interesse an der Erforschung und am Verständnis der dem Bruchvorgang zugrundeliegenden physikalischen Prozesse. Dabei entwickelte sich eine neue Disziplin - die Bruchmechanik -, welche große Teile der klassischen Fachgebiete Mechanik, Physik, Metallurgie und Ingenieurwesen umfaßt und in sich vereinigt. In den USA sind bereits seit längerem charakteristische Materialparameter, die das Bruchverhalten und den Widerstand des Materials gegen Bruchausbreitung beschreiben, in das ASTM - Book of Standards aufgenommen worden, und diese werden von der Industrie weitgehend zur Charakterisierung der Festigkeit von Werkstoffen benützt.

Um die Ergebnisse und Methoden der Bruchmechanik einem breiteren Kreis von Fachleuten aus Industrie, Wirtschaft und Technik vorzustellen und um über

Möglichkeiten der Anwendung, aber auch über die Grenzen der Bruchmechanik zu informieren, veranstaltete die Arbeitsgemeinschaft "Bruchforschung, Haftungs- und Schadensrecht" in Wien mit finanzieller Unterstützung aus der Industrie am 12. und 13. Juni 1980 ein Einführungsseminar in die Grundlagen der Bruchmechanik unter besonderer Berücksichtigung der Schadensanalyse für die Praxis. Teilnehmer aus Forschung und Industrie, die sich mit Bruchproblemen in Metallen, Kunststoffen, Beton, Fels und keramischen Werkstoffen beschäftigen, informierten sich über die theoretischen und experimentellen Grundlagen und die Anwendungsmöglichkeiten dieses Fachgebietes.

Nach einer kurzen Übersicht über die historische Entwicklung und die Aufgabenstellung der Bruchmechanik werden die theoretischen Grundlagen wie auch die für die Anwendungen interessierenden Meßvorschriften zur Ermittlung von bruchmechanischen Kenngrößen und Analysenmethoden für die Schaden- und Fehlerbewertung in zehn Vorträgen vorgestellt. Unter den Voraussetzungen der linearen Elastizitätstheorie werden Spannungsverteilungen vor Rißspitzen in belasteten Platten berechnet; dabei wird der Spannungsintensitätsfaktor eingeführt, welcher die Intensität der Spannungssingularität, d.h. des Anstiegs der Spannung vor der Rißspitze, charakterisiert. Für einfache Fälle werden K-Faktoren ermittelt und für kompliziertere geometrische Konfigurationen und Lastfälle werden Approximationen angegeben und diskutiert. In den darauffolgenden Beiträgen wird gezeigt, daß sich der Widerstand eines Werkstoffes gegen Reißen durch eine vom Material selbst und den äußeren Betriebsbedingungen abhängige Kenngröße - die Materialzähigkeit K_{1c} - charakterisieren läßt. Bruch tritt ein, wenn der analytisch berechnete Spannungsintensitätsfaktor K einen experimentell zu bestimmenden Vergleichswert K_{1c} übersteigt. In den mehr anwendungsorientierten Beiträgen wird dieses Konzept - und dessen Erweiterung auf duktil sich verhaltende Werkstoffe - vorgestellt. Die Messung bruchmechanischer Kennwerte, Bemessungsgrundlagen, bruchmechanische Verfahren der Fehlerbeschreibung und -bewertung, Sicherheitskonzepte und Prüfverfahren werden in Zusammenhang mit aktuellen Beispielen der Schadensanalyse diskutiert. Rißausbreitungs- und Instabilitätskriterien, die Anwendung der Bruchmechanik auf Probleme der Ermüdungsrißausbreitung sowie auf schnellaufende Risse und Rißarrestkonzepte bilden den Inhalt dreier weiterer Beiträge. Die Rolle der Elektronenmikroskopie in der Erforschung der Mikromechanismen der verschienen Bruchformen und -typen bei metallischen Werkstoffen und in der mikroskopischen Schadensanalyse wird ebenso aufgezeigt wie die problemorientierte Anwendung spezieller finiter Elemente zur numerischen Behandlung von komplizierten aktuellen Problemen des Maschinenbaues und des Bauingenieurwesens. Der Einsatz der wichtigsten optischen Verfahren zur Ermittlung statischer und dynamischer Spannungsintensitätsfaktoren wird anhand von ausgewählten

Beispielen demonstriert. Im abschließenden Beitrag über die Möglichkeiten und Grenzen der Bruchmechanik wird auf die Problematik der übereifrigen Anwendung der Methoden und Ergebnisse der Bruchmechanik und die daraus resultierenden Fehlinterpretationen hingewiesen.

Die Buchbeiträge wurden nach dem Abschluß des Seminars von den Autoren nochmals bearbeitet, ein Beitrag ist hinzugekommen, aus anregenden Diskussionen entstandene Problemstellungen wurden eingebaut und die Literaturliste auf den neuesten Stand gebracht.

Das dem Buch angeschlossene englisch-deutsche Fachwörterverzeichnis wird für die Einarbeitung in das Gebiet der Bruchmechanik eine wertvolle Hilfe sein.

Aufrichtigen Dank sei allen Autoren für ihre Beiträge ausgesprochen. Der Control Data GesmbH Wien sind wir für die finanzielle Unterstützung zu Dank verpflichtet. Dem Verlag sei für freundliches Entgegenkommen vielmals gedankt.

Insbesondere die Herren Dr.H.Linsbauer und Dr.E.Tschegg von der Technischen Universität Wien haben sich um das Zustandekommen des Seminars und seine Organisation sehr verdient gemacht. Mein besonderer Dank gilt den Herren Professoren Dr.H. Parkus von der Technischen Universität Wien und Dr.G.R. Irwin - dem "Vater der Bruchmechanik" - von der University of Maryland, USA, für die fachliche Unterstützung und konstruktive Zusammenarbeit.

Wien, im Januar 1982 H.-P. Rossmanith

INHALTSVERZEICHNIS

HISTORISCHE ASPEKTE DER BRUCHMECHANIK

HANS-PETER ROSSMANITH

1. Historische Entwicklung der Bruchmechanik

Tritt ein Bruch bei einer technischen Konstruktion, einem Bauwerk oder auch in der Natur unerwartet auf, so ist in der Folge meist ein enormer Verlust an Material und unter Umständen auch Menschenleben zu beklagen. Beispiele des täglichen Lebens sind Achsbrüche bei Kraftfahrzeugen, Glasbruch, Kessel-und Behälterbruch, Schäden und Bruch von Talsperren zufolge Felsbewegungen, etc. Andererseits ist das gezielte und programmierte Auftreten und Ausbreiten von Brüchen sehr willkommen, z.B. im Tunnel-und Kavernenbau, im Minerallagerstättenabbau, bei der Erdölförderung, Ölschiefergewinnung und in der Steinbruchindustrie. Beispiele des alltäglichen Lebens sind das Teilen von Fliesen und Kacheln, das Trennen von Gläsern oder das Brechen der Weinheber der Weinbauern.

Mit dem rasanten technologischen Fortschritt werden wir zunehmends von der strukturellen Zuverlässigkeit unserer Konstruktionen und Bauwerke abhängig. Da die Bruchfestigkeit einen wesentlichen integralen Aspekt der Bauteilsicherheit und -zuverlässigkeit darstellt, hängt das Vertrauen, das wir in die Bruchsicherheit unserer Konstruktionen legen, sehr stark ab von der Kenntnis des Einmaleins der Bruchvorgänge und dem Verständnis der Ursachen sowie von der adäquaten Verwendung der gewonnenen Erkenntnisse im Entwurf, der Konstruktion, der Qualitätskontrolle und des sicheren Betriebes des technischen Anlagen. Diese Erkenntnisse fließen direkt in die Entwicklung und Verbesserung der Normvorschriften und dienen damit der Verhütung von Schäden. Große psychologische Wirkung - vornehmlich Unsicherheit - werden in der Bevölkerung durch z.B. heutzutage leider zu oft auftretende Schäden in städtischen Gasversorgungsanlagen und Gasleitungsnetzen hervorgerufen. Die betagten - manchmal bis zu achtzig Jahre alten - Gasleitungsnetze werden durch Straßenverkehrserschütterungen und verschiedene andere bruchfördernde Faktoren aufs höchste beansprucht und weisen oft gefährliche Bruchstellen mit Gasaustritt auf, die leider manchmal katastrophale Folgen nach sich ziehen.

Die Bruchmechanik ist wahrscheinlich so alt wie die Menschheit selbst, zieht man die Verwendung geschärfter Steinwerkzeuge unserer Urahnen in Betracht. Die ersten historisch belegten Überlegungen zur Bruchfestigkeit von imperfekten Eisendrähten finden sich in Leonardo da Vinci's Aufzeichnungen /1/ zusammen mit einer technischen Anordnung zur Bestimmung der Bruchfestigkeit von verschieden langen Eisendrähten. Allerdings war Leonardo noch mehr am sicheren Transport seiner bildhauerischen Meisterwerke als an der Bruchmechanik interessiert. Um ca. 1650 untersuchte der Hofingenieur Ludwigs XIV, Mariotte, bei Vorstudien zur Errichtung der großartigen Wasserspiele in Versailles die Déformation und den Berstdruck von zylindrischen Druckgefäßen und berichtete an die Französische Akademie der Wissenschaften über den linearen Zusammenhang zwischen Druck und Umfangsverlängerung der Gefäße wie auch über den Zusammenhang zwischen der kritischen Umfangsverlängerung und dem zugehörigen Berstdruck /2/. Vereinzelte Untersuchungen zur Materialzugfestigkeit von Eisendrähten stammen von Leblanc (1830) /3/, aber selbst um 1926 schreibt Love in seinem Standardwerk "A Treatise on the Mathematical Theory of Elasticity" /4/ noch, daß "...die Bedingungen für Bruch nur sehr vage verstanden werden..". Dieses unzureichende Verständnis der Bruchvorgänge wurde deshalb durch riesige Sicherheitsbeiwerte (6 für Boiler und Achsen, 6-10 für Eisenbahnbrücken und 12 für Propellerwellen) wettgemacht. Um 1860 kamen riesige Zugprüfmaschinen (Lloyd) in Verwendung und die Entwicklung des Kerbschlagbiegeversuchs setzte ein. Die Ludwik'sche Hypothese (1909) /5/ erklärte den relativ steilen Anstieg der Kerbschlagbrucharbeit mit der Prüftemperatur durch das Zusammenspiel der nahezu temperaturunabhängigen Kohäsionsfestigkeit und der stark mit der Temperatur ansteigenden Fließfestigkeit des Materials. Versuche von Stanton und Batson (1920) und Docherty (1930) /6/ zeigten, daß die Gesetze der mechanischen Ähnlichkeit bei bruchmechanischen Problemen keine Allgemeingültigkeit mehr besitzen; eine Tatsache, die auch von Ermüdungsrißausbreitungsversuchen gestützt wird. Daß der "Umsturz der Prinzipien der mechanischen Ähnlichkeit" durch Bruchvorgänge auf die Konstrukteure einen schockartigen Einfluß gehabt haben muß, ist aus der - leider auch heute noch oft angewendeten - Methode der geometrischen Ähnlichkeit in der konstruktiven Bemessungspraxis ersichtlich.

Die grundlegenden Ideen für den Beginn der modernen und eigentlichen Bruchmechanik stammen von A.A.Griffith (1920) /7/ und der Einführung der Versetzungs mechanik. Die auf der Energiebilanz beruhende Griffith'sche Bruchtheorie und die daraus abgeleitete Griffith'sche Formel setzen bereits die Rißlänge als wichtigste geometrische Größe in Beziehung zur angelegten kritischen Spannung und gewissen Materialkennwerten. Zwischen 1930 und 1950 erfuhr die Erforschung der Bruchphänomene in verschiedenen Materialien einen starken Auftrieb von der

Versetzungstheorie her.

Die Untersuchungen über Panzerungen und die Möglichkeit der Leichtgewichtpanzerung von Militärflugzeugen und der damit verbundenen metallurgischen Probleme ab 1937 am U.S.Naval Research Laboratory initiierten das Interesse für Bruchmechanikstudien an der University of North Carolina, USA.

In Europa entwickelte Weibull (1939) auf der Grundlage einer Art Griffith'scher Bruchtheorie eine statistische Theorie der Materialfestigkeit. Ähnliche, auch auf statistischen Konzepten beruhende Bruchhypothesen wurden etwa zur gleichen Zeit in Japan entwickelt.

Die erschreckende Häufung von Bruchschadensfällen während des zweiten Weltkrieges führte zum Wiederaufleben der intensiven Beschäftigung mit der Bruchmechanik. Die 1945 abgehaltene British Admiralty Conference über "Brittle Fracture of Mild-Steel-Plates" in Cambridge /8/, das Symposium der American Society for Metals (ASM) über "Fracturing of Metals" in Chicago 1947 /9/ sowie die zwei Übersichtsartikel von Gensamer et al./10,11/ beziehen sich bereits auf mehr als 250 Literaturstellen. Beim ASM-Symposium 1947 /9/ vertritt Irwin die Ansicht, daß ein Verständnis der Rißausbreitung nur über die Entwicklung des Nichtgleichgewichtes zwischen der auf der Griffith'schen Theorie beruhenden Energiefreisetzungsrate und der Änderung der für den Rißfortschritt notwendigen Arbeit der plastischen Deformation erreicht werden könne. Irwin und Orowan adaptierten und modifizierten die Griffith'sche Theorie des Sprödbruches für die Anwendung auf Bruchvorgänge in Werkstoffen mit nicht mehr vernachlässigbaren plastischen Deformationsanteilen an der Rißspitze. Diese modifizierte Griffith -Theorie kann solange als brauchbares Instrumentarium angesehen werden, als Bruch vor allgemeinem globalem Fließen eintritt.

Das lebhafte Interesse an der Bruchmechanik verbunden mit dem Fehlen einer übergeordneten allgemein akzeptierten Orientierung manifiestiert und reflektiert sich in der sich ergebenden substantiellen Verwirrung in der Begriffsbildung und Forschungsmethodik in der Fachliteratur in der Zeit von 1948-1959. Es war beispielsweise nicht klar, welche Verwandtschaft zwischen der Neuber'schen Kerbspannungslehre und den auf Leistungsbilanzen basierenden Bruchanalysen besteht; und ebenso schwebte der Begriff der "Übergangstemperatur" bei der Spröd-Zäh-Bruchverhaltensänderung leer im Raum.

Die Weiterentwicklung der fundamentalen Ideen der Bruchtheorie und deren Anwendungen durch Irwin, Kies und Orowan zwischen 1948 und 1954 /6/, insbesonders die Entwicklung der Grundlagen der Ingenieur-Bruchmechanik durch Irwin und seine Mitarbeiter wurden nicht vor 1960 allgemein akzeptiert. Erst eine Serie von schweren Schadensfällen während der Periode 1954-60 (siehe Tabelle I) sicherte der Bruchmechanik festen Fuß durch den Beschluß der American

Society for Testing and Materials (1959) zur Gründung eines Kommitees ASTM-E-24 für die Bruchprüfung von hochbeanspruchten metallischen Werkstoffen. Im ersten Report vom Jänner 1960 heißt es: "...die Gültigkeit der analytischen Methoden der Bruchmechanik ist hinreichend gut gesichert, um ihre Verwendung in der Fragestellung, ob ein Bruchversuch 'die signifikanten Größen für die Durchführung eines Testes mißt', zu erlauben, und den Grad der Verallgemeinerung von Bruchversuchsergebnissen auf in Betrieb befindliche komplexe Strukturen zu bestimmen".

Während der Periode 1960-1967 wurde die Bruchmechanik auf Probleme der Ermüdung und der Spannungskorrosion angewendet. Bruchmechanische Denkweisen und Methoden fanden Eingang in die Gebiete der Klebeverbindungen, Kompositmaterialien, der Felsbruchmechanik, in die Keramik-und Glasindustrie. Um 1967 waren die grundlegenden Methoden zur Materialprüfung für Probleme des ebenen Verzerrungszustandes gesichert und in weiter Verbreitung. Spezielle Probenkörper für die Materialprüfung wurden entwickelt und standardisiert. Die zunehmende Verwendung von dünnwandigen strukturellen Elementen (z.B. dünne Blechplatten im Flugzeugbau, etc.) forderte die Entwicklung neuer Charakterisierungs- und Bestimmungsmethoden, welche auch für Fälle mit relativ großen plastischen Zonen um die Rißspitze uneingeschränkte Gültigkeit besitzen.

Parallel zur Entwicklung der mehr anwendungsorientierten Ingenieur-Bruchmechank erfolgte der Aufbau der auf den Grundlagen der Elastizitätstheorie und Plastizitätstheorie beruhenden mathematisch anspruchsvolleren Rißmechanik. Im Gegensatz zur Bruchmechanik, die ihre Untersuchungen an der ungerissenen Probe durchführen kann, geht die Rißmechanik von der gerissenen Probenkonfiguration aus und ermittelt das Spannungs-Verzerrungsfeld in der Rißspitzenumgebung. Modernste mathematische Methoden - Integraltransformationen, numerische und Finite-Elemente Verfahren - werden zur Berechnung von interessierenden physikalischen Größen herangezogen.

Die modernen Strömungen in der Bruchmechanikforschung sind sehr stark von der Wechselwirkung mit der Industrie und Technik geprägt. Bruchmechanische Methoden werden heutzutage bei Problemen des Bergbaues und der Energiegewinnung erfolgreich eingesetzt, sie finden Anwendung in der Biomechanik,etc. und haben in vielen anderen Gebieten zu alten Problemen eine Menge neuer Zugänge und Möglichkeiten eröffnet. Über dieser Euphorie und allzueifrigen Anwendung der Bruchmechanik wird aber allzuleicht vergessen, daß der Bruchmechanik von ihren inneren Prinzipien her auch Grenzen gesetzt sind. Es ist auch unsere Aufgabe, mögliche Fehlinterpretationen zu vermeiden und den Bereich der sinnvollen Anwendung der Bruchmechanik - besonders in der Schadensanalyse - abzustecken.

2. Stellung und Aufgaben der Bruchmechanik

Die Bruchmechanik als Lehre und Wissenschaft der Vorgänge beim Brechen und Trennen eines Körpers in zwei oder mehrere Teile kombiniert mathematisch-physikalische Methoden mit metallurgischen Konzepten.

Die Notwendigkeit zur genaueren Untersuchung der Bruchvorgänge in den verschiedensten Materialien hat zur Entwicklung der Bruchforschung als eigener Disziplin geführt. Dabei ist die Bruchmechanik nicht Teilgebiet der Mechanik, sondern erstreckt sich über die Materialtechnologie (materials science), angewandte Mechanik (applied mechanics) und das Ingenieurwesen (engineering). Die Ingenieurwissenschaft trägt zur Last- und Spannungsanalyse bei, die angewandte Mechanik liefert die Spannungsverteilung an der Rißspitze sowie die elastischen und plastischen Deformationsanteile des Materials in der Umgebung der Rißspitze. Die Materialtechnologie befaßt sich mit dem Bruchvorgang im mikrostrukturellen und atomaren Bereich. Dies ist in der Abbildung 1 nach D.Broek /13/ schematisch skizziert. Keinenfalls besteht die Aufgabe der Bruchmechanik allein darin, materialspezifische Kennwerte zu ermitteln, welche zur qualitativen und quantitativen Behandlung der Rißausbreitung in Bauteilen unter Betriebsbedingungen herangezogen werden können. Diese Kennwertermittlung fällt in das wichtige Gebiet der Materialprüfung. Im Bereich der Festigkeitslehre treten die bruchmechanischen Konzepte zu den klassischen elastizitäts- und plastizitätstheoretischen Bemessungsgrundlagen und moderne Zuverlässigkeits- und Sicherheitsuntersuchungen sind ohne die Berücksichtigung bruchmechanischer Aspekte nicht mehr denkbar.

3. Das Ingenieur-Problem

Wird ein sich ausbreitender Riß in einer Konstruktion noch entdeckt, bevor er sich zur Katastrophe entwickelt hat, so steht der Ingenieur oft vor folgendem Problem: Ein Bauteil besitzt einen Riß, welcher sich zufolge der Anwendung wiederholter Beanspruchung oder aufgrund der Kombination von Beanspruchung und ungünstigem Umgebungseinfluß verlängert und sich auf die Lebensfähigkeit und die Lebensdauer des Bauteils fatal auswirken kann. Die Tatsache, daß die Spannungsintensität an der Rißspitze mit zunehmender Rißlänge im allgemeinen ansteigt, führt zur zeitlich beschleunigten Rißausbreitung im Bauteil. Dieser Sachverhalt ist aus der Abb.2 ersichtlich und wird im Beitrag über Ermüdungsrißausbreitung detailliert behandelt. Das Tragvermögen des gerissenen Bauteiles sinkt mit zunehmender Rißlänge und die aktuelle Traglast kann die ursprünglich projektierte unterschreiten. Tritt dies nach einer gewissen Zeit ein, so entspricht der Bauteil den gestellten Anforderungen nicht mehr und es kommt zum Versagen.

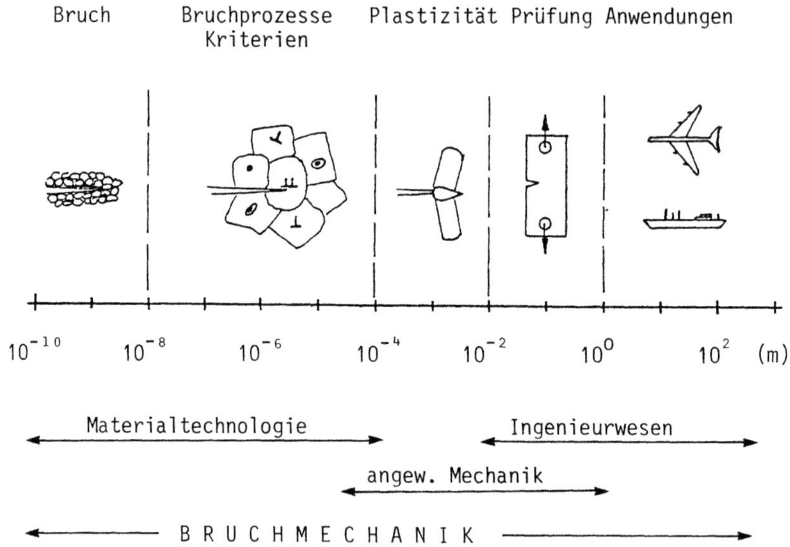

Abb.1 Stellung der Bruchmechanik

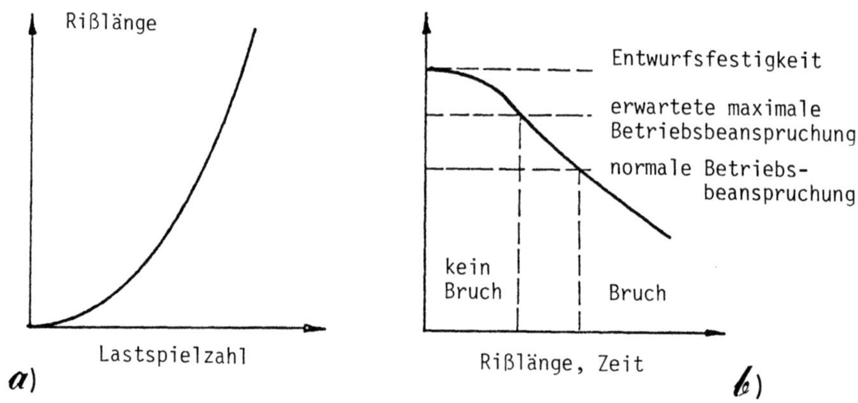

Abb.2 Das Ingenieur-Problem : a) Rißwachstumskurve

b) Residuale Festigkeitskurve

Viele Konstruktionen werden unter dem Gesichtspunkt entworfen und ausgelegt, daß sie eine gewisse Abweichung von den Normalbetriebsbedingungen ohne Schaden zu nehmen tolerieren. Dabei greift der Konstrukteur der Möglichkeit eines Bruchschadens vor und muß konsequenterweise ein gewisses Versagensrisiko des Bauteils akzeptieren. Die Versagenswahrscheinlichkeit und die damit zusammenhängende unvermeidbar begrenzte Lebensdauer müssen so ausgelegt sein, daß die Versagenswahrscheinlichkeit während der Betriebsdauer auf einem (oft von ökonomischen Überlegungen gesteuerten) vertretbaren niedrigen Niveau liegt. Die Garantie dieser Sicherheitsforderung ist eng mit der Frage nach der Rißwachstumsgeschwindigkeit und der Abnahme des Eignungsvermögens eines Bauteiles verbunden. Die Aufgaben der Bruchmechanik aus der Sicht des Ingenieurs umfassen und konzentrieren sich deshalb auf die Bruchvorhersage und die Entwicklung von Vorhersagemethoden.

Allgemein erwartet man sich von der (angewandten) Bruchmechanik Antwort auf folgende Fragen:

1) Wie groß ist die residuale Festigkeit des Bauteiles als Funktion der Rißlänge ?
2) Welche Rißlänge kann bei der gegebenen Betriebsbeanspruchung toleriert werden, d.h. welches ist die kritische Rißlänge ?
3) Wie lange braucht ein Riß, um von einer Anfangslänge bis zur kritischen Länge anzuwachsen ?
4) Wie groß dürfen die materialeigenen bereits existierenden Mikrorisse zum Zeitpunkt des Betriebsanfanges im Bauteil sein ?
5) Wie oft sollte ein technisches Gerät oder ein Bauteil, etc., auf Rißbildung und Rißausbreitung untersucht werden ?
6) Welche Maßnahmen - kurzfristig und langfristig - können zur Behebung der Bruchgefahr getroffen werden ?

Die Bruchmechanik gibt befriedigende Antwort zu einigen dieser Fragestellungen und nützliche Hinweise zu anderen.

4. Vorgangsweise in der Bruchmechanik

Die typische Vorgehensweise bei der Bewältigung bruchmechanischer Probleme verdeutlicht das in Abb.3 gezeigte Schema. Gegenstand der Rißmechanik ist die Ermittlung charakteristischer Größen zur Rißbeurteilung aufgrund passender Bruchkriterien. Die kritischen Werte der charakteristischen Größen werden für spezielle Prüfkörper mit definierter Rißgeometrie durch Vergleich von experimentellen Grenzwerten mit analytischen Berechnungen ermittelt. Aus dem Vergleich können unter gewissen Voraussetzungen Aussagen über die Bruchsicherheit, Restlebensdauer, etc. eines Bauteiles oder einer Konstruktion gemacht und weitere Entscheidungen über Inspektion, Service, Reparatur oder Stillegung einer Anlage oder eines Anlagenteiles getroffen werden. Die beiden Zweige des schematischen Flußdiagramms sind mit der Bruchmechanik und der Materialprüfung als zwei getrennte aber eng miteinander verbundene Disziplinen - wie die zwei Seiten einer Medaille - verknüpft.

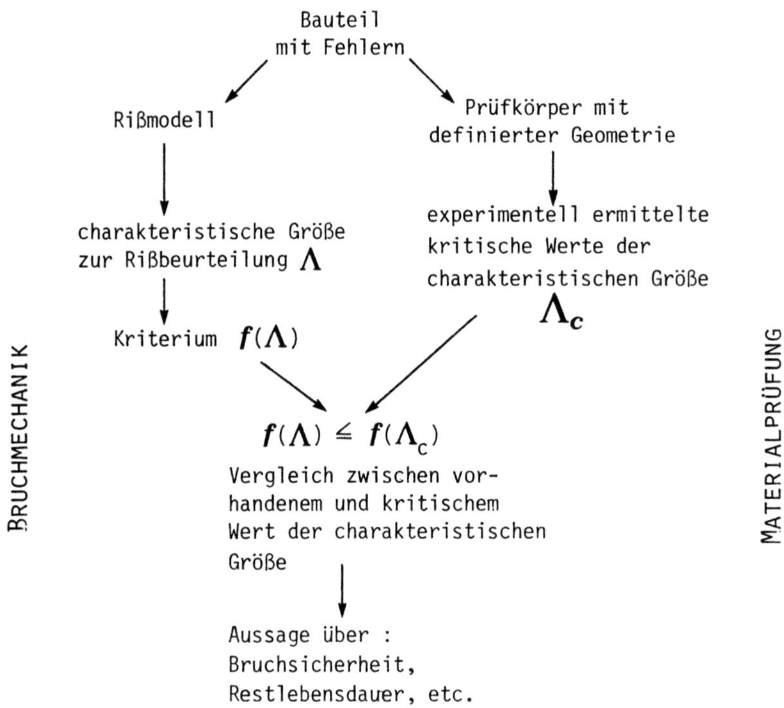

Abb.3 Schematische Vorgangsweise in der Bruchmechanik und Materialprüfung

Literatur

/1/ Beitrag von Arturo Uccelli in "Leonardo da Vinci", Reynal and Co., New York (1956)

/2/ Timoshenko S.P., "History of Strength of Materials", McGraw-Hill, New York and London (1953).

/3/ Todhunter I. und Pearson K., "History of the Theory of Elasticity and of the Strength of Materials", Abschnitte 1503 und 936, University Press Cambridge (1886)

/4/ Love A.E.H., "A Treatise of the Mathematical Theory of Elasticity", University Press Cambridge (1892), 4.Auflage 1926.

/5/ Ludwik P., "Elemente der technologischen Mechanik", Springer,Berlin (1909)

/6/ Irwin G.R. and A.A.Wells, A continuum-mechanics view of crack propagation, Metallurgical Reviews, 10, 223-270(1965)

/7/ Griffith A.A., Phil.Trans.Roy.Soc.,A 221,p.163(1920)

/8/ B.I.S.R.A. Conference on "Brittle Fracture of Mild-Steel Plate", Cambridge (1945), London (The Association).

/9/ ASM-Symposium "Fracturing of Metals", Chicago (1947), American Society of Metals, Cleveland (1948)

/10/ Gensamer et al.,"The Fracture of Metals; A Report to the Bureau of Ships, U.S.Navy", New York, Amer.Weld.Soc.(1947)

/11/ Gensamer et al., Welding Journal,26,p.443 (1947)

/12/ ASTM Standardisation News, "Understanding Fracture",7,p.4(1979)

/13/ Broek D., Elementary Engineering Fracture Mechanics, Noordhoff, Groningen (1974)

Doz.Dr.Mag. Hans-Peter Rossmanith
Institut für Mechanik
Technische Universität Wien
Karlsplatz 13
A-1040 Wien, Österreich

Tabelle I: Auswahl historischer Bruchschadenfälle

1830	(Montrose,USA)	Einsturz einer mit 700 Personen belasteten Hängebrücke während eines Bootrennens
1866	(Manchester,GB)	Einsturz eines Teiles der Bahnhofhallendachkonstruktion
		50-60 Kesselexplosionen jährlich bei Dampflokomotiven allein in England
1898	(New York,USA)	Explosion eines gebrochenen Gasbehälters
1913	(Boston,USA)	Hochdruckwasserbehälter geborsten
1941-	(weltweit)	Bruch von geschweißten Schiffen
	(USA)	2500 Liberty-Schiffe gebaut; davon 145 entzweigebrochen und bei 700 ernsthafte Rißschäden noch vor dem Einsatz im Kriegsgeschehen
1952-	(USA,GB)	Bruch von großen geschweißten Petroleumspeicherbehältern
1953-54	(GB)	DeHavilland-Comet Düsenflugzeug : Bruch des Rumpfes
1955-56	(USA)	Bruch von schweren Dampfturbinengeneratorwellen
1957-61	(USA)	Bruch von Feststoffraketenbrennkammern (Polaris, Minuteman)
1963	(Australien)	Einsturz der King's Bridge in Melbourne
1967	(USA)	Einsturz der Point Pleasant Bridge (zahlreiche Todesopfer)
1969	(USA)	Einsturz der Bryte Bend Bridge
jüngste Zeit	(weltweit)	Bruch von Pipelines, Druckbehältern, Gasturbinen, Reaktorkomponenten, F-111, etc.

GRUNDLAGEN DER INGENIEUR-BRUCHMECHANIK

HANS-PETER ROSSMANITH

Die Bruchausbreitung in festen Materialien ist ein sehr verwickelter physikalischer Vorgang, dessen Details sich im mikrostrukturellen Bereich abspielen. Praktisch brauchbare Lösungen und Resultate erhält man derzeit nur mit Hilfe der Kontinuumsmechanik vom makroskopischen Standpunkt aus.

Die auf bestimmten Idealisierungen und vereinfachten Modellen begründete technische Bruchmechanik - oder Ingenieurbruchmechanik - stellt keine allgemeine Theorie der Brucherscheinungen dar, sondern liefert ingenieurmäßige Methoden zur Behandlung des Bruchverhaltens von Bauteilen die Risse enthalten.

Wesentlich für den Rißausbreitungsvorgang sind die Bedingungen und Zustände an der Rißspitze. Mit Hilfe geeigneter Modelle werden auf der Grundlage der Elastizitätstheorie quantitative Beziehungen zwischen den äußeren Belastungen und der Geometrie des Bauteiles, der Rißgröße und bestimmten Materialkennwerten abgeleitet. Die sogenannte linear-elastische Bruchmechanik und ihre Weiterentwicklungen zur elasto-plastischen und Fließbruchmechanik finden heute in vielen technischen Bereichen als Ergänzung zur herkömmlichen Festigkeitsanalyse Beachtung und wichtige praktische Anwendung.

1. Spannungsanalyse an Rissen

Ausgangspunkt der Betrachtungen der linear-elastischen Bruchmechanik (LEBM) ist das elastische Spannungsfeld in der Umgebung der Rißspitze. Der Ursprung O der Koordinatensysteme Oxy und $Or\theta$ wird beim mathematisch scharfen Zentralriß der Länge 2a mit dem Mittelpunkt und beim idealisierten halbunendlichen Riß mit der Rißspitze nach Abb.1 identifiziert.

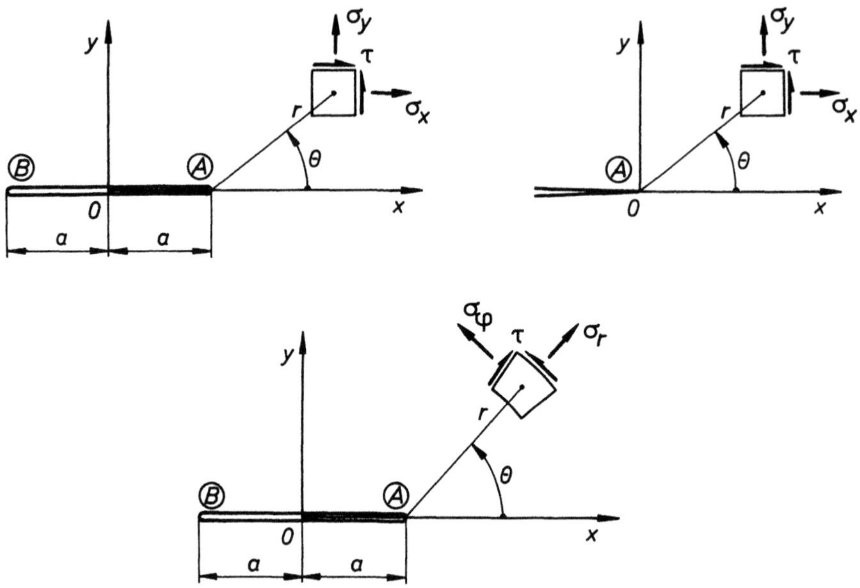

Abb.1 Koordinatensysteme und Spannungskomponenten an der Rißspitze

1.1. Bruchbeanspruchungsarten

Die Spannungsfelder vor dem Riß können in drei Grundfälle zerlegt werden. Je nach der Art der Symmetrie der Rißuferdeformation, bzw. Bruchbeanspruchungsart folgen die drei Bruchmoden (fracture modes) oder Rißöffnungsarten:

mode-I ... Öffnen der Rißufer unter Normalspannung während die Scherspannung entlang der Rißufer verschwindet (Abb.2a);

Beispiel: Zug von gerissenen Platten, Aufkeilung.

mode-II ... Reine ebene Scherbelastung in x-Richtung (Abb.2b)

Beispiel: tektonische Verschiebungen.

mode-III .. Reine nicht-ebene Verscherung der Bruchufer senkrecht zur x,y-Ebene (Abb.2c)

Beispiel: Zerreißen, Torsionsbruch bei scharf gekerbten Wellen.

1.2. Das elastische Spannungsfeld eines Risses

Im Rahmen der linearen Elastizitätstheorie lassen sich allgemeine reale Belastungsfälle durch Superposition der drei Grundfälle wenigstens approximativ verwirklichen. Die mode-I Rißöffnungsart wird als die gefährlichste Beanspruchungsart angesehen; überdies ermöglicht die Trennung der Rißufer verstärkten korrosiven Umgebungsangriff an der Rißfront und bringt damit eine Erhöhung der

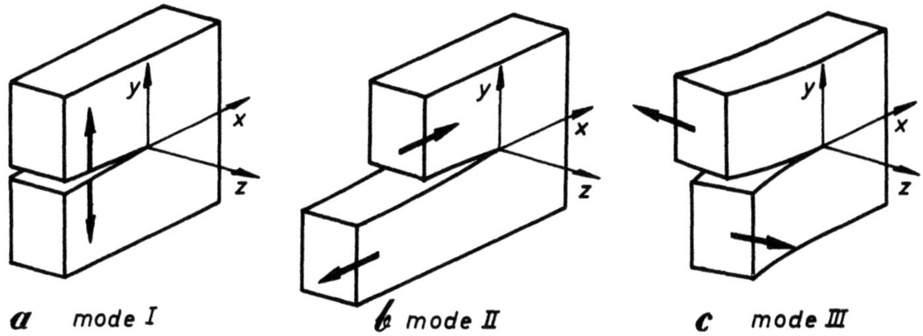

Abb.2 Die drei fundamentalen Rißöffnungsarten (I,II,III)

Gefährlichkeit. Aus diesem Grunde soll dem mode-I eine gewisse bevorzugte Behandlung eingeräumt werden.

Die Spannungsverteilung in der Umgebung der Rißspitze hat die Form /1/

$$\sigma_{ij} = \frac{1}{\sqrt{2\pi r}} \{ K_I f^I_{ij}(\theta) + K_{II} f^{II}_{ij}(\theta) + K_{III} f^{III}_{ij}(\theta) \} \qquad (1)$$

und die Gleichungen für die Verschiebungen lauten:

$$u_i = \sqrt{r/8\pi E^2} \{ K_I g^I_i(\theta) + K_{II} g^{II}_i(\theta) + K_{III} g^{III}_i(\theta) \} \qquad (2)$$

mit i,j = x,y,z und E = Elastizitätsmodul.

Die explizite Form der Ausdrücke für die Spannungen und Verschiebungen in kartesischen und polaren Koordinaten ist aus der Zusammenstellung in Tabelle I und Abb.3 ersichtlich.

Die Gln. (1) und (2) geben die elastischen Spannungs-und Verschiebungsfelder in der unmittelbaren Umgebung der Rißspitze (für $r \to 0$ exakt) wieder und können als gute Näherung in Bereichen mit Radius r angesehen werden, für die r klein gegen eine charakteristische Länge, z.B. die Rißlänge, ist. Sie gelten für alle linear-elastischen Lösungen von Rißproblemen in homogenen isotropen Körpern.

Die dimensionslosen Funktionen f^k_{ij} und g^k_{ij} (k=I,II,III) enthalten nur den Winkel θ , und die Parameter K_I, K_{II} und K_{III} sind die sogenannten Spannungsintensitätsfaktoren (SIF), die den drei Rißöffnungsarten entsprechen. Die K_k-Werte nehmen Rücksicht auf die Randbedingungen des Rißproblems und können als Maß für die *Stärke* der $1/\sqrt{r}$ - Singularität des Spannungsfeldes in Rißnähe

Tabelle I : Spannungen und Verschiebungen in der unmittelbaren Umgebung der Rißspitze

Mode-1 :

$$\begin{Bmatrix}\sigma_x\\ \sigma_y\\ \tau_{xy}\end{Bmatrix} = \frac{K_1}{\sqrt{2\pi r}} \cdot \begin{Bmatrix}\cos(\theta/2)\{1-\sin(\theta/2)\sin(3\theta/2)\}\\ \cos(\theta/2)\{1+\sin(\theta/2)\sin(3\theta/2)\}\\ \sin(\theta/2)\cos(\theta/2)\cos(3\theta/2)\end{Bmatrix}$$

$$\begin{Bmatrix}\sigma_r\\ \sigma_\theta\\ \tau_{r\theta}\end{Bmatrix} = \frac{K_1}{\sqrt{2\pi r}} \cdot \begin{Bmatrix}\cos(\theta/2)\{1+\sin^2(\theta/2)\}\\ \cos^3(\theta/2)\\ \sin(\theta/2)\cos^2(\theta/2)\end{Bmatrix} \tag{3}$$

$$\begin{Bmatrix}u_x\\ u_y\end{Bmatrix} = \frac{K_1}{2E}\left(\frac{r}{2\pi}\right)^{1/2} \begin{Bmatrix}(1+\nu)\{(2\kappa-1)\cos(\theta/2)-\cos(3\theta/2)\}\\ (1+\nu)\{(2\kappa+1)\sin(\theta/2)-\sin(3\theta/2)\}\end{Bmatrix}$$

$$\begin{Bmatrix}u_r\\ u_\theta\end{Bmatrix} = \frac{K_1}{2E}\left(\frac{r}{2\pi}\right)^{1/2} \begin{Bmatrix}(1+\nu)\{(2\kappa-1)\cos(\theta/2)-\cos(3\theta/2)\}\\ (1+\nu)\{-(2\kappa+1)\sin(\theta/2)+\sin(3\theta/2)\}\end{Bmatrix} \tag{4}$$

$$u_z = -(\nu''z/E)(\sigma_x+\sigma_y) = -(\nu''z/E)(\sigma_r+\sigma_\theta) \, .$$

$$\sigma_z = \nu'(\sigma_x+\sigma_y) = \nu'(\sigma_r+\sigma_\theta) \, , \quad \tau_{xz} = \tau_{yz} = \tau_{rz} = \tau_{\theta z} = 0$$

Mode-2 :

$$\begin{Bmatrix}\sigma_x\\ \sigma_y\\ \tau_{xy}\end{Bmatrix} = \frac{K_2}{\sqrt{2\pi r}} \cdot \begin{Bmatrix}-\sin(\theta/2)\{2+\cos(\theta/2)\cos(3\theta/2)\}\\ \sin(\theta/2)\cos(\theta/2)\cos(3\theta/2)\\ \cos(\theta/2)\{1-\sin(\theta/2)\sin(3\theta/2)\}\end{Bmatrix}$$

$$\begin{Bmatrix}\sigma_r\\ \sigma_\theta\\ \tau_{r\theta}\end{Bmatrix} = \frac{K_2}{\sqrt{2\pi r}} \cdot \begin{Bmatrix}\sin(\theta/2)\{1-3\sin^2(\theta/2)\}\\ -3\sin(\theta/2)\cos^2(\theta/2)\\ \cos(\theta/2)\{1-3\sin^2(\theta/2)\}\end{Bmatrix} \tag{5}$$

$$\begin{Bmatrix}u_x\\ u_y\end{Bmatrix} = \frac{K_2}{2E}\left(\frac{r}{2\pi}\right)^{1/2} \begin{Bmatrix}(1+\nu)\{(2\kappa+3)\sin(\theta/2)+\sin(3\theta/2)\}\\ -(1+\nu)\{(2\kappa-3)\cos(\theta/2)+\cos(3\theta/2)\}\end{Bmatrix}$$

$$\begin{Bmatrix}u_r\\ u_\theta\end{Bmatrix} = \frac{K_2}{2E}\left(\frac{r}{2\pi}\right)^{1/2} \begin{Bmatrix}(1+\nu)\{-(2\kappa-1)\sin(\theta/2)+3\sin(3\theta/2)\}\\ (1+\nu)\{-(2\kappa+1)\cos(\theta/2)+3\cos(3\theta/2)\}\end{Bmatrix} \tag{6}$$

$$u_z = -(\nu''z/E)(\sigma_x+\sigma_y) = -(\nu''z/E)(\sigma_r+\sigma_\theta)$$

$$\sigma_z = \nu'(\sigma_x+\sigma_y) = \nu'(\sigma_r+\sigma_\theta) \, , \quad \tau_{xz} = \tau_{yz} = \tau_{rz} = \tau_{\theta z} = 0$$

Mode-3 :

$$\begin{Bmatrix}\tau_{xz}\\ \tau_{yz}\end{Bmatrix} = \frac{K_3}{\sqrt{2\pi r}} \cdot \begin{Bmatrix}-\sin(\theta/2)\\ \cos(\theta/2)\end{Bmatrix}$$

$$\begin{Bmatrix}\tau_{rz}\\ \tau_{\theta z}\end{Bmatrix} = \frac{K_3}{\sqrt{2\pi r}} \cdot \begin{Bmatrix}\sin(\theta/2)\\ \cos(\theta/2)\end{Bmatrix} \tag{7}$$

$$u_z = K_3/2E \, \sqrt{r/2\pi} \, \{2(1+\nu)\sin(\theta/2)\} \tag{8}$$

$$u_x = u_y = u_r = u_\theta = 0$$

$$\sigma_x = \sigma_y = \sigma_r = \sigma_\theta = \tau_{\theta z} = \tau_{xy} = \tau_{r\theta} = 0$$

$\kappa = (3-\nu)/(1+\nu) \qquad \nu' = 0 \, , \; \nu'' = \nu$ ESZ

$\kappa = (3-4\nu) \qquad \nu' = 0 \, , \; \nu'' = 0$ EVZ

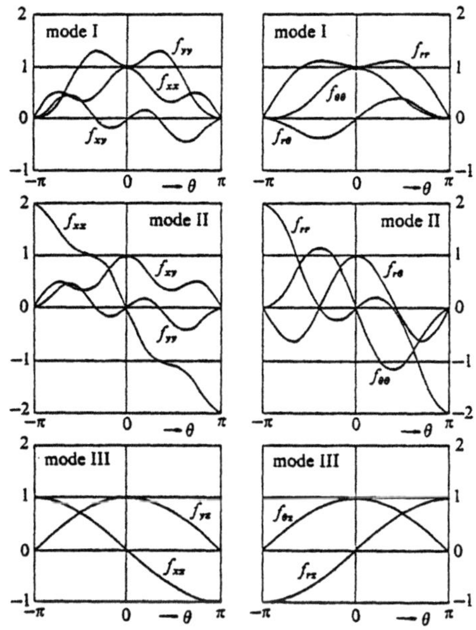

Abb.3. Verteilung der Funktionen f_{ij}^{k} für k=I,II,III und i,j = x,y oder r,θ

aufgefaßt werden:

$$(K_I, K_{II}, K_{III}) = \lim_{r \to o} \{\sigma_{yy}(r,o),\ \tau_{xy}(r,o),\ \tau_{yz}(r,o)\} \sqrt{2\pi r} \tag{9}$$

Die Dimension des Spannungsintensitätsfaktors ist Kraft·Länge$^{-3/2}$, z.B. $Nm^{-3/2}$ oder $MPam^{1/2}$. Es gelten die Umrechnungsbeziehungen

$$1\ kp = 9{,}81\ N\ ,\ 1\ Nm^{-2} = 1\ Pa\ ,\ 1\ MNm^{-3/2} = 1\ MPam^{1/2} = 3{,}22\ kpmm^{-3/2}.$$

In der näheren Umgebung eines abgestumpften oder ausgerundeten Risses mit endlichem Krümmungsradius ρ (Abb.4) gelten die Beziehungen /2,6/:

$$\text{Mode-1} \quad \sigma_x = \frac{K_1}{\sqrt{2\pi r}} \cos\frac{\theta}{2} \left(1-\sin\frac{\theta}{2} \sin\frac{3\theta}{2}\right) - \frac{K_1}{\sqrt{2\pi r}} \frac{\rho}{2r} \cos\frac{3\theta}{2}$$

$$\sigma_y = \frac{K_1}{\sqrt{2\pi r}} \cos\frac{\theta}{2} \left(1+\sin\frac{\theta}{2} \sin\frac{3\theta}{2}\right) + \frac{K_1}{\sqrt{2\pi r}} \frac{\rho}{2r} \cos\frac{3\theta}{2} \tag{10}$$

$$\tau_{xy} = \frac{K_1}{\sqrt{2\pi r}} \sin\frac{\theta}{2} \cos\frac{\theta}{2} \cos\frac{3\theta}{2} - \frac{K_1}{\sqrt{2\pi r}} \frac{\rho}{2r} \sin\frac{3\theta}{2}$$

$$\text{Mode-2} \quad \sigma_x = \frac{K_2}{\sqrt{2\pi r}} \sin\frac{\theta}{2} \left(2+\cos\frac{\theta}{2} \sin\frac{3\theta}{2}\right) - \frac{K_2}{\sqrt{2\pi r}} \frac{\rho}{2r} \sin\frac{3\theta}{2}$$

$$\sigma_y = \frac{K_2}{\sqrt{2\pi r}} \sin\frac{\theta}{2} \cos\frac{\theta}{2} \cos\frac{3\theta}{2} - \frac{K_2}{\sqrt{2\pi r}} \frac{\rho}{2r} \sin\frac{3\theta}{2} \qquad (11)$$

$$\tau_{xy} = \frac{K_2}{\sqrt{2\pi r}} \cos\frac{\theta}{2} \left(1-\sin\frac{\theta}{2} \sin\frac{3\theta}{2}\right) - \frac{K_2}{\sqrt{2\pi r}} \frac{\rho}{2r} \cos\frac{3\theta}{2}$$

Der Zusammenhang zwischen den Spannungsintensitätsfaktoren bei Rissen und den Spannungskonzentrationsfaktoren (oder Kerbfaktoren) bei Kerben lautet nach Irwin (z.B.Refs./2,3,5/) :

$$K_I = \lim_{\rho \to o} \frac{1}{2} \sqrt{\pi\rho}\, \sigma_{max} \quad (K_{II} = K_{III} = 0)$$

$$K_{II} = \lim_{\rho \to o} \frac{1}{2} \sqrt{\pi\rho}\, \sigma_{max} \quad (K_I = K_{III} = 0) \qquad (12)$$

$$K_{III} = \lim_{\rho \to o} \frac{1}{2} \sqrt{\pi\rho}\, \tau_{max} \quad (K_I = K_{II} = 0)$$

wobei σ_{max} und τ_{max} die Hauptspannungen am Kerbgrund bezeichnen. Die abgestumpften Risse spielen bei Brucherscheinungen mit großen plastischen Deformationen und bei der Spannungsrißkorrosion eine Rolle.

Abb. 4. Elliptische Kerbe

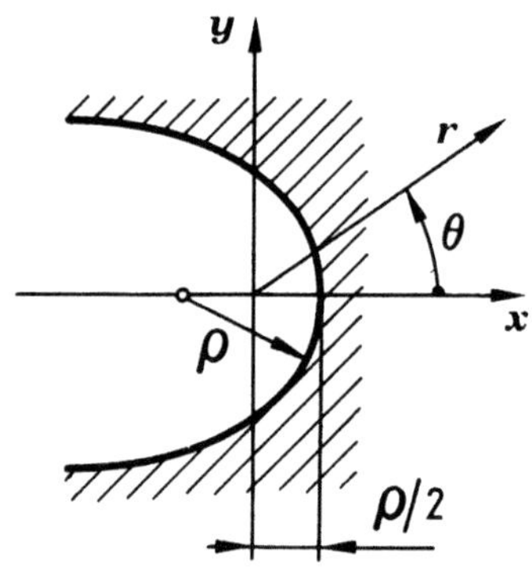

1.3. Ermittlung von Spannungsintensitätsfaktoren

Die Spannungsintensitätsfaktoren sind von der Geometrie des belasteten Körpers, der Rißkonfiguration und linear von der äußeren Belastung abhängig. Obwohl die Ermittlung der SIF besonders für praxisnahe Fälle häufig mit aufwendigen mathematischen Methoden und Verfahren (Integraltransformationen, konforme Abbildungen, Integralgleichungen, numerische Verfahren, Finite Elemente, etc.) verbunden ist, lassen sich für viele einfache Rißprobleme die SIF ohne Kenntnis der gesamten Spannungsverteilung um die Rißspitze auf ziemlich einfache Weise berechnen. Das zumeist schwierige Randwertproblem braucht also nicht vollständig gelöst zu werden. Außerdem können die SIF mit numerischen Näherungsverfahren und auch experimentell bestimmt werden.

1.3.1. Elementare Spannungsintensitätsfaktoren

Die Spannungsintensitätsfaktoren lassen sich allgemein mit den vollständigen Lösungen von Rißproblemen aus den Näherungen für die unmittelbare Umgebung der Rißspitze ermitteln.

Für den lastfreien Zentralriß der Länge 2a in der unendlichen Scheibe unter einachsiger Zugspannung $\sigma_{y\infty}=\sigma$ im Unendlichen (Abb.5a) gilt:

$$K_I = \sigma\sqrt{\pi a} \quad , K_{II} = K_{III} = 0 \qquad (13)$$

Für den schubbeanspruchten Riß (mode-II) nach Abb.5b gilt:

$$K_{II} = \tau\sqrt{\pi a} \quad , K_I = K_{III} = 0 \quad . \qquad (14)$$

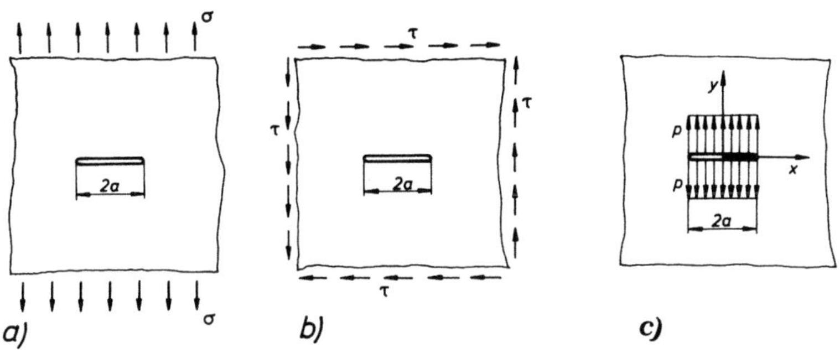

Abb. 5. Zentralriß in der Vollebene im einachsigen Zug (a), bei ebenem Schub (b) und mit konstantem Innendruck (c).

Für den Riß, dessen Ufer durch konstanten Innendruck p belastet sind (Abb.5c) gilt:

$$K_I = p\sqrt{\pi a} \quad . \qquad (15)$$

Für einen Zentralriß der Länge 2a in einer unendlichen Scheibe, dessen Ufer durch zwei außermittige Einzelkräfte P (pro Scheibendicke) belastet sind (Aufkeilungsproblem, Abb.6a) gilt am rechten Rißende *A*

$$K_{IA} = \frac{P}{\sqrt{\pi a}} \frac{\sqrt{a+c}}{\sqrt{a-c}} \tag{16}$$

und am linken Rißende *B*

$$K_{IB} = \frac{P}{\sqrt{\pi a}} \frac{\sqrt{a-c}}{\sqrt{a+c}} \; . \tag{17}$$

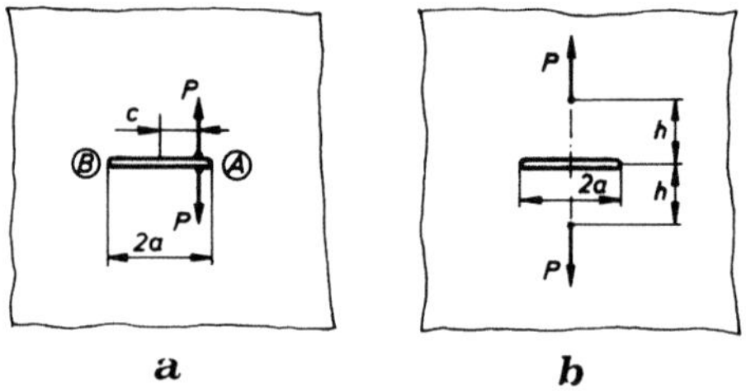

Abb. 6. Zentralriß in der Vollebene mit außermittigem momentenfreiem Randeinzelkräftepaar (a) und symmetrischem Feldkräftepaar (b)

Der symmetrische Spezialfall $c=0$ liefert:

$$K_I = P / \sqrt{\pi a} \quad , \quad K_{II} = K_{III} = 0 \quad . \tag{18}$$

Greifen zwei Einzelkräfte P pro Einheit der Scheibendicke im Abstand h von den Rißufern nach Abb.6b an, so gilt:

$$K_I = \frac{P}{\sqrt{\pi a}} \frac{a}{\sqrt{a^2+h^2}} \left(1 + \frac{2}{\kappa+1} \frac{h^2}{a^2+h^2} \right) \tag{19}$$

mit κ aus Tabelle I.

1.3.2. Einfluß der endlichen Probengeometrie

Bei endlichen Probenabmessungen muß der Einfluß der Probenberandungen auf das Spannungsfeld am Riß berücksichtigt werden. Der SIF nimmt dann häufig die Gestalt

$$K = \sigma \sqrt{\pi a} \; Y(\ldots) \tag{20}$$

an, wobei $Y(\ldots)$ eine dimensionslose Funktion gewisser geometrischer Parameter ist.

Bei Streifenrißproblemen läßt sich K durch geeignete Fortsetzung aus allgemeinen periodischen Rißproblemen bestimmen. Zerschneiden der Scheibe mit den periodisch angeordneten Rissen (Abb. 7a) in äquidistante Streifen führt auf endliche Streifenrißprobleme (Abb. 7b), für die der SIF K_I näherungsweise durch die Tangentenformel von Irwin /4/ gegeben ist:

$$K_I = \sigma \sqrt{\pi a} \left(\frac{W}{\pi a} \tan \frac{\pi a}{W} \right)^{1/2} = \sigma \sqrt{\pi a} \; Y \quad . \tag{21}$$

Dabei wird durch die Nichterfüllung einer Randbedingung ein Fehler nach folgendem Schema gemacht:

Schnitt	Riß	Breite	gültig für	Fehler durch:
ABDC	innen	W	$a \ll W$	Normalspannung an den Schnitträndern
EFHG	sym.Rand	W	$a < W/2$	
EFDC	einf.Rand	W/2	(nirgends)	+ Biegemomente

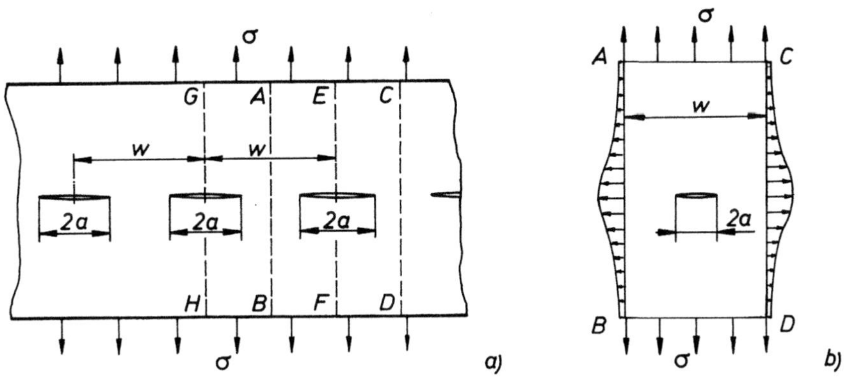

Abb.7 Streifenrißproblem: a) unendliche Platte mit kollinearen Rissen
b) Streifen endlicher Breite mit Zentralriß

Verbesserte Näherungen für die Korrekturfunktionen Y(..) (Abb. 8) der SIF ergeben sich aus den folgenden Approximationspolynomen:

$$\text{(a)} \quad K_I = \sigma \sqrt{\pi a} \; \{ 1{,}77 \; \{ 1-0{,}2(a/b)+4(a/b)^2 \} \}$$

$$\text{(b)} \quad K_I = \sigma \sqrt{\pi a} \; \{ 1{,}98 + 0{,}72(a/b)-8{,}5(a/b)^2+27{,}36(a/b)^3 \} \tag{22}$$

$$\text{(c)} \quad K_I = \sigma \sqrt{\pi a} \; \{ 1{,}99 - 0{,}41(a/b)+18{,}70(a/b)^2-38{,}78(a/b)^3+53{,}85(a/b)^4 \}$$

Der Korrekturfaktor für einen kleinen Kantenriß der Länge a nach Abb. 9 ist

$$K_I = 1{,}12 \, \sigma \sqrt{\pi a} \quad . \tag{23}$$

Die Präsenz freier Ränder ermöglicht etwas größere Verschiebungen der Rißufer, was zu höheren K-Werten bei endlichen Plattenrißproblemen führt.
Bei mehreren vorhandenen Rissen in der Form von Rißgruppen ist ein die Rißgruppe umhüllender Einzelriß oder Fehler im allgemeinen gefährlicher als je-

der einzelne Riß der Fehlergruppe.

Zahlreiche weitere Methoden und Formeln für die Bestimmung der Spannungsintensitätsfaktoren finden sich in den einschlägigen Handbüchern und Sammlungen über Spannungsintensitätsfaktoren, z.B./7/.

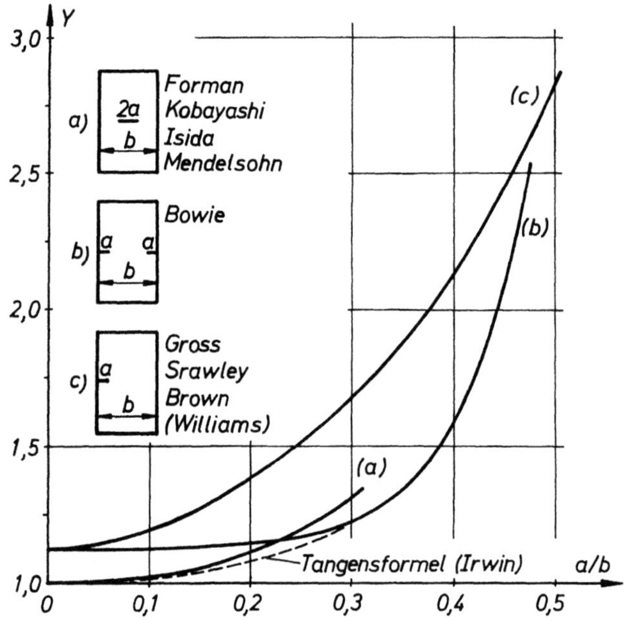

Abb.8 Korrekturfunktion Y für Streifenrißprobleme

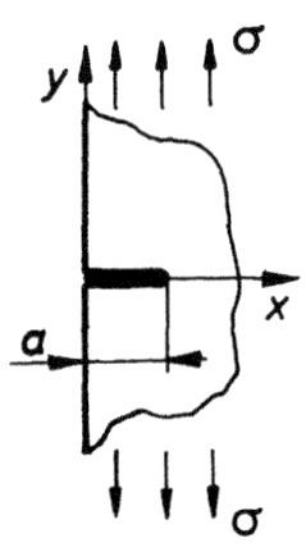

Abb.9 Der Kantenriß in der gleichförmig gezogenen Halbebene

Im folgenden werden bei den K-Faktoren die für den EVZ gültigen Symbole (I, II,III) durch die allgemein gültigen Symbole (1,2,3) ersetzt.

1.3.3. Methode der Green'schen Funktionen

Für Rißprobleme mit Rissen unter nicht einachsig gleichförmiger Belastung werden die Formeln (16) und (17) für die K-Werte an den beiden Rißenden *A* und *B* (Abb.6) als Green'sche Funktionen betrachtet. Wegen der Superposition linear-elastischer Lösungen ist der K-Wert für eine beliebige variable Lastverteilung P(x,y), für die die Spannungen $\sigma_y(x,0)$ und $\tau_{xy}(x,0)$ längs der Linie des prospektiven Risses bekannt sind, durch

$$\begin{bmatrix} K_1 \\ K_2 \end{bmatrix} = \frac{1}{\sqrt{\pi a}} \int_{-a}^{a} \sqrt{\frac{a+x}{a-x}} \begin{bmatrix} \sigma_y(x,0) \\ \tau_{xy}(x,0) \end{bmatrix} dx \tag{24.1}$$

und

$$\begin{bmatrix} K_1 \\ K_2 \end{bmatrix} = \frac{1}{\sqrt{\pi a}} \int_{-a}^{a} \sqrt{\frac{a-x}{a+x}} \begin{bmatrix} \sigma_y(x,0) \\ \tau_{xy}(x,0) \end{bmatrix} dx \tag{24.2}$$

gegeben.

Man beachte den Unterschied zwischen der elastizitätstheoretischen und der bruchmechanischen Lösung eines Problems: die elastizitätstheoretische Behandlung des Rißproblems ergibt den Spannungsintensitätsfaktor bezüglich der realen Spannungsverteilung im bereits gerissenen Bauteil, während bei der bruchmechanischen Behandlung mit der am Ort des fiktiven (gedachten) Risses herrschenden Spannungsverteilung gerechnet wird. Diese Tatsache ermöglicht erst die Berechnung der Spannungsintensitätsfaktoren für komplizierteste Bauteilformen mit elementaren Methoden. Die exakten Berechnungen fordern im allgemeinen einen erheblichen numerischen Mehraufwand.

Beispiel : Der Spannungsintensitätsfaktor für einen Randriß in einer Platte mit inhomogenem Spannungsfeld (Abb.10) ist:

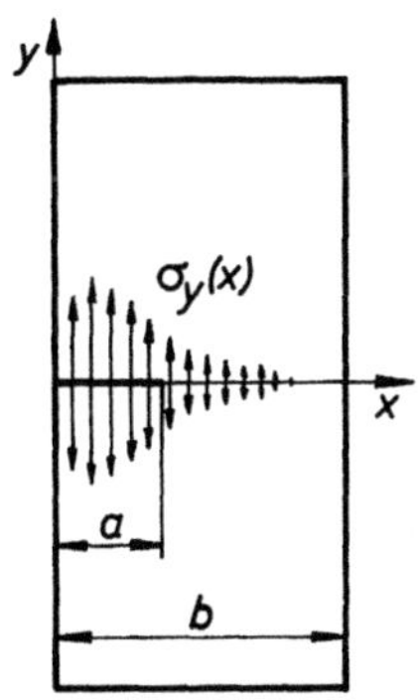

$$K_1 = 1{,}12 \frac{2}{\sqrt{\pi}} \sqrt{a} \int_0^a \frac{\sigma_y(x)}{\sqrt{a^2-x^2}} dx$$

Abb.10 Platte mit Randriß im inhomogenen Spannungsfeld

Beispiel : Träger mit zugseitigem Kantenriß (Abb.11a). Für sehr kleine Randrisse ($a \ll b$) und Plattendicke d liegt eine Zugbelastung mit $\sigma = 6M/db^2$ vor, und es gilt approximativ

$$K_1 \approx 1{,}12\, \sigma \sqrt{\pi a} \approx \frac{6M}{db^2} \sqrt{a}\; Y_1 \quad .$$

Der nach der Kollokationsmethode ermittelte Korrekturfaktor Y_1 ist aus der Abb.11b zu entnehmen.

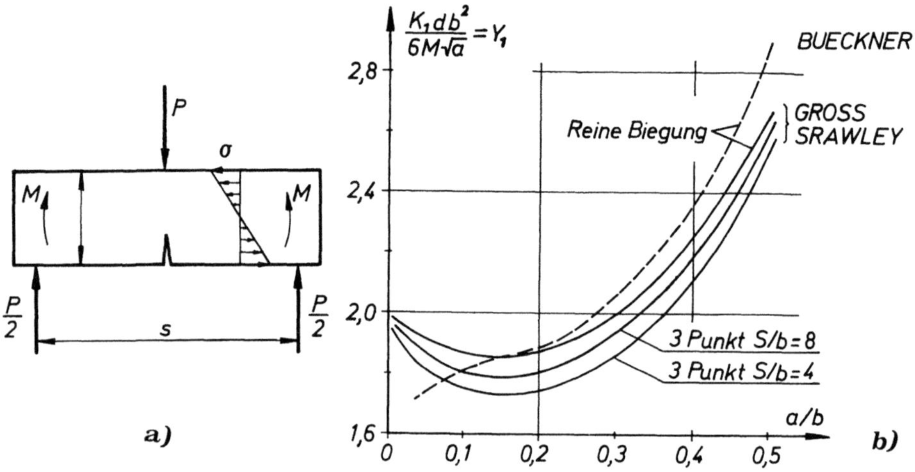

Abb.11 Träger mit zugseitigem Kantenriß: a) Geometrie und Lastfall,
b) Korrekturfaktor für endliche Probengeometrie

1.3.4. Superposition von Spannungsintensitätsfaktoren

Spannungsintensitätsfaktoren gleichen Modes, die jedoch verschiedenen Lastsystemen P_j entsprechen können, dürfen beliebig superponiert werden:

$$K_1 = \sum_j K_{1j} \quad , \quad K_2 = \sum_j K_{2j} \quad \text{und} \quad K_3 = \sum_j K_{3j} \quad . \qquad (25)$$

Das Superpositionsprinzip ist oft vorteilhaft zur indirekten Bestimmung der Spannungsintensitätsfaktoren wie das folgende Beispiel zeigt /1/.

Beispiel : Ermittlung des Spannungsintensitätsfaktors für einen von einem Nietloch ausgehenden Riß in einer zugbelasteten Platte (Lochdurchmesser klein gegen die Rißlänge). Nach Abb.12 ergibt das Superpositionsprinzip (25)

$$K_{1a} = K_{1b} + K_{1d} - K_{1e} \quad .$$

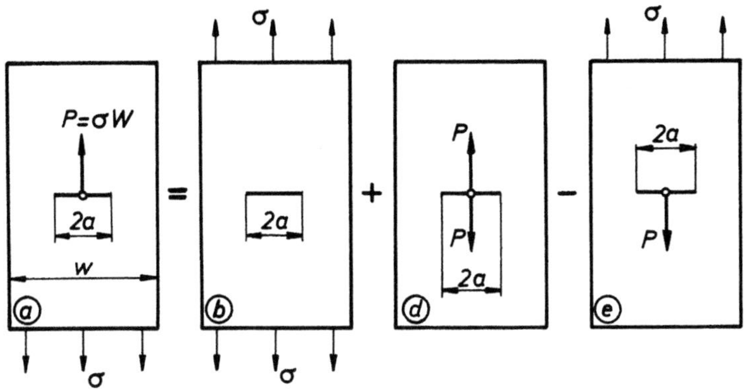

Abb.12 Beispiel zum Superpositionsprinzip (nach Ref./1/)

Da $K_{1a} = K_{1e}$ ist, folgt

$$K_{Ia} = \frac{1}{2}(K_{Ib}+K_{Id}) = \frac{1}{2}\sigma\sqrt{\pi a} + \frac{\sigma W}{2\sqrt{\pi a}} \quad .$$

1.3.5. Elliptische Risse

Natürliche Imperfektionen in Materialien haben meist die Form von ellipsoidförmigen Hohlräumen oder von elliptischen flächenhaften Fehlern (Abb.13), oder aber sie können durch idealisierte Fehlerkonfigurationen approximiert werden.

Auch die in der Praxis des Maschineningenieurs oft anzutreffenden Risse, die von Bohrlöchern und beschädigten Oberflächen ausgehen, nehmen während ihres fortgeschrittenen (oft wenig behinderten) Wachstums meist Halb- oder Viertelellipsenform an.

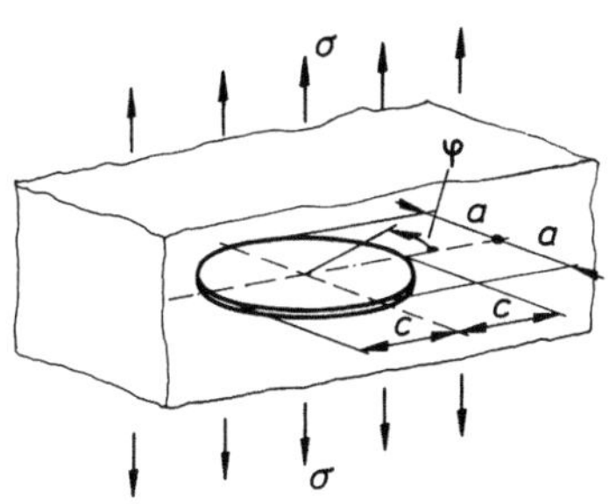

Abb.13 Elliptischer Riß im einachsigen Zugspannungsfeld

Für einen eingebetteten flachen elliptischen Riß im einachsigen Zugspannungsfeld hat Irwin auf der Basis der Spannungsverteilung um einen ellipsoidförmigen Hohlraum nach Sneddon eine einfache Ingenieurformel für den Spannungsintensitätsfaktor entwickelt:

$$K_1 = \sigma \sqrt{\pi a}\, \Phi^{-1} \{\sin^2\phi + (\tfrac{a}{c})^2 \cos^2\phi\}^{1/4} , \tag{26}$$

wobei Φ ein vollständiges elliptisches Integral 2.Art ist,

$$\Phi = \int_0^{\pi/2} \{1 - \{1-(\tfrac{a}{c})^2\} \sin^2\phi\}^{1/2}\, d\phi , \tag{27}$$

und die Größen a und c aus der Abb.13 zu entnehmen sind. Für $c \to \infty$ erhält man den Grenzfall des Zentralrisses der Länge 2a .

Reihenentwicklung des Integrals bis zur zweiten Ordnung ergibt in Verbindung mit Glg(26)

$$K_1 = \sigma \sqrt{\pi a} \{\sin^2\phi + (\tfrac{a}{c})^2 \cos^2\phi\}^{1/4} \{3\pi/8+\pi a^2/(8c^2)\}^{-1} \tag{28}$$

Genauere Werte für Φ sind der Abb.14 zu entnehmen.

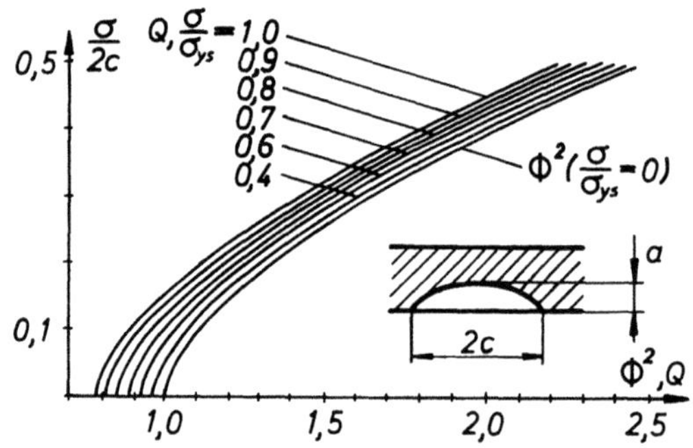

Abb.14 Korrekturfaktor Φ für den Oberflächenriß und Integraldarstellung

Der Wert des Spannungsintensitätsfaktors variiert entlang der gekrümmten Rißfront und nimmt an den Enden der Halbachsen die Extremalwerte an:

$$\begin{aligned} K_1(\phi=\pi/2) &= \sigma \sqrt{\pi a}\, \Phi^{-1} && \text{(Maximalwert)} \\ K_1(\phi=0) &= \sigma \sqrt{\pi a^2/c}\, \Phi^{-1} && \text{(Minimalwert)} . \end{aligned} \tag{29}$$

Die variable K-Wertverteilung impliziert das Bestreben elliptischer Risse in dicken Platten Kreisgestalt anzunehmen. In dünnen Platten und bei komplizierteren Geometrieformen führt der stärkere Einfluß der freien Plattenrückseite auf eine entsprechende Abweichung der Fehlerform von der Kreis-oder Ellipsengestalt.

Für den kreisförmigen Riß mit Radius a ergibt sich aus Glg(26) die einfache Formel:

$$K_1 = \frac{2}{\pi}\,\sigma\sqrt{\pi a} \quad . \tag{30}$$

Die Gleichung (26) ist von größter praktischer Bedeutung, da sie durch geringfügige Modifikation für flache Oberflächenfehler und Viertelellipsenfehler adaptiert werden kann (Abb.15).

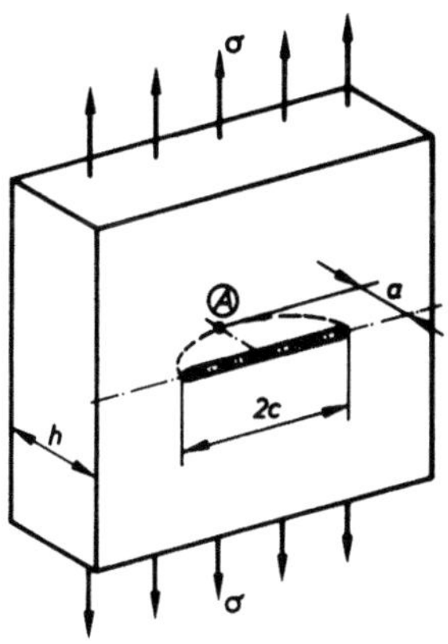

Abb.15 Halbelliptischer Oberflächenriß

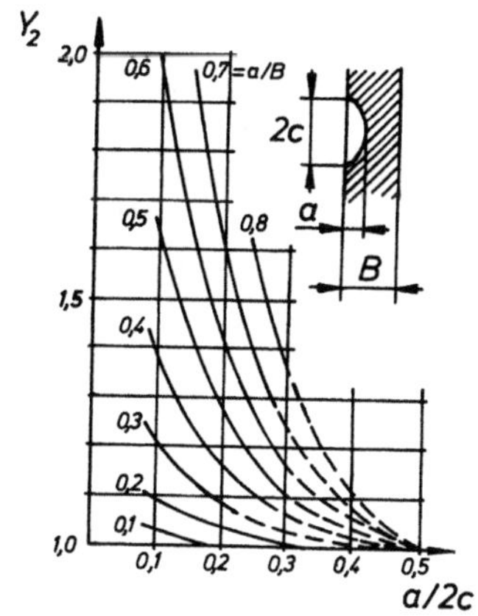

Abb.16 Korrekturfaktor Y_2

Für kompliziertere Geometrieverhältnisse werden eine Reihe von Korrekturfaktoren angewendet. Die allgemeine Form des K-Faktors lautet dann:

$$K_1 = \sigma\sqrt{\pi a}\;Y_1.Y_2.\ldots.Y_n \quad , \tag{31}$$

wobei die Y_i Korrekturfaktoren bedeuten.

Für flache halbelliptische Oberflächenfehler ist oft ein von A.S.Kobayashi angegebener Korrekturfaktor Y_2 notwendig, der den Einfluß der freien rückseitigen Probenoberfläche berücksichtigt:

$$K_{1,max} = 1{,}12\;Y_2\;\sigma\sqrt{\pi a/Q} \tag{32}$$

Dabei bedeutet Q einen Rißformfaktor, der der Abb.14 zu entnehmen ist. Der Korrekturfaktor Y_2 ist in der Abb.16 dargestellt.

1.3.6. Kreisrisse in Zugstäben

Für Spannungsintensitätsfaktoren bei kreisförmigen Innen- und Außenrissen in gezogenen Zylindern mit endlichem Radius R (Abb.17) und Nennspannung

$$\sigma_N = \sigma \{1 - (a/R)^2\}^{-1} \quad \text{(Innenriß)}$$
$$\sigma_N = \sigma \; (R/a)^2 \quad \text{(Außenriß)} \qquad (33)$$

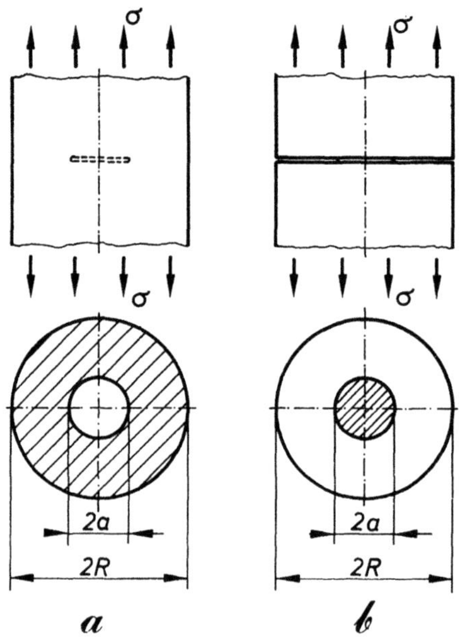

Abb.17 Gezogener Zylinder mit Radius R mit: a) Innenriß, b) Außenriß

gilt die Näherungsformel:

$$K_1 = \sigma_N \sqrt{\pi a}\; Y_s(a/R) \; , \qquad (34)$$

mit den Korrekturfunktionen (asymptotische Näherungen):

$$Y_s(a/R) = \frac{2}{\pi} \sqrt{1-a/R}\,\{ 1 + 0{,}5\,\frac{a}{R} - 0{,}625(\frac{a}{R})^2 + 0{,}421(\frac{a}{R})^3 \} \qquad (35)$$

für den Innenriß, und

$$Y_s(a/R) = \frac{3}{2} \sqrt{1-a/R}\,\{ 1 + 0{,}5\,\frac{a}{R} + 0{,}625(\frac{a}{R})^2 - 0{,}363(\frac{a}{R})^3 + 0{,}731(\frac{a}{R})^4 \} \qquad (36)$$

für einen Außenriß.

Der Vergleich der Spannungsintensitätsfaktoren für räumliche Risse mit äquivalenten ebenen Tunnelrissen gleicher Länge ergibt:

$$K_1(\text{3-dim;Ellipse}) < K_1(\text{2-dim;Tunnel}) \; .$$

1.3.7. Spannungsintensitätsfaktoren bei der Plattenbiegung

Nach der Kirchhoff-Poisson'schen Plattentheorie gilt bei linearer Verteilung der Spannungen über die Plattendicke für Biegung symmetrisch zur Rißebene (Abb.18) in der Umgebung der Rißspitze für die Spannungskomponenten die folgende Darstellung /8/:

in kartesischen Koordinaten

$$\begin{aligned} \sigma_x &= -\frac{K_B}{\sqrt{2\pi r}}\,\frac{z}{h}\,\frac{1-\nu}{2(3+\nu)}\left(3\cos\frac{\theta}{2}+\cos\frac{5\theta}{2}\right)\\ \sigma_y &= \frac{K_B}{\sqrt{2\pi r}}\,\frac{z}{h}\,\frac{1-\nu}{2(3+\nu)}\left(\frac{11+5\nu}{1-\nu}\cos\frac{\theta}{2}+\cos\frac{5\theta}{2}\right)\\ \tau_{xy} &= -\frac{K_B}{\sqrt{2\pi r}}\,\frac{z}{h}\,\frac{1-\nu}{2(3+\nu)}\left(\frac{7+\nu}{1+\nu}\sin\frac{\theta}{2}+\sin\frac{5\theta}{2}\right) \end{aligned} \tag{37}$$

in Polarkoordinaten

$$\begin{aligned} \sigma_r &= \frac{K_B}{\sqrt{2\pi r}}\,\frac{z}{h}\,\frac{7+\nu}{2(3+\nu)}\left(\frac{3+5\nu}{7+\nu}\cos\frac{\theta}{2}-\cos\frac{3\theta}{2}\right)\\ \sigma_\theta &= \frac{K_B}{\sqrt{2\pi r}}\,\frac{z}{h}\,\frac{7+\nu}{2(3+\nu)}\left(\frac{5+3\nu}{7+\nu}\cos\frac{\theta}{2}+\cos\frac{3\theta}{2}\right)\\ \tau_{r\theta} &= \frac{K_B}{\sqrt{2\pi r}}\,\frac{z}{h}\,\frac{7+\nu}{2(3+\nu)}\left(\frac{1-\nu}{7+\nu}\sin\frac{\theta}{2}-\sin\frac{3\theta}{2}\right). \end{aligned} \tag{38}$$

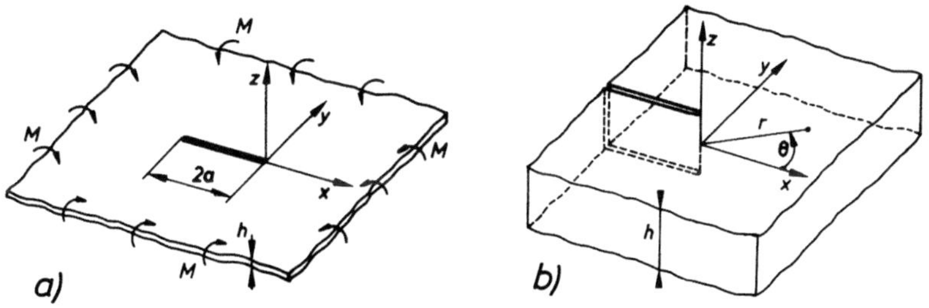

Abb.18 Biegung einer unendlich ausgedehnten Platte mit Riß
a) Belastung durch Randmomente
b) Koordinatensystem an der Rißfront

Der Spannungsintensitätsfaktor K_B bei der Biegung hat für eine unendlich ausgedehnte Platte mit Randbiegemoment M (pro Längeneinheit des Randes) den Wert

$$K_B = 6M/h^2 .\ \sqrt{\pi a}\ , \tag{39}$$

wobei K_B über die Plattendicke konstant ist.

Für Platten endlicher Breite 2d mit mittigem Riß der Länge 2a gilt die Approximation

$$K_B = 6M/h^2 \cdot \sqrt{\pi a} \cdot Y_B(a/d) \quad , \tag{40}$$

wobei die Korrekturfunktion $Y_B(a/d)$ in der Tabelle II gegeben ist.

Tabelle II : Korrekturfunktion Y_B

a/d	$Y_B(a/d)$
0	1,0
0,1	1,005
0,2	1,026
0,3	1,065
0,4	1,110
0,5	1,160

Tabelle III : Korrekturfunktion $\Phi(1)$

2a/h	$\Phi(1)$
∞	0,4
6,4	0,65
1,22	0,72
0,62	0,83
0,4	0,88
0,25	0,93

Die im Rahmen der Kirchhoff-Poisson'schen Plattentheorie gewonnenen Ergebnisse für gerissene Platten basieren auf einer Differentialgleichung vierter Ordnung und gelten nicht mehr, wenn außer der Biegung auch noch Membranspannungen an der Platte angreifen. Die Nichterfüllung der Voraussetzungen für die Anwendung der Kirchhoff-Poisson'schen Plattentheorie insbesondere in der Umgebung der Rißspitze resultiert in der widersprüchlichen Konstanz des Spannungsintensitätsfaktorwertes in der Plattendickenrichtung.

Die Behandlung des Plattenproblems nach der Reissner'schen Plattentheorie, die auf eine Differentialgleichung sechster Ordnung führt, ergibt eine z/h-Abhängigkeit der Spannungen. Der Spannungsintensitätsfaktor für das Problem nach Abb.18 lautet

$$K_B = 6M\ 2z/h^3\ \sqrt{\pi a}\ \Phi(1) \tag{41}$$

mit $\Phi(1)$ aus der Tabelle III.

Für den Grenzfall sehr dünner Platten ergibt eine genauere Berechnung:

$$K_B(z) = \frac{12z}{h^3}\ \frac{1+\nu}{3+\nu}\ M\ \sqrt{\pi a}\ \Phi(1) \quad . \tag{42}$$

2. Die plastische Zone an der Rißspitze

Infolge der starken Spannungsüberhöhung übersteigen die Spannungen in der unmittelbaren Umgebung der Rißspitze die Fließspannung σ_{ys} und es kommt zur Ausbildung einer plastischen Zone. Unter der Voraussetzung, daß diese plastische Enklave klein ist im Vergleich zu den Probenabmessungen oder der Rißlänge, kann man das Konzept des Spannungsintensitätsfaktors beibehalten und einen fiktiven Spannungsintensitätsfaktor für einen um die halbe plastische Zone verlängerten Riß berechnen. Überdies läßt sich die x-Ausdehnung der plastischen Zone aus der elastischen Spannungsverteilung berechnen.

Es wird linear elastisches - ideal plastisches Materialverhalten vorausgesetzt (Abb.19). Dehnungsverfestigung und Entlastungsphänomene werden bei diesen einfachen Modellen nicht berücksichtigt.

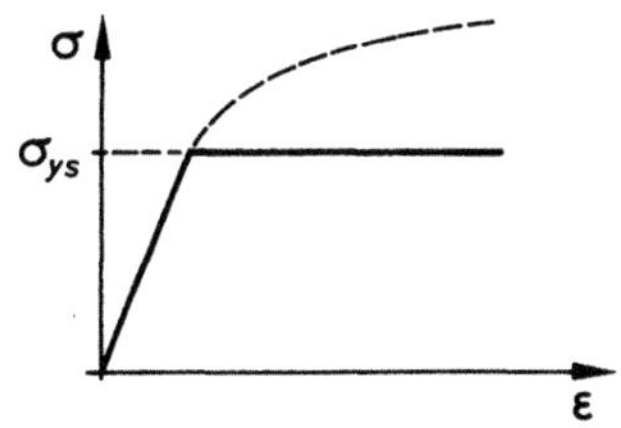

Abb.19 Spannungs-Dehnungsdiagramm für linear-elastisches ideal-plastisches Materialverhalten

Aus der einfachen Beziehung (Abb.20)

$$\sigma_y = K_1/\sqrt{2\pi r_p^*} = \sigma_{ys} \qquad (43)$$

folgt für die Ausdehnung der plastischen Zone r_p^* in erster Näherung /1,5/:

$$r_p^* = K_1^2 / (2\pi\sigma_{ys}^2) = \sigma^2 a/(2\,\sigma_{ys}^2) \quad . \qquad (44)$$

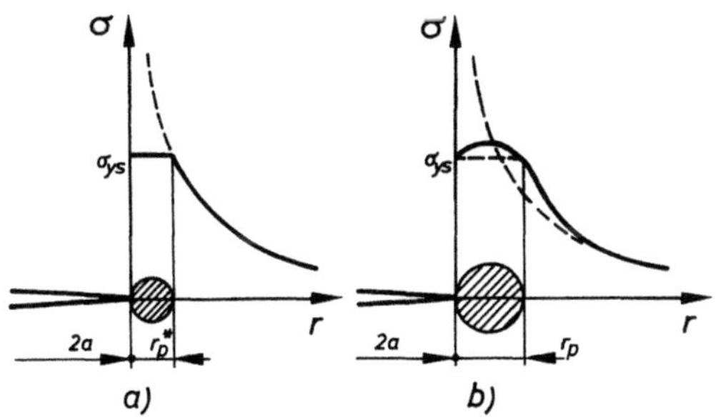

Abb.20 Plastische Zone an der Rißspitze
a) angenommene Spannungsverteilung
b) ungefähre wirkliche Spannungsverteilung

Die wirkliche Größe der plastischen Zone muß größer als r_p^* sein, da eine Spannungsumlagerung vor der Rißspitze stattfindet. Da die in der Abb.21 schraffierten Flächen gleich groß sein müssen, folgt nach einer Zwischenrechnung, daß die Größe der plastischen Zone r_p zweimal so groß ist, als die erste Abschätzung ergeben hat:

$$r_p = 2\,r_p^* = \frac{1}{\pi}\,(K_1/\sigma_{ys})^2 \quad . \qquad (45)$$

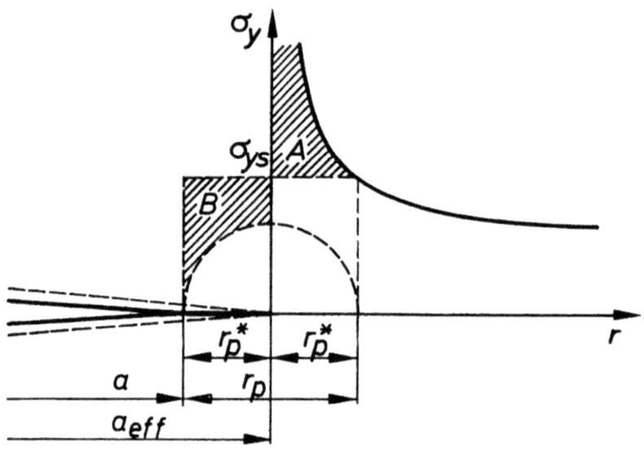

Abb.21 Verbesserte Abschätzung der Größe der plastischen Zone

Nimmt man eine kreisförmige Gestalt für die plastische Zone an, so erstreckt sich die effektive Rißlänge bis zur Mitte der plastischen Zone. Die Berechnung des elastischen Spannungsfeldes und des fiktiven Spannungsintensitätsfaktors muß dann aber unter Zugrundelegung der effektiven Rißlänge $a_{eff} = a + r_p^*$ durchgeführt werden:

$$K_1 = C\,\sigma\,\sqrt{\pi(a+r_p^*)} = C\,\sigma\,\sqrt{\pi(a + K_1^2/(2\pi\sigma_{ys}^2)} \quad . \qquad (46)$$

Die iterative Lösung der Gleichung (46) vermeidet man, wenn man zuerst r_p^* aus der Rißlänge a und der Spannung σ berechnet und dann den korrigierten K-Wert entsprechend der linken Hälfte der Gleichung(46) ermittelt.

Beispiel : Die Spannungsintensitätsverteilung für den halbelliptischen Oberflächenfehler nach Abschnitt 1.3.5. unter Berücksichtigung der plastischen Zone errechnet sich aus der Gleichung (26) nach

$$K_1 = 1{,}12\,\sigma\,\Phi^{-1}\,\sqrt{(a+r_p^*)}\,\{\sin^2\phi+(\tfrac{a}{c})^2\cos^2\phi\}^{1/4} \quad .$$

Mit $r_p^* = K_1^2/(4\pi\sqrt{2}\,\sigma_{ys}^2)$ ergibt sich für die K_1-Werteverteilung

$$K_1 = 1{,}12\,\sigma\,\sqrt{\pi a}\,\{\sin^2\phi+(\tfrac{a}{c})^2\cos^2\phi\}^{1/4}\,\{\Phi^2-0{,}212(\sigma/\sigma_{ys})^2\}^{-1/2} \quad .$$

Der Maximalwert des K-Faktors liegt bei $\theta = \pi/2$: $K_{1,max} = 1{,}12\sigma\sqrt{\pi a/Q}$

Die Größe des Formfaktors $Q = \{\Phi^2 - 0{,}212\,(\sigma/\sigma_{ys})^2\}^{1/2}$ ist in der Abb.14 für einige Werte von σ/σ_{ys} angegeben.

Die plastische Deformation hat eine steifigkeitserniedrigende Wirkung, d.h. das Bruchverhalten eines Risses der Länge 2a mit plastischen Zonen $2r_p^*$ entspricht dem Bruchverhalten eines Risses der Länge $2a_{eff}$ ohne plastische Zonen.

Weitere Modelle für Risse mit plastischen Endzonen stammen von Dugdale und Barenblatt, Bilby, Cottrell und Swinden /1-5,7/.

Bei der genauen Betrachtung der plastischen Zone muß das gesamte Spannungsfeld und die Mehrachsigkeit des Spannungszustandes vor der Rißspitze berücksichtigt werden.

Die Bestimmung der räumlichen Ausdehnung der plastischen Zone erfordert die Vorgabe eines Fließkriteriums. Mit Hilfe des von-Mises'schen Fließkriteriums

$$(\sigma_1 - \sigma_2)^2 + (\sigma_2 - \sigma_3)^2 + (\sigma_3 - \sigma_1)^2 = 2\,\sigma_{ys}^2 \qquad (47)$$

berechnet sich die Ausdehnung der plastischen Enklaven für die Fälle des ebenen Spannungs- und Verformungszustandes nach

$$r_p(\theta) = \frac{K^2}{4\pi\sigma_{ys}^2}\left\{\frac{3}{2}\sin^2\theta + (1-2\nu)^2(1+\cos\theta)\right\} \qquad \text{(ESZ)} \qquad (48)$$

$$r_p(\theta) = \frac{K^2}{4\pi\sigma_{ys}^2}\left\{1 + \frac{3}{2}\sin^2\theta + \cos\theta\right\}. \qquad \text{(EVZ)} \qquad (49)$$

Die Form der plastischen Zonen für den ESZ und EVZ sind in den Abbildungen 22a und 22b dargestellt. Sie unterscheiden sich in den verschiedenen Spannungszuständen zufolge starker Poissonzahl-Abhängigkeit (Querdeformationsbehinderung im Inneren der Probe).

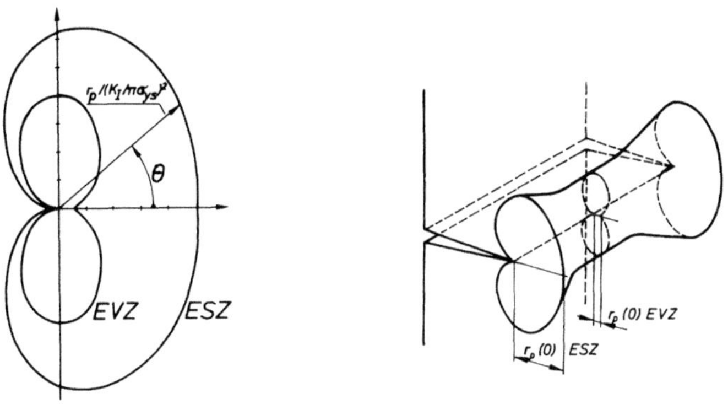

Abb.22 Plastische Zone : a) ESZ - EVZ
b) "Hundeknochenmodell"

Die plastische Zone für den ESZ ist stets größer als diejenige für den EVZ:

$$r_{p,ESZ} : r_{p,EVZ} = 1 : (1-2\nu)^2 \quad \text{auf } \theta = 0 \quad , \tag{50}$$

z.B. gilt für $\nu = 1/3$: $r_{p,ESZ} : r_{p,EVZ} = 9 : 1$.

In praktischen Fällen herrscht an der Probenoberfläche kein ebener Verzerrungszustand und die effektive Fließspannung im EVZ wird unter Berücksichtigung der Plastifizierungsbehinderung höher als σ_{ys} angesetzt ($\alpha\sigma_{ys}$; $1,5 < \alpha < 3$). Dies ergibt für den EVZ eine wesentlich geringere plastische Korrektur

$$r^*_{p,EVZ} = \frac{1}{2\pi}\left(\frac{K_I}{\alpha\sigma_{ys}}\right)^2 \simeq \frac{1}{6\pi}\left(\frac{K_I}{\sigma_{ys}}\right)^2 \quad \text{für } \alpha = 1,67 \text{ (Irwin)} . \tag{51}$$

Die Dicke des Bauteils hat einen wesentlichen Einfluß auf die Ausbildung von plastischen Zonen und auf das Bruchverhalten der Probe (Abb.23).

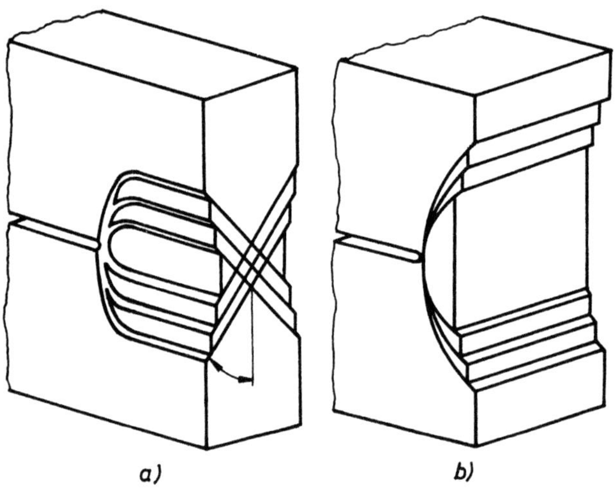

Abb.23 Plastische Verformungsarten an der Rißspitze als Folge der Plastifizierungsbehinderung: a) ESZ, b) EVZ

Bei sehr dicken Proben, hoher Fließgrenze und niedriger Bruchzähigkeit verbunden mit niedriger Temperatur tritt Normalspannungsbruch auf. Mit abnehmender Probendicke und zunehmender Temperatur nimmt der Scherlippenanteil zu und es kommt zur Ausbildung von Scherbrüchen. Dies ist in der Abb.24 gezeigt.

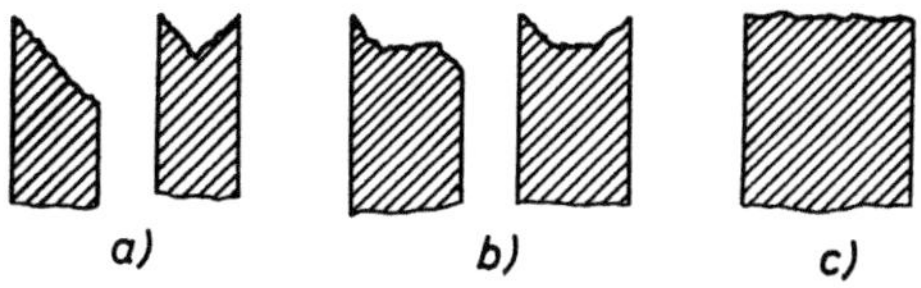

Abb.24 Querschnitt durch die Bruchfläche mit Blick in die Rißausbreitungsrichtung: a) Schubbruch (dünne Probe, ESZ am Riß), b) Normalspannungsbruch mit Scherlippen (Mischbruch) und c) Normalspannungsbruch (dicke Probe, EVZ am Riß)

3. Die Bruchzähigkeit K_c

Erreicht der analytisch ermittelte Wert des Spannungsintensitätsfaktors K bei der Belastung der Probe einen von den Versuchsbedingungen (Werkstoff, Temperatur, Belastungsgeschwindigkeit, etc.) abhängigen kritischen Materialkennwert K_c, der als Bruch- oder Rißzähigkeit bezeichnet wird, so tritt Rißfortschritt und unter Umständen Bruch ein. Die Bruchzähigkeit ist keine Werkstoffkonstante, sondern kann sehr stark von den Bauteilabmessungen abhängen. Ihr asymptotischer Wert K_{Ic} für sehr dicke Proben (EVZ) hingegen erweist sich als ein von der Geometrie des Bauteils unabhängiger Werkstoffparameter (Abb.25).

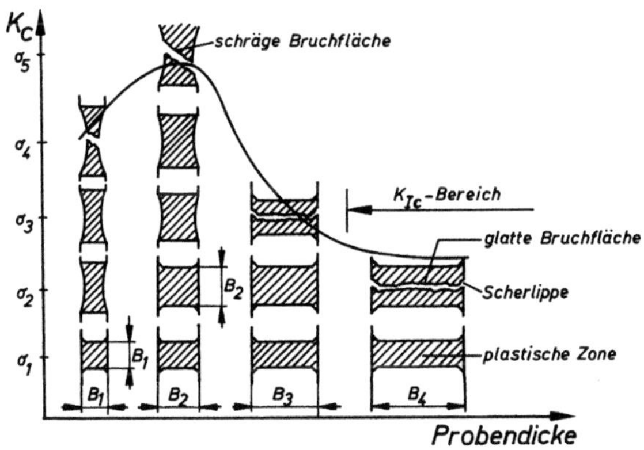

Abb.25 Bruchzähigkeit des Werkstoffes als Funktion der Probendicke

Die Bruchzähigkeit K_c ist ein Maß für den Widerstand des Materials gegen Reißen. Werkstoffe mit niedrigen K_c-Werten können nur kleine Risse tolerieren. Typische Werte für die Bruchzähigkeit K_{Ic} (EVZ), die Bruchzugspannung σ_u

und die Fließspannung σ_{ys} für drei hochfeste Materialien finden sich in der Tabelle IV und in der Abb.26 .

Tabelle IV : Fließspannung, Zugfestigkeit und Bruchzähigkeit von drei hochfesten Materialien

Werkstoff	Zugfestigkeit σ_u		Fließspannung σ_{ys}		Bruchzähigkeit K_{Ic}	
	MN/m^2	ksi	MN/m^2	ksi	$MNm^{1/2}$	$ksi\sqrt{in}$
Stahl 4340	1820	264	1470	214	46	42
Stahl mart.aush.	1850	268	1730	250	90	82
Alu-Leg. 7075-T6	560	81	500	73	32	30

Dabei gelten die folgenden Umrechnungen:

$$1 \ \mathrm{Pa} = 1 \ \mathrm{Nm}^{-2}$$

$$1 \ \mathrm{kpmm}^{-2} = 9{,}806 \ \mathrm{MPa} = 9{,}806 \ \mathrm{Nmm}^{-2} = 9{,}806 \ \mathrm{MNm}^{-2}$$

$$1 \ \mathrm{kpmm}^{-3/2} = 0{,}3102 \ \mathrm{MPam}^{1/2} = 9{,}806 \ \mathrm{Nmm}^{-3/2} = 0{,}3102 \ \mathrm{MNm}^{-3/2}$$

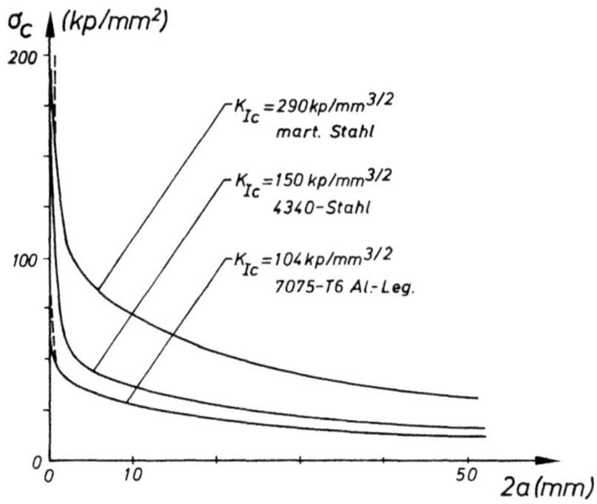

Abb.26 Residuale Festigkeit von drei hochfesten Materialien

4. Energieumsetzung beim Bruch

Die energetische Betrachtungsweise und Beschreibung des Materialverhaltens von Bauteilen mit Rissen unter äußerer Last beruht auf den beiden zentralen Begriffen der "Energiefreisetzungsrate oder Rißausbreitungskraft $\mathcal{G}$ " und dem "Rißwiderstand $\mathcal{R}$ ". Die Verknüpfung dieser beiden Größen in der Energieänderungsbilanzgleichung liefert Kriterien für den Einsatz der Rißerweiterung.

4.1. Das Griffith'sche Bruchkriterium

Der Grundgedanke der Griffith'schen Sprödbruchtheorie ist der Umsatz der gespeicherten elastischen Energie U_e

$$U_e = - \frac{\pi(1+\kappa)}{8G} \sigma^2 a^2 Y^2(\ldots) \tag{52}$$

in Energie zur Schaffung neuer Rißfläche

$$S = 2 \cdot 2a\gamma_0 \tag{53}$$

mit γ_0 als der spezifischen Oberflächenenergie.

Bei instabiler Rißvergrößerung (die im allgemeinen zum Bruch führt) muß die gesamte potentielle Energie des Bauteiles abnehmen, d.h. es muß ein Überschuß der freigesetzten elastischen Energie über die benötigte Oberflächenenergie vorhanden sein.

Das Instabilitätskriterium

$$\delta\Pi = \delta \{ U_e + S + (W)\} - 0 \tag{54}$$

mit W als der bei der Belastung des Bauteiles verrichteten Arbeit der äußeren Kräfte führt für den Fall einer unendlichen Platte mit Zentralriß der Länge 2a (Y=1) auf die Griffith'sche Formel für die kritische Spannung σ_c :

$$\sigma_c = \sqrt{\frac{16\ G\ \gamma_0}{\pi(\kappa+1)a}} \tag{55}$$

wobei G den Schubmodul bezeichnet, $\kappa = 3-4\nu$ (EVZ) und $\kappa = (3-\nu)/(1+\nu)$ (ESZ).

Bei diesem kritischen Wert σ_c der äußeren Spannung beginnt sich ein vorhandener Riß der Länge 2a in einem spröden Werkstoff instabil mit großer Geschwindigkeit auszubreiten.

Werte für $\gamma_0 = 10^{-3} - 10^{-4}$ kp/cm wurden von Smekal für keramische Stoffe gemessen; für Glas gilt $\gamma_0 \approx 5{,}5.10^{-4}$ kp/cm.

Für Metalle mit mehr oder weniger ausgeprägtem zähem (duktilem) Bruchverhalten ist die Griffith'sche Formel nur in ihrer Erweiterung $\gamma_0 \rightarrow \gamma_0+\gamma_p \approx \gamma_p$ (mit $\gamma_p \approx 2.10^3\ \gamma_0$) anwendbar, wobei die plastischen Verformungsgebiete am Riß auf eine kleine Zone beschränkt sein müssen. Diese Irwin-Orowan'sche Modifizierung hat die Einbeziehung plastischer Vorgänge bei der Rißausbreitung zum Ziel und führt zu den Formulierungen der erweiterten linear-elastischen Bruchmechanik.

4.2. Das Irwin - Konzept : die Rißausbreitungskraft $\mathcal{G}$

Die bei der Rißverlängerung freigesetzte elastische Energie ist für den Rißausbreitungsvorgang verfügbar, d.h. sie deckt den Bedarf an Oberflächenenergie und allenfalls den Bedarf an auftretender plastischer Verformungsarbeit.

Für einen gerissenen Bauteil, auf den die Belastung P wirkt und sich eine Lastangriffspunktverschiebung Δ_p einstellt, definiert Irwin die "Rißausbreitungskraft" für eine Rißspitze in der Form (Abb.27)

$$\mathcal{G} = -\frac{1}{B}\frac{d}{da}\left(U_e - P\,\Delta_p \right) \quad . \qquad (56)$$

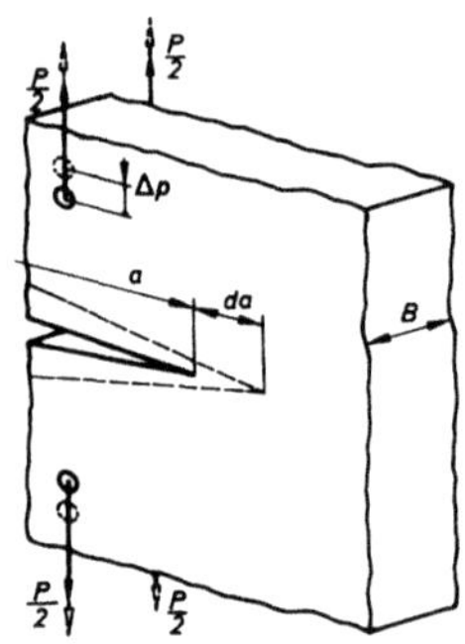

Abb.27 Bauteil mit Riß : zur Definition der Rißausbreitungskraft

Mit Hilfe des Elastizitätsgesetzes Δ_p = CP (C= compliance = Nachgiebigkeit) und der elastischen Energie des Bauteiles $U_e = CP^2/2$ läßt sich zeigen, daß der Wert von $\mathcal{G}$ unabhängig von der Lagerungsart des Bauteiles ist:

$$\mathcal{G} = \frac{P^2}{2B}\,\frac{dC}{da} = \frac{1}{B}\left(\frac{dU_e}{da}\right)_P = -\frac{1}{B}\left(\frac{dU_e}{da}\right)_{\Delta_p} \qquad (57)$$

Die experimentelle Bestimmung von $\mathcal{G}$ erfolgt meistens mit Hilfe der Methode der Compliance.

4.3. Der Zusammenhang von $\mathcal{G}$ mit dem Spannungsintensitätsfaktor K

Die aus energiebezogenen Überlegungen abgeleitete Rißausbreitungskraft $\mathcal{G}$ läßt sich durch Inspektion der Gleichungen (52) und (13) mit dem Spannungsintensitätsfaktor K in Beziehung bringen. Die Irwin'sche "Zunähmethode" /9/ liefert allgemein:

Mode	allgemein	EVZ	ESZ
I	$G_1 = K_1^2(1+\kappa)/8G$	$G_1 = K_1^2(1-\nu^2)/E$	$G_1 = K_1^2/E$
II	$G_2 = K_2^2(1+\kappa)/8G$	$G_2 = K_2^2(1-\nu^2)/E$	$G_2 = K_2^2/E$
III	$G_3 = K_3^2(1+\kappa)/E$	$G_3 = K_3^2(1+\nu)/E$	$G_3 = K_3^2(1+\nu)/E$

(58)

Unter der Voraussetzung geradlinigen Rißfortschrittes ist bei einer beliebigen Belastung die Gesamtenergiefreisetzungsrate G gleich der Summe der Freisetzungsraten G_i der einzelnen Bruchmoden :

$$G = G_1 + G_2 + G_3 = \frac{1-\nu^2}{E} \{ K_1^2 + K_2^2 + K_3^2/(1-\nu) \} . \tag{59}$$

Der Spannungsintensitätsfaktor für mehrere Belastungen gleichen Bruchmodes ist gleich der Summe der K-Faktoren der einzelnen Belastungen (lineares Superpositionsprinzip):

$$K_i = K_{i1} + K_{i2} + \ldots = \sum_{j=1}^{n} K_{ij} \qquad (i=1,2,3) \tag{60}$$

Durch Kombination der Gleichungen (57-60) erhält man aus der Compliance-Methode eine Beziehung für die experimentelle Bestimmung des Spannungsintensitätsfaktors:

$$K^2 = EG = \frac{EP^2}{2B} \cdot \frac{\partial C}{\partial a} \qquad \text{(ESZ)} \tag{61}$$

mit $E \rightarrow E/(1-\nu^2)$ für den EVZ.

Beispiel : Für die Doppelbalkenbiege(DCB)-Probe nach Abb.28 erhält man mit Hilfe der Formeln der elementaren Festigkeitslehre für die Balkenbiegung f

$$f = 2\,\frac{P\,a^3}{3EI} = \frac{8P\,a^3}{E\,h^3B} .$$

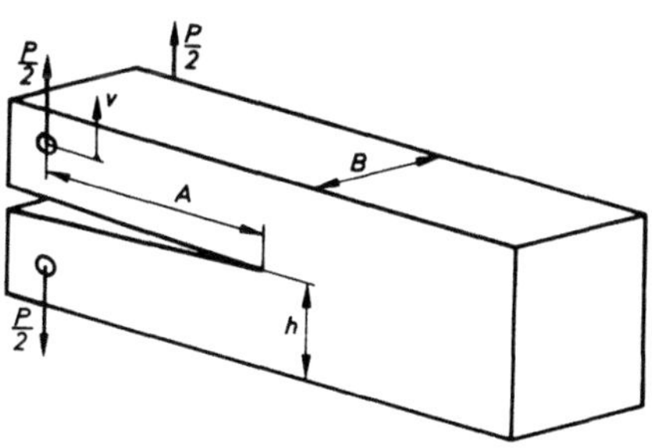

Abb.28 Doppelbalkenbiege (DCB)-Probe

Aus der Compliance der Probe $C = f/P = 8a^3/(EBh^3)$ folgt für die Rißausbreitungskraft

$$G = \frac{P^2}{2B}\frac{\partial C}{\partial a} = \frac{12\,P^2\,a^2}{E\,B^2\,h^3}$$

und für den Spannungsintensitätsfaktor

$$K = 2\sqrt{3}\,Pa/(B\,h^{3/2}) \quad .$$

Genauere Berechnungen berücksichtigen die Schubdeformation und die elastische Einspannung des Balkens.

5. Das J - Integral

Die exakte Berechnung der Spannungen und Verzerrungen um eine Rißspitze unter Berücksichtigung elasto-plastischen Materialverhaltens ist ein sehr schwieriges und bisher weitgehend ungelöstes Problem. Daher kommt Näherungsbetrachtungen, die sich auf die unmittelbare Rißspitzenumgebung beschränken, ohne das elasto-plastische Randwertproblem vollständig zu lösen, große praktische Bedeutung zu.

Ein von Rice gefundenes wegunabhängiges Linienintegral /10/

$$J = \int_C \left(\overline{U}\,dy - \vec{\sigma}\,\frac{\partial \vec{u}}{\partial x}\,ds \right) \quad , \tag{62}$$

das sich über einen Weg $C = S_i$ um die Rißspitze erstreckt (Abb.29), stellt eine Verallgemeinerung der elastischen Energiefreisetzungsrate G für nichtlinear elastisches Materialverhalten dar. Es bedeuten $\vec{\sigma}$ und $\vec{u}$ den Spannungs- bzw. Verschiebungsvektor entlang des Integrationsweges und $\overline{U}$ die elastische Energiedichte.

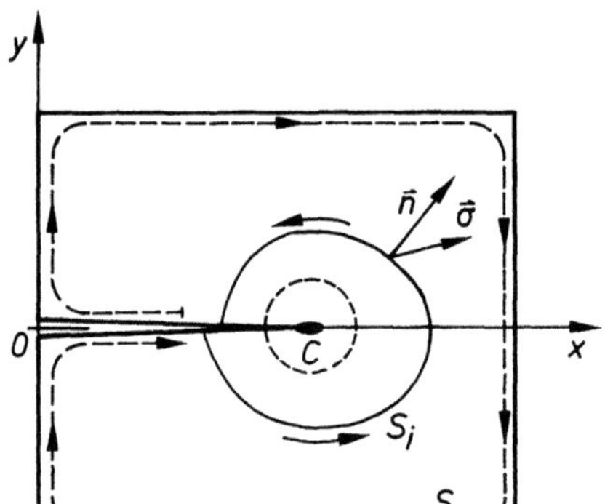

Abb.29 Integrationswege zum Rice'schen Linienintegral

Der Wert des Rice'schen Integrals ist im elastischen Fall gleich dem Wert der Irwin'schen Rißausbreitungskraft, falls die Kontur C mit der äußeren Berandung S_0 zusammenfällt (B = 1):

$$\mathcal{G} = -d(-W + U_e)/da = \int\{-\vec{T}.(\partial\vec{u}/\partial x)ds + \overline{U}\,dy\} \equiv J \;. \tag{63}$$

Anschaulich kann J als die Änderung der Verformungsenergie U_e mit der Rißlänge interpretiert werden. Über die experimentelle Ermittlung des J-Integrals siehe z.B. Ref./11/. Es sei erwähnt, daß eine Reihe verwandter Integrale und Verallgemeinerungen des J-Integrals von mehreren Forschern kürzlich untersucht wurden /12/.

Für viele Rißprobleme läßt sich bei geeigneter Wahl des Integrationsweges C das Integral (62) direkt berechnen. So folgt z.B.

$$J = (K_1^2 + K_2^2)(1-\nu^2)/E + K_3^2\,(1+\nu)/E \quad . \tag{64}$$

Das J-Integral ist nicht wegunabhängig für:

a) gekrümmte Risse
b) dynamische Rißausbreitung
c) für Risse mit Rißuferbelastung (hier ist Abhilfe möglich)
d) viskoelastisches und allgemein rheologisches Materialverhalten.

Da der Aufwand zur experimentellen Bestimmung des J-Integrals im allgemeinen zu groß ist, sind eine Reihe von Abkürzungsverfahren und Näherungslösungen vorgeschlagen worden. Analog zur kritischen Rißausbreitungskraft $\mathcal{G}_{1c}=K_{1c}^2/E$ wird auch ein kritischer Wert für das J-Integral, der J_{Ic}-Wert oder J_0-Wert (für den EVZ) ermittelt, bei dem Beginn der Rißausbreitung stattfindet.

Einer der wichtigsten praktischen Aspekte des J-Integrals ist, daß über J_{Ic} gültige K_{Ic}-Werte aus kleinen Proben ermittelt werden können, da die Integrationskontur das Gebiet der plastischen Verformung durchsetzen darf:

$$K_{Ic} = \sqrt{J_{Ic}E/(1-\nu^2)} \quad . \tag{65}$$

6. Die Rißwiderstandskurve

Rißausbreitung kann eintreten, wenn $\mathcal{G}$ gleich der Energierate $\mathcal{R}$ für Rißwachstum ist. In einem ideal spröden Material (z.B. Glas unter Normalbedingungen) ist die Energie für das Rißwachstum gleich der notwendigen Oberflächenenergie S, die zur Bildung neuer Rißoberflächen notwendig ist:

$$S = 2a\,\gamma_0 \;, \tag{66}$$

$$\mathcal{R} = \frac{dS}{da} = 2\,\gamma_0 \;. \tag{67}$$

Für den Fall des ebenen Verzerrungszustandes gilt:

$$R = \frac{dW}{da} = G_{Ic} \tag{68}$$

und mit $G_{Ic} = (1-\nu^2)K_{Ic}^2/E$ folgt die Griffith'sche Formel

$$\sigma_c = \sqrt{E\, G_{Ic}/\ \pi a} \quad . \tag{69}$$

Dieses Bruchkriterium ist in Abb.30 graphisch dargestellt. Der Rißwiderstand R ist hier unabhängig von der Rißlänge und deshalb durch die horizontale Linie

$$R = G_{Ic} \tag{70}$$

repräsentiert.

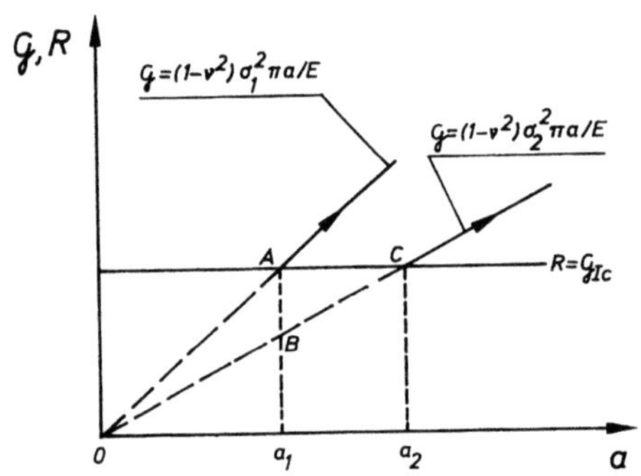

Abb.30 Graphische Darstellung des Bruchkriteriums Glg.(69)

Eine allgemeinere Darstellung des Bruchkriteriums läßt sich mit Hilfe der Rißwiderstandskurve erreichen (Abb.31). Der Rißwiderstand R variiert für den ESZ mit der Rißlänge (experimentelles Resultat). Die bei der Rißausbreitung

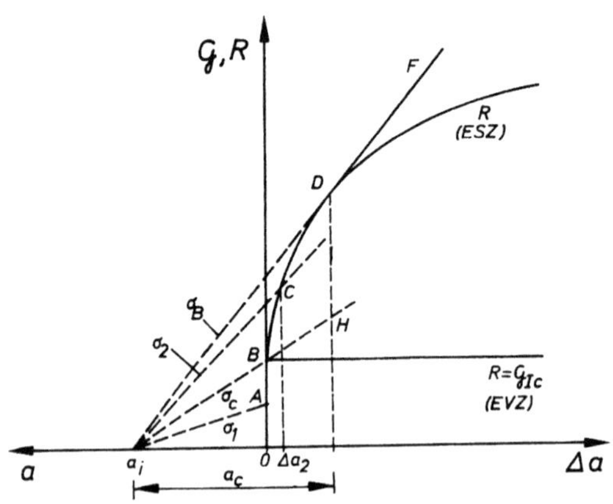

Abb.31 Die Rißwiderstandskurve für den ebenen Spannungszustand (ESZ)

je Bruchflächeneinheit B.da umgesetzte Energie, der Rißwiderstand R , wird zur plastischen Verformung der unmittelbaren Umgebung der Rißspitze und zur Erzeugung neuer Bruchfläche benötigt. Der Rißwiderstand ist derzeit noch nicht aus anderen Werkstoffkenngrößen berechenbar, er kann jedoch experimentell ermittelt werden, da - solange die Rißausbreitung stabil verläuft - das Energieratengleichgewicht die Erfüllung der Bedingung $G = R$ fordert. Instabiles Rißwachstum, d.h. Bruch tritt dann ein, wenn gilt:

$$\partial G / \partial a = \partial R / \partial a \quad \text{und} \quad G = R \quad . \tag{71}$$

Belastet man eine angerissene Probe mit der Rißlänge 2a mit einer monoton ansteigenden Kraft, so stellt man fest, daß ab einer werkstoffabhängigen Spannungsintensität K_c, bzw. einer Rißausbreitungskraft G_c (Punkt B und zugehörige Spannung σ_c in der Abb.31) der Riß sich stabil auszubreiten beginnt. Diese Rißausbreitung kann jederzeit durch Laststopp bzw. Entlastung zum Stillstand gebracht werden.

Wird die Belastung auf σ_2 erhöht, so wächst der Riß stabil von der Länge a_i auf $a_i+\Delta a_2$. Bruch tritt nach der Bedingung (71) ein, wenn die Spannung auf σ_B erhöht wird; zuvor ist der Riß aber auf die Länge a_c stabil angewachsen. Über a_c und σ_B hinaus kann die Rißausbreitung auch durch Laststopp nicht mehr verhindert werden.

Allgemein gilt:

$$G = R \quad , \quad \begin{cases} \partial G / \partial a < \partial R / \partial a & \text{stabiles Rißwachstum} \\ \partial G / \partial a = \partial R / \partial a & \text{kritischer Punkt} \\ \partial G / \partial a > \partial R / \partial a & \text{instabiles Rißwachstum} \end{cases} \tag{72}$$

Der Verlauf der G -Kurve wird über die Korrekturfunktion Y(..) von der Probengeometrie und besonders von der Probendicke B beeinflußt. Für kleine Risse in dicken Proben ist die G -Kurve eine Gerade; mit ansteigendem Verhältnis von Rißlänge zu Probenabmessung krümmt sich die G -Kurve zunehmends. Die Abb.32 zeigt den Sachverhalt für eine Flachprobe endlicher Breite, für welche G durch die Irwin'sche Tangentenformel bestimmt ist :

$$G = \frac{\pi\sigma^2 a}{E} \left(\frac{W}{\pi a} \operatorname{tg} \frac{\pi a}{W} \right) . \tag{73}$$

Beispiel : Rißausbreitung in einer durch eine Strebe versteiften Scheibe (nach Ref./1/)

Für eine versteifte Scheibe habe die R -Kurve die in den Abbildungen 33a und 33b wiedergegebene Form. Die G -Kurve ist durch $G = \pi\sigma^2 a\, Y^2/E$ gegeben, wobei Y eine nichtlineare Funktion der Rißlänge ist. Ihre Abweichung von

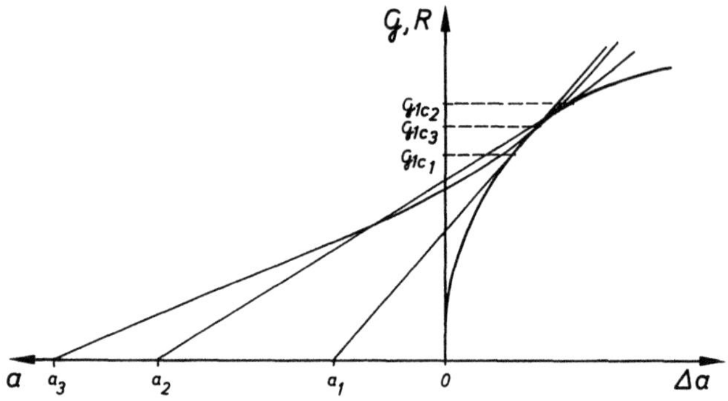

Abb.32 R - Verlauf für Scheiben endlicher Größe (Randeinfluß)

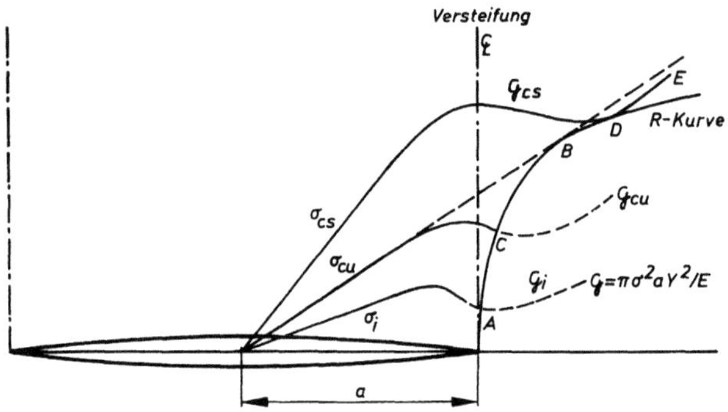

Abb.33a R - Kurven-Konzept für eine versteifte Scheibe : der lange Riß erreicht die Versteifung (nach Ref./1/).

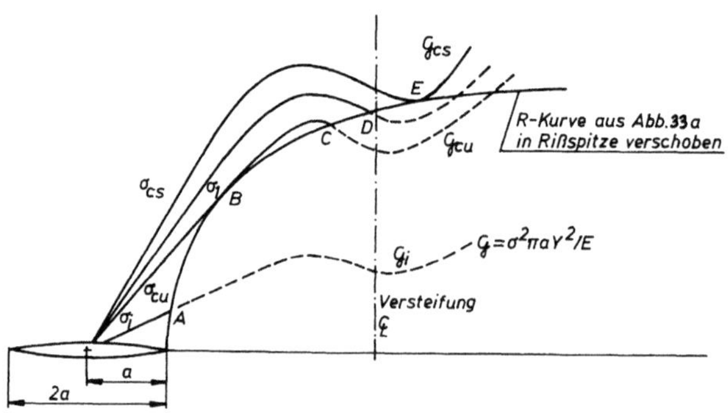

Abb.33b R - Kurven-Konzept für eine versteifte Scheibe : der kurze Riß in der Scheibe (nach Ref./1/)

einer Geraden ist am stärksten in der Nähe der Versteifung. Für den langen Riß in Abb.33a setzt langsames Rißwachstum im Punkt A ein. Bei Abwesenheit der Versteifung würde im Punkt B instabile Rißausbreitung eintreten; zufolge der Versteifung wird diese jedoch verhindert (auf den Punkt C gedrückt). Bruch tritt ein, wenn die Spannung bei simultanem stabilem Rißwachstum auf σ_{cs} erhöht wird.

Die Situation für einen kurzen Riß in einer versteiften Scheibe ist etwas verwickelter (Abb.33b). Stabiles Rißwachstum beginnt im Punkt A und schlägt im Punkt B bei der kritischen Spannung σ_{cu} in instabiles Rißwachstum um. Der Riß arretiert jedoch im Punkt C und weitere Spannungserhöhung auf σ_{cs} kann erfolgen, bevor der Riß schließlich im Punkt E zum Versagen des Bauteils führt.

7. Das C(T)OD - Kriterium

Hochfeste Werkstoffe besitzen im allgemeinen eine niedrige Bruchzähigkeit. Bruchprobleme im ebenen Verzerrungszustand können für solche Materialien erfolgreich mit der Methode der linear-elastischen Bruchmechanik behandelt werden. Diese wiederum beruhen auf den Gleichungen des elastischen Spannungsfeldes um die Rißspitze und auf der Voraussetzung einer kleinen plastischen Zone, welche proportional zu $(K_{Ic}/\sigma_{ys})^2$ ist.

Niedrigfeste Werkstoffe mit niedriger Fließspannung verhalten sich meist sehr zähe (über den Temperatureinfluß siehe den Beitrag über "Anwendung der Bruchmechanik im Maschinenbau"). Dies deutet auf das Vorhandensein ausgedehnter plastischer Gebiete um die Rißspitze. Da in diesem Fall die linear-elastische Bruchmechanik nicht mehr anwendbar ist, sind verschiedene Weiterentwicklungen der linear-elastischen Bruchmechanik vorgeschlagen worden. Das von Wells entwickelte Rißöffnungs-Konzept besagt, daß Rißfortschritt einsetzt, wenn die plastischen Verzerrungen an der Rißspitze einen kritischen Wert erreichen.

Aus der linear-elastischen Bruchmechanik folgt für die mode-1 Verschiebung der Rißufer eines Zentralrisses (COD = Crack Opening Displacement) nach Glg. (4) :

$$COD = 2\,v = \frac{4\,\sigma}{E}\sqrt{a^2-x^2} \tag{74}$$

mit Maximalwert für x = 0 :

$$COD_{max} = 4\,\sigma\,a/E\ . \tag{75}$$

Unter Berücksichtigung der plastischen Zonenkorrektur nach Irwin gilt nach Abb.34 :

$$COD = \frac{4\,\sigma}{E}\sqrt{(a+r_p^*)^2-x^2}\quad , \tag{76}$$

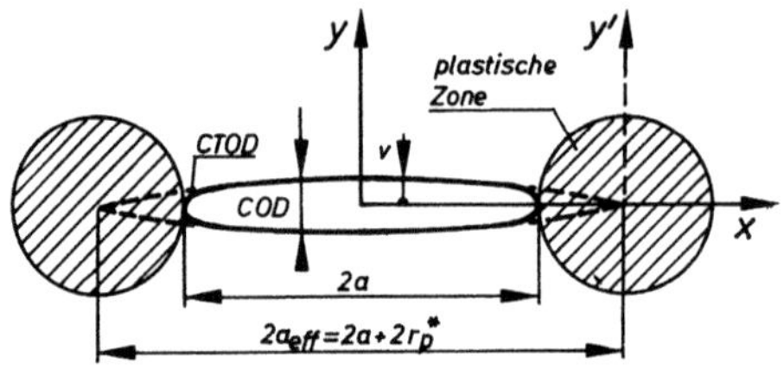

Abb.34 Zum COD - Konzept : Geometrie und Lage der plastischen Zonen

und für die Rißspitzenöffnungsverschiebung CTOD (= Crack Tip Opening Displacement) erhält man

$$\mathrm{CTOD} = \frac{4\sigma}{E}\sqrt{(a+r_p^*)^2-a^2} \approx \frac{4\sigma}{E}\sqrt{2ar_p^*} = \frac{4}{\pi}\frac{K^2}{E\sigma_{ys}^2} \; . \tag{77}$$

Setzt man die Glg.(77) in die Glg.(76) ein, so ergibt sich eine Beziehung zwischen COD und CTOD :

$$\mathrm{COD} = \frac{4\sigma}{E}\sqrt{a^2-x^2+\frac{E^2}{16\sigma^2}(\mathrm{CTOD})^2} \; . \tag{78}$$

Diese Beziehung ermöglicht die mittelbare Messung des CTOD über die Messung von COD (z.B. mittels Fühler oder Taster,..). Über die Dugdale'sche Relation

$$\mathrm{CTOD} = \frac{8\sigma_{ys}a}{\pi E}\log\sec\frac{\pi\sigma}{2\sigma_{ys}} \tag{79}$$

erhält man für $\sigma < \sigma_{ys}$ die einfache Beziehung

$$\mathrm{CTOD} = \frac{\pi\sigma^2 a}{E\sigma_{ys}} = \frac{G_1}{\sigma_{ys}} \tag{80}$$

zwischen CTOD und der Rißausbreitungskraft G_1 .

Im allgemeinen Fall gilt

$$\mathrm{CTOD} = \frac{G_1}{\lambda\sigma_{ys}} = \frac{K_I^2(1-\nu^2)}{E\lambda\sigma_{ys}} \; , \tag{81}$$

wobei der Faktor λ davon abhängt, an welchem Ort entlang der Rißkontur CTOD gemessen wird ($1<\lambda<2$).

Da CTOD ein Maß für die plastische Deformation an der Rißspitze ist, kann nach Wells daraus geschlossen werden, daß Bruch dann eintritt, wenn CTOD einen kritischen Wert CTOD_c erreicht.

Da das J-Integral potentielle Anwendung bei großer plastischer Verformung an der Rißspitze findet und es im linear-elastischen Fall gleich der Rißausbreitungskraft ist, läßt sich ein Zusammenhang zwischen J und CTOD vermuten, welcher von Rice bestätigt wurde:

$$J = \lambda \, \sigma_{ys} \, CTOD \, . \qquad (82)$$

8. Bruchkriterien bei gemischter Beanspruchungsart

Bislang wurden fast durchwegs Bruchprobleme behandelt, bei denen die angelegte äußere Spannung senkrecht zur Bruchfläche wirkte. Bauteile in realen Belastungssituationen sind jedoch häufig simultan wirkenden verschiedensten Belastungsarten unterworfen.

Während das Bruchverhalten von Rissen unter Normalbeanspruchung (mode-1) als weitgehend geklärt angesehen werden kann, treten bei der Überlagerung verschiedener Belastungsarten (und daher Beanspruchungsarten) grundsätzliche Schwierigkeiten auf /13/.

Für einen Zentralriß der Länge 2a unter der Wirkung der rißparallelen Schubspannung τ lautet der K-Faktor

$$K_2 = \tau \sqrt{\pi a} \, , \qquad (83)$$

und Bruch tritt ein, wenn K_2 einen kritischen Wert K_{IIc} überschreitet. Bei gemischter Beanspruchungsart, bei der K_1 und K_2 gleichzeitig auftreten, tritt Bruch auf, wenn eine bestimmte Kombination der beiden Spannungsintensitätsfaktoren einen kritischen Wert K_{mc} erreicht :

$$f(K_1, K_2) = K_{mc} \, . \qquad (84)$$

Der einfachste Lösungsvorschlag besteht in der Addition der Energiefreisetzungsraten und Vergleich mit dem Rißwiderstand R_t , d.h.

$$G_{total} = G_1 + G_2 + G_3 \geq R_t \, . \qquad (85)$$

Für Fälle gemischter Beanspruchungsart mit mode-1 und mode-2 Anteilen folgt aus Glg.(85) mit Glg.(58)

$$K_1^2 + K_2^2 = \text{konstant} = K_{Ic}^2 \, , \qquad (86)$$

d.h. das mixed-mode Bruchkriterium Glg.(85) genügt einem Kreis mit Radius K_{Ic} (Abb.35).

Aus praktischen Versuchen folgt $K_{IIc} \neq K_{Ic}$, und ein reales Bruchkriterium müßte einer Ellipse genügen (Abb.35):

$$(K_1/K_{Ic})^2 + (K_2/K_{IIc})^2 = 1 \, . \qquad (87)$$

Bruch tritt dann ein, wenn K_1 und K_2 Werte annehmen, die eine Gleichung der Form (87) befriedigen. Der Nachteil dieses Kriteriums ist, daß das G - Konzept nur für selbstähnliche (geradlinige) Rißausbreitung definiert ist. In Wirklichkeit weicht ein Riß unter gemischter Beanspruchungsart von der mode-1 Richtung ab. Im dynamischen Fall bewegt sich die Rißspitze auf einer gekrümmten Bahn.

Das vorige Bruchkriterium kann dahingehend modifiziert werden, daß Rißwachstum in die Richtung der maximalen Rißausbreitungskraft auftritt; G wird dann als Funktion des Rißwachstumswinkel berechnet. Dieses Kriterium ist im statischen

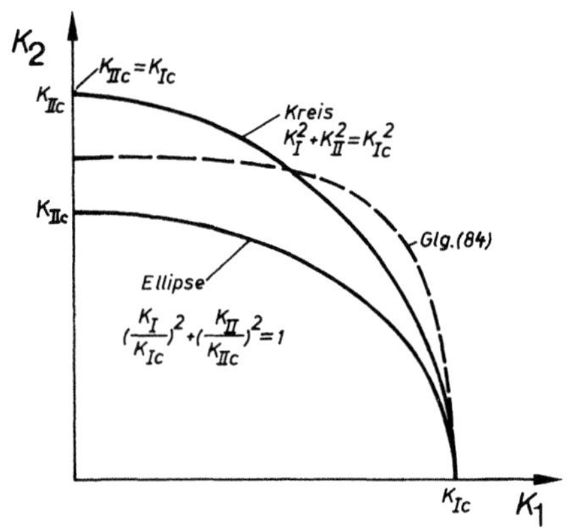

Abb.35 Bruchkriterien für gemischte Beanspruchungsarten

Fall gleichbedeutend mit dem Prinzip, daß ein Riß stets senkrecht zur jeweiligen Richtung der maximalen Hauptnormalzugspannung wächst, bzw. sich in diejenige Rich‿ung ausbreitet, für welche $K_2 = 0$ gilt. Für die dynamische Rißausbreitung ist die Äquivalenz der vorigen Bruchkriterien noch nicht gesichert.

Das Hauptnormalspannungskriterium postuliert Bruchausbreitung in die Richtung normal zur maximalen Hauptnormalzugspannung. Die Spannung σ_θ ist eine Hauptnormalspannung, wenn $\tau_{r\theta} = 0$ ist. Aus $\tau_{r\theta}\ (\theta = \theta_m) = 0$ folgt

$$K_1 \sin\theta_m + K_2\,(3\cos\theta_m - 1) = 0\ , \tag{88}$$

und die Stärke der Hauptnormalzugspannung für $\theta = \theta_m$ wird

$$\sigma_1 = \sigma_2(\theta=\theta_m) = \frac{1}{\sqrt{2\pi r}} \cos^2\frac{\theta_m}{2}\left(K_1 \cos\frac{\theta_m}{2} - 3\,K_2 \sin\frac{\theta_m}{2}\right)\ . \tag{89}$$

Vergleicht man den mixed-mode Bruchfall mit zugehöriger Spannung σ_1 mit einem äquivalenten reinen mode-1 Problem derselben Spannung σ_1, so folgt die Bruchbedingung

$$K_{Ic} = K_1 \cos^3\frac{\theta_m}{2} - 3\,K_2 \cos^2\frac{\theta_m}{2} \sin\frac{\theta_m}{2}\ . \tag{90}$$

Die Formel (90) ist in der Abb.36a ausgewertet und mit experimentellen Daten

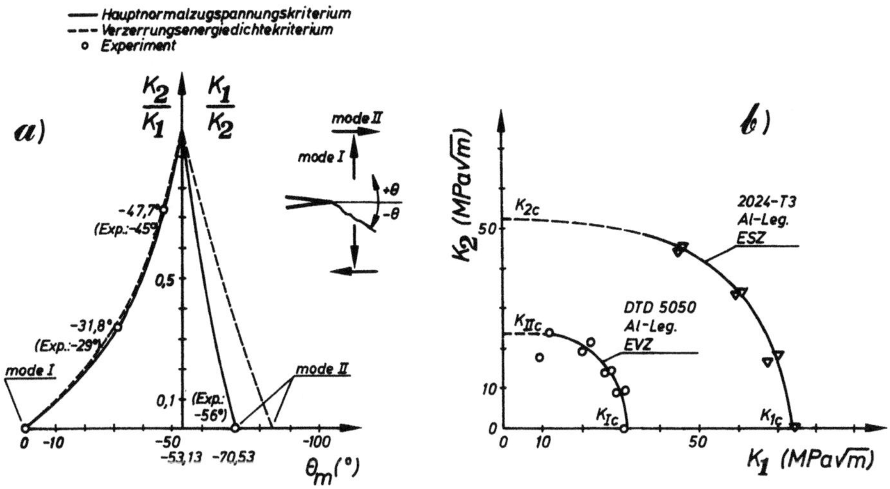

Abb.36 Resultate aus mixed-mode Ermüdungsrißausbreitungsversuchen (Ref./1/)
a) Theoretischer Rißausbreitungswinkel
b) Mixed-mode Bruchausbreitung in Aluminiumlegierungen

aus mixed-mode Ermüdungsrißausbreitungsversuchen verglichen worden. Resultate für eine Aluminiumlegierung sind auch aus der Literatur entnommen und in der Abb.36b aufgetragen.

Ein von G.Sih auf der Grundlage der Verzerrungsenergiedichte entwickeltes Bruchkriterium sowie weitere Bruchkriterien für spezielle Fälle finden sich in der einschlägigen Fachliteratur.

Beispiel : Zentralriß im biaxialen Zugspannungsfeld nach Abb.37a /14/.
Problemstellung: Unter welchen Bedingungen genügt es für die bruchmechanische Fehlerbewertung und Sicherheitsabschätzung die Projektion schräg zur größten Hauptzugnormalspannung liegender Fehler in eine Fläche senkrecht zu dieser Beanspruchung zu untersuchen?
Einfachste Lösung: Rißausbreitungskraft-Kriterium nach Glg.(58).

Für den in der Abb.37a dargestellten schrägliegenden Zentralriß ergeben sich die Spannungskomponenten

$$\sigma_N = \sigma\,(\,\mu \cos^2\theta + \lambda \sin^2\theta\,) \qquad (\mu>0,\lambda>0)$$
$$\tau_N = \sigma\,(\,\mu - \lambda)\,\sin 2\theta\,/2$$

welche die Spannungsintensitätsfaktoren $K_1 = \sigma_N\sqrt{\pi a}$ und $K_2 = \tau_N\sqrt{\pi a}$ liefern.
Die relativen Sicherheiten $S = G(\text{Projektion})/\,G(\text{real})$ sind gegeben durch

$$S_x = \cos\theta/\,\{\cos^2\theta + (\lambda/\mu)^2\sin^2\theta\}\ , \quad S_y = \sin\theta/\,\{(\mu/\lambda)^2\cos^2\theta + \sin^2\theta\}$$

und sind in der Abb.37b als Funktion der Rißschräglage aufgetragen. Die Ergebnisse zeigen, daß (unter Voraussetzung des G-Kriteriums als gültigem Bruchkriterium) bei einachsig gezogenen schrägliegenden Zentralrissen die relative Sicherheit bezüglich der x(y)-Projektion, $S_x(S_y)$, für $\lambda/\mu = 0$ ($\lambda/\mu = \infty$) für jede beliebige Rißschräglage größer als eins ist und damit Sicherheit garantiert. Mit zunehmender Zweiachsigkeit ($\lambda/\mu \to 1$) tauchen die Sicherheitskurven in das Unsicherheitsgebiet ein und für einen beliebig geneigten Riß im homogenen biaxialen Spannungsfeld ($\lambda/\mu=1$) führt eine auf die Rißprojektion bezogene Bruchbemessung auf nichtkonservative Ergebnisse. Für den praktischen Gebrauch der Abb.37b sei daraufhingewiesen, daß für ein Biaxialitätsverhältnis $\lambda/\mu > 1$ die x-Projektion durch die y-Projektion zu ersetzen ist, und daß nur dann Sicherheit bezüglich der Rißprojektion gewährleistet ist, wenn für eine Schräglage des Risses der Datenpunkt S_x(für $\lambda/\mu < 1$) oder S_y(für $\lambda/\mu > 1$) im Sicherheitsgebiet liegt.

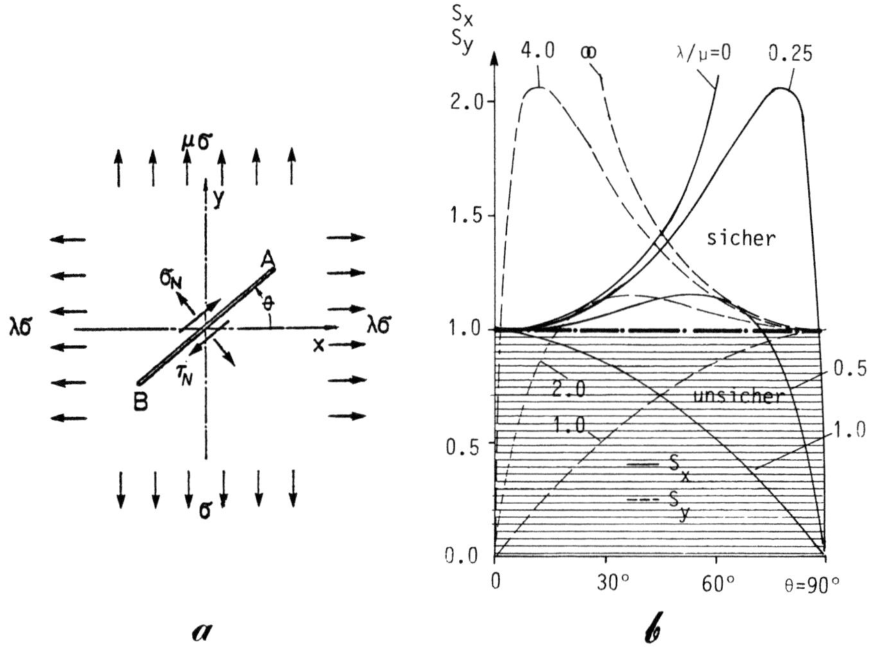

Abb.37 Der schrägliegende Zentralriß im biaxialen Zugspannungsfeld
a) Geometrie und Belastungskonfiguration
b) Sicherheitsdiagramm für verschiedene Biaxialitätsverhältnisse

Literatur

/1/ Broek, D.: Elementary Engineering Fracture Mechanics, Sijthoff/Noordhoff Publ.Comp. (1978)

/2/ Hahn, H.G.: Bruchmechanik, Teubner-Studienbücher Mechanik, Teubner, Stuttgart (1976)

/3/ Blauel, J.G. und E.Sommer: Einführung in die Bruchmechanik, IWM Freiburg, Shell Research, Den Haag (1974)

/4/ Kerkhof, F.(Hsgb.): Einführungskursus in die Bruchmechanik, IWM Freiburg, BRD (1969)

/5/ Irwin, G.R.: Lecture Notes to "Introductory Fracture Mechanics", University of Maryland (1978-80)

/6/ Creager, M. und P.C.Paris: Elastic field equations for blunt cracks with reference to stress corrosion cracking, Int.J.Fract.Mech.3,247-252(1967)

/7/ Tada, H., P.C. Paris und G.R. Irwin: The Stress Analysis of Cracks Handbook, Del Research Corporation, Hellertown, Pennsylvania (1973)

/8/ Sih,G.C. (Hsgb.): Plates and Shells with Cracks; Mechanics of Fracture, Vol.3, Noordhoff Int.Publ., Leyden (1977)

/9/ Irwin, G.R.: Analysis of stresses and strains near the end of a crack traversing a plate, J.Appl.Mech. 24,361-366(1957)

/10/ Rice, J.C.: A path independent integral and the approximate analysis of strain concentrations by notches and cracks. J.Appl.Mech.36,379-386(1968)

/11/ ASTM : Progress in Flaw Growth and Fracture Toughness Testing, ASTM-STP 536, Philadelphia (1973)

/12/ Buggisch, H., D. Gross und K.-H. Krüger: Einige Erhaltungssätze der Kontinuumsmechanik vom J-Integral-Typ, Ing.-Archiv 50,103-111 (1981)

/13/ Sih, G.C. und P.S. Theocaris (Hsgb.): Proc.1st USA-Greece Symp. on: Mixed Mode Crack Propagation, Athens 1980; Sijthoff & Noordhoff (1981)

/14/ Rossmanith, H.P.: Über Sicherheitsabschätzungen in der bruchmechanischen Fehlerbewertung. Materialprüfung 22,337-340(1980).

Doz.Dr.Mag. Hans-Peter Rossmanith
Institut für Mechanik
Technische Universität Wien
Karlsplatz 13
A-1040 Wien, Österreich

MESSUNG BRUCHMECHANISCHER KENNWERTE

DIETRICH MUNZ

1. Einleitung

Die bruchmechanischen Kennwerte sind Werkstoffkennwerte, die das Rißausbreitungsverhalten unter bestimmten Bedingungen beschreiben und an einfachen Versuchsproben ermittelt werden. Die Probenformen, die Versuchsdurchführung und die Versuchsauswertung sind in einigen Fällen in den USA und in Großbritannien genormt. Nach diesen Normen werden auch in anderen Ländern die entsprechenden Kennwerte ermittelt. Da das Gebiet der Bruchmechanik noch relativ jung ist, stellen die Normen nicht unbedingt eine endgültige Lösung des Prüfproblems dar. Neuere Erkenntnisse können bestimmte Vorgehensweisen und Bedingungen der Normen in Frage stellen. Eine Abänderung einer Norm ist aber häufig eine langwierige Prozedur. Der Ingenieur, der mit den Kennwerten der Bruchmechanik umgehen muß, sollte daher wissen, unter welchen Bedingungen eine Norm entstanden ist, und er sollte beurteilen können, welche Vorschriften einer Norm unter welchen Voraussetzungen vernachlässigt werden können.

Aus diesem Grund werden in dem folgenden Beitrag neben der Beschreibung der wesentlichen Vorschriften der Prüfnormen einige darüber hinausgehende Erkenntnisse der Bruchmechanik behandelt, die für eine sinnvolle Anwendung von bruchmechanischen Kennwerten nützlich sind.

2. Grunderscheinungen der Rißausbreitung

Die Phänomene der Rißausbreitung können in folgende Bereiche unterteilt werden:

I. Unterkritische Rißausbreitung

Bei einer wechselnden Belastung und unter bestimmten Bedingungen bei konstanter Belastung (vor allem in korrosiver Umgebung) breitet sich ein Riß langsam aus. Diese Erscheinung wird als unterkritisches Rißwachstum bezeichnet. Im Anwendungsbereich der linear-elastischen Bruchmechanik (LEBM) wird das Werkstoffverhalten durch Kennkurven der Form $da/dN = f(\Delta K)$ und $da/dt = g(K)$ beschrieben. Auf ihre Ermittlung wird in den Kapiteln "Anwendung der Bruchmechanik auf Probleme der Ermüdung" eingegangen.

II. Stabile Rißausbreitung bei stetig zunehmender Belastung

Bei einer stetig zunehmenden Belastung setzt Rißverlängerung bei einer Kraft F_i ein. Während der weiteren Rißverlängerung nimmt häufig die Kraft zunächst zu (Abb. 1).

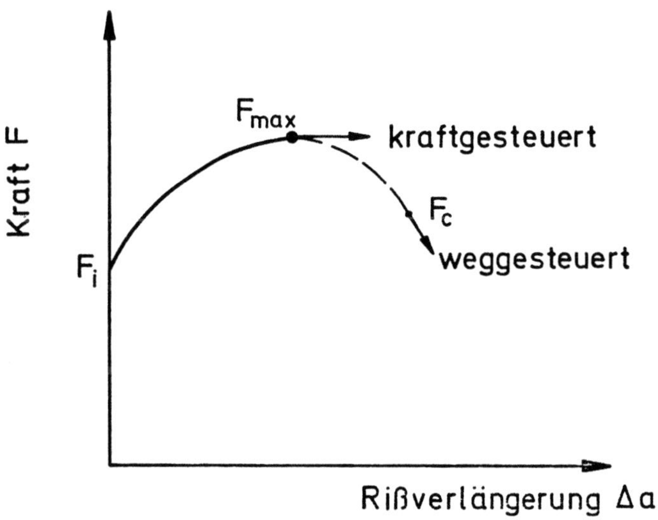

Abb. 1. Kraft-Rißverlängerungs-Kurve bei einem Bruchmechanikversuch

Die Rißausbreitung ist dann stabil, da der Riß jederzeit durch Entlasten wieder gestoppt werden kann.

III. Instabile Rißausbreitung

Bei einem kraftgesteuerten Versuch tritt nach Erreichen der maximalen Kraft F_{max} instabile, d.h. sehr schnelle Rißverlängerung auf. Bei einem weggesteuerten Versuch kann die Rißverlängerung auch nach Überschreiten der maximalen Kraft noch stabil erfolgen und Instabilität erst bei einer Kraft $F_c < F_{max}$ auftreten.

Die stabile Rißausbreitung wird durch Rißwiderstandskurven beschrieben. Im Rahmen der LEBM sind dies die G-Δa- bzw. die ihr äquivalenten K-Δa-Kurven. Im Bereich der Fließbruchmechanik stellen die J-Δa- oder die δ-Δa-Kurven die Rißwiderstandskurven dar (δ ist die Rißaufweitung an der Rißspitze). Zwei Werte auf der Rißwiderstandskurve sind von besonderem Interesse (Abb. 2).

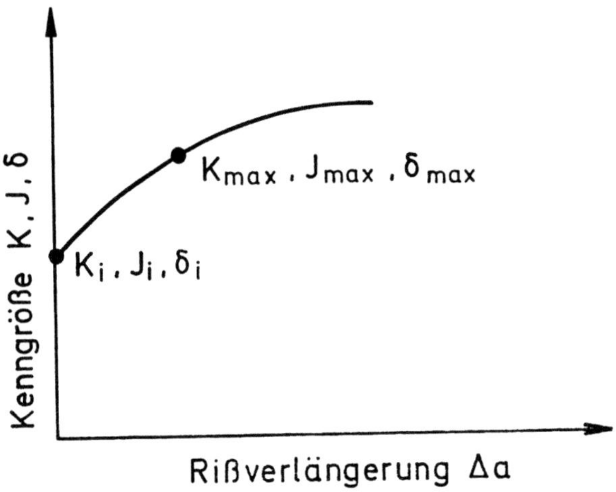

Abb. 2. Rißwiderstandskurve mit K_i (J_i, δ_i) bei Beginn der Rißverlängerung und K_{max} (J_{max}, δ_{max}) bei der maximalen Kraft

Der Wert bei Beginn der Rißverlängerung wird mit K_i, J_i oder δ_i bezeichnet. Der Wert bei der maximalen Kraft wird mit K_{max}, J_{max} oder δ_{max} bezeichnet. Bei einem weggesteuerten Versuch, bei dem auch nach Durchlaufen der maximalen Kraft noch stabile Rißerweiterung erfolgt, kann K(bzw. J oder δ) auch nach Erreichen von K_{max}(bzw. J_{max} oder δ_{max}) noch weiter ansteigen.

Der Anstieg der Rißwiderstandskurve nimmt mit zunehmender Probendicke ab. Aber auch bei sehr dicken Proben, deren Verhalten durch den in Probenmitte vorherrschenden ebenen Dehnungszustand bestimmt ist, wird häufig noch ein Anstieg von K (bzw. J oder δ) beobachtet.

Werden die nach den Beziehungen der LEBM aus F_i und F_{max} ermittelten Werte K_i und K_{max} gegen die Probendicke und die Probenbreite aufgetragen, so ergeben sich die in Abb. 3 schematisch gezeigten Abhängigkeiten.

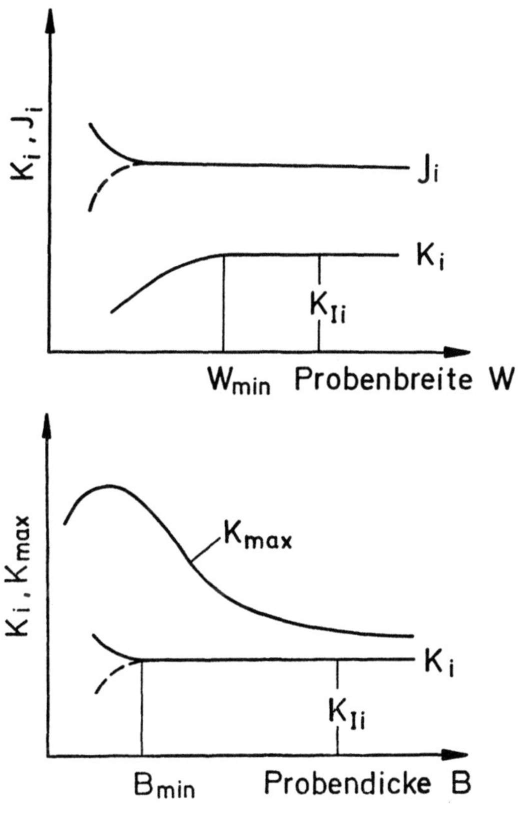

Abb. 3. Einfluß von Probendicke B und Probenbreite W auf einige bruchmechanischen Kennwerte

K_i ist in einem großen Bereich unabhängig von der Probendicke. In diesem Bereich liegt bei Beginn der Rißverlängerung eine hinreichend gute Annäherung an den ebenen Dehnungszustand in der Probenmitte vor. Der dickenunabhängige Wert wird mit K_{Ii} bezeichnet. K_{max} steigt dagegen schon ab größeren Dicken mit abnehmender Dicke an. Ursache dafür ist der mit abnehmender Probendicke und zunehmender Rißverlängerung sich stärker bemerkbar machende Bereich des ebenen Spannungszustandes, der zur Scherlippenbildung führt.

K_i ist unabhängig von der Probenbreite W für $W > W_{min}$. Für $W < W_{min}$ ist die plastische Zone im Vergleich zur Ligamentlänge so groß, daß die Anwendung der LEBM nicht mehr möglich ist. Werden trotzdem K_i-Werte nach den Beziehungen der LEBM berechnet, so sind diese kleiner als K_{Ii} und damit zu konservativ.

Werden dagegen die Methoden der Fließbruchmechanik angewandt und J_i bzw. δ_i bestimmt, so sind diese Werte nach den Überlegungen der Fließbruchmechanik in einem größeren Bereich unabhängig von W als K_i.

Die nach den genormten Prüfmethoden bestimmten Kennwerte werden mit K_{Ic} oder J_{Ic} bezeichnet. Sie stimmen weder mit den entsprechenden Werten bei Beginn der Rißverlängerung noch mit denjenigen bei der maximalen Kraft exakt überein. K_{Ic} und J_{Ic} sind Werte bei relativ kleinen Rißverlängerungen, aber nicht exakt bei $\Delta a = 0$. Bei relativ steilen Rißwiderstandskurven ist dann der ermittelte Kennwert stark davon abhängig, wie groß im jeweiligen Fall die Rißverlängerung war.

3. K_{Ic}-Ermittlung

Die Ermittlung der Rißzähigkeit K_{Ic} ist in der Norm E 399-80 der American Society for Testing and Materials (ASTM) festgehalten /1/. Die ihr entsprechende Norm in Großbritannien ist die DD3: 1971 der British Standards Institution /2/. Im folgenden wird im wesentlichen auf die ASTM-Norm Bezug genommen.

Probenform:

Prinzipiell kann K_{Ic} mit jeder Versuchsprobe ermittelt werden, für die eine bruchmechanische Korrekturfunktion vorliegt. Die Norm enthält die vier in Abb. 4 dargestellten Proben.

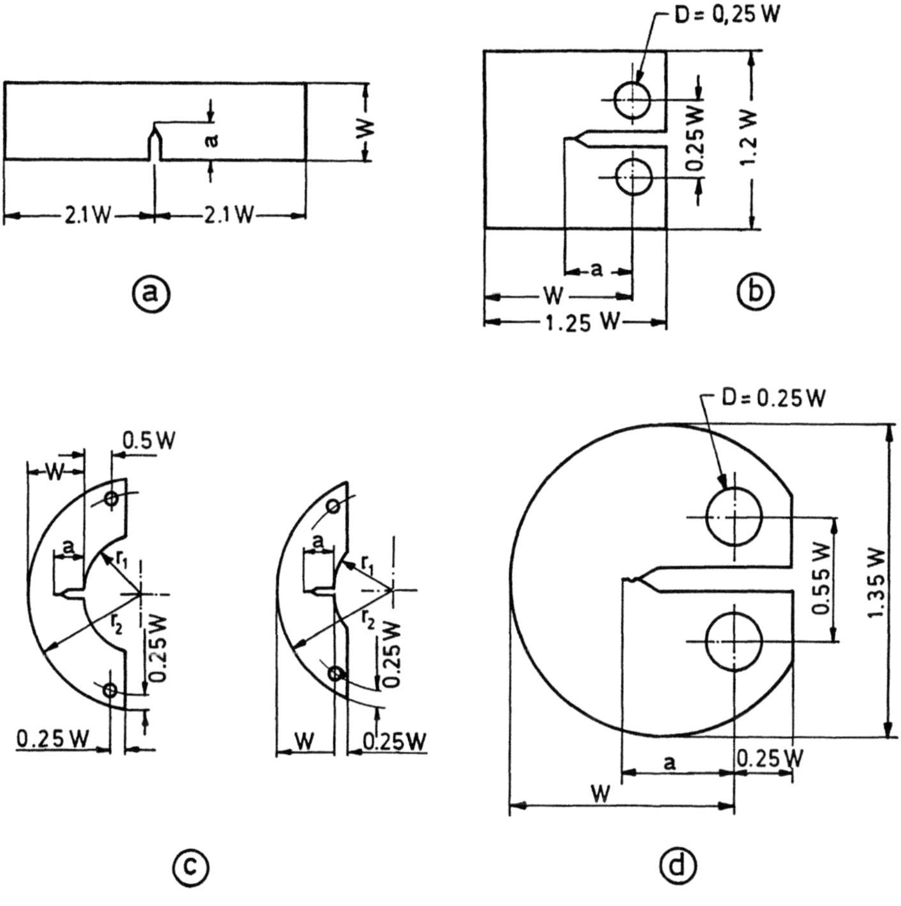

Abb. 4. Proben zur Bestimmung von K_{Ic} nach ASTM E 399
a) Dreipunkt-Biegeprobe, b) Kompaktprobe,
c) Bogenförmige Probe, d) Scheibenförmige Probe

Die am meisten angewandte Probe ist die Kompaktprobe, die mit relativ wenig Versuchsmaterial auskommt. Die bogenförmige Probe und die scheibenförmige Kompaktprobe sind besonders geeignet, um Proben aus Rohren bzw. aus Rundstangen herzustellen.

Für die einzelnen Probentypen wurden, insbesondere in der englischsprachigen Literatur, abgekürzte Bezeichnungen eingeführt, die allerdings im Lauf der Zeit Wandlungen unterlagen. Die Biegeprobe wird häufig mit SENB (single edge notch bend), die Kompaktprobe mit CT (compact tension) bezeichnet. Die neuesten Vorschläge in der ASTM-Norm sind: SE(B) für die Biegeprobe, C(T) für die Kompaktprobe, A(T) für die bogenförmige Probe und DC(T) für die scheibenförmige Kompaktprobe.

Anrisse:

Zur Erzeugung der Ermüdungsanrisse bestehen Vorschriften, die gewährleisten sollen, daß die plastische Zone während der Rißerzeugung nicht zu groß ist. Die wichtigste Bedingung $K_{fmax} < 0,6\ K_{Ic}$ (K_{fmax}: maximaler K-Wert bei der Ermüdung) ist sinnvoll, wenn es auch Beispiele gibt, bei denen mit größeren K_{fmax}-Werten noch korrekte K_{Ic}-Werte ermittelt wurden.

Nach dem Bruch der Probe wird die Rißlänge an 5 Stellen ausgemessen (Abb. 5) und die mittlere Rißlänge gemäß $\bar{a} = (a_2+a_3+a_4)/3$ berechnet.

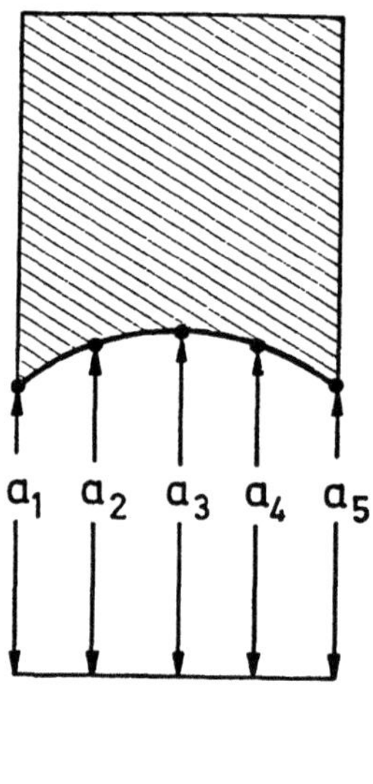

Abb. 5. Rißlängenvermessung zur K_{Ic}-Bestimmung

Die Rißfront darf nicht zu stark gekrümmt sein. Es müssen die Bedingungen $|a_i-\bar{a}| < 0{,}005\ \bar{a}$ für i = 2,3,4 und $|a_i-\bar{a}| < 0{,}1\ \bar{a}$ für i = 1,5 erfüllt sein. Die Bedingung für die Rißlängen a_1 und a_5 an der Oberfläche ist nach allgemeiner Erfahrung zu scharf gefaßt. Auch bei Rissen, die an den Rändern stark zurückhängen, können noch korrekte Werte ermittelt werden.

Kraft-Aufweitungs-Diagramm:

Der K_{Ic}-Versuch wird weggesteuert durchgeführt. Die Kraft wird in Abhängigkeit von der Rißaufweitung 2v registriert. Die Messung der Aufweitung erfolgt mit einem Rißaufweitungsmesser, der aus mit Dehnungsmeßstreifen beklebten Meßfedern besteht. Im folgenden wird die Rißuferverschiebung v gegenüber der Ausgangslage betrachtet. Tatsächlich gemessen wird die relative Verschiebung beider Rißufer 2v.

Ziel der Messung ist es, die Kraft bei Beginn der Rißverlängerung aus dem Kraft-Rißaufweitungs-Diagramm zu entnehmen. Dazu muß die Rißaufweitung etwas genauer betrachtet werden. Sie setzt sich aus 3 Anteilen zusammen (Abb. 6).

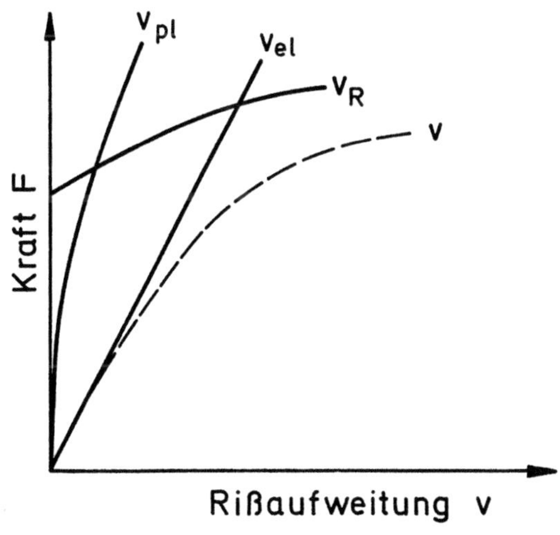

Abb. 6. Die drei Anteile der Rißaufweitung

$$v = v_{el} + v_{pl} + v_R \qquad (1)$$

v_{el} ist die zu der Rißlänge a zugehörige elastische Rißaufweitung, die proportional zur Kraft zunimmt:

$$v_{el} = \frac{F}{EB} \cdot f(a/W) \qquad (2)$$

f(a/W) ist eine für einen bestimmten Probentyp charakteristische Funktion. Die plastische Verformung an der Rißspitze führt zu einer Abweichung v_{pl} von der elastischen Geraden. Nach Irwin /3/ kann für das Verhältnis v_{pl}/v_{el} abgeleitet werden /4/:

$$\frac{v_{pl}}{v_{el}} = \frac{A}{W}\left[\frac{K}{R_p}\right]^2 \qquad (3)$$

wobei R_p die Streckgrenze des Werkstoffes ist. Die Konstante A kann dabei vom Verfestigungsverhalten der Werkstoffe abhängen. Aus experimentellen Untersuchungen an Stählen, Al- und Ti-Legierungen wurde ein mittlerer Wert von A = 0,165 ermittelt /4/.

Setzt Rißverlängerung ein, so führt dies zu einer Änderung der Steifigkeit der Probe und zu einem Anteil von v_R, der gegeben ist durch

$$v_R = \frac{dv_{el}}{da} \cdot \Delta a = \frac{F.f'}{EBW} \cdot \Delta a \qquad (4)$$

Erfolgt die Rißausbreitung kurzzeitig instabil, so macht sich dies in einem plötzlichen Kraftabfall (pop-in) oder zumindest in einer Unstetigkeit in der F-v-Kurve bemerkbar (Abb.7)

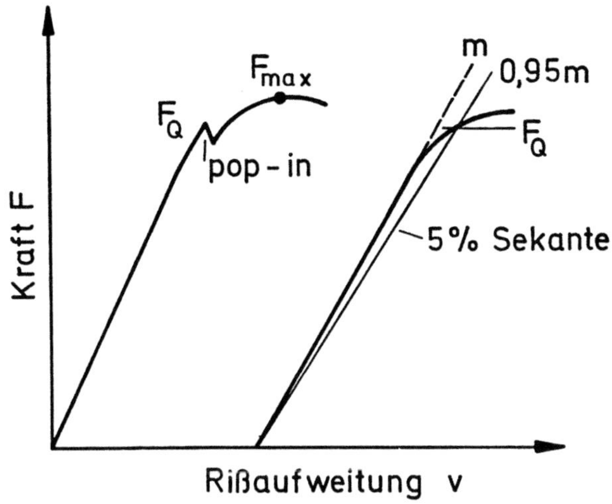

Abb. 7. Ermittlung von F_Q aus der Kraft-Rißaufweitungs-Kurve

Die entsprechende Kraft F_Q wird dann zur Berechnung eines Wertes K_Q genommen, der nur bei Erfüllung aller Bedingungen der Norm mit K_{Ic} bezeichnet werden darf.

Erfolgt die Rißausbreitung kontinuierlich, so findet ein stetiger Übergang von der elastischen Geraden in den nichtlinearen Bereich statt und es ist nicht ohne weiteres aus dem F-v-Diagramm zu entnehmen, bei welcher Abweichung Rißverlängerung einsetzt.

Um dieses Problem in einfacher Weise zu lösen, wurde das 5 %-Sekantenverfahren eingeführt. Nach diesem Verfahren wird der Schnittpunkt der F-v-Kurve mit einer Geraden durch den Ursprung ermittelt, deren Steigung um 5 % kleiner ist als die Steigung der elastischen Anfangsgeraden der Kurve. Ist bei der so ermittelten Kraft F_Q der plastische Anteil v_{pl} gegenüber v_R vernachlässigbar und somit v_R/v_{el} = 0,05, so ergibt sich die Rißverlängerung nach den Gl. (2) und (4)

$$\Delta a = 0{,}05\ W \frac{f}{f'} \qquad (5)$$

Für Biegeproben und Kompaktproben mit a/W = 0,5 ist f/f' ≈ 0,2 und somit

$$\Delta a = 0{,}01W = 0{,}02a \qquad (6)$$

Das 5%-Sekantenverfahren liefert somit einen K_Q-Wert bei einer Rißverlängerung von 2% für $v_{pl} << v_R$. Ist v_{pl} gegenüber v_R nicht vernachlässigbar, so ist die Rißverlängerung kleiner als 2%. Ist $v_{pl} >> v_R$, so wird K_Q nur durch das plastische Verhalten an der Rißspitze bestimmt. Nach Gl. (3) ist dann mit v_{pl}/v_{el} = 0,05 und A = 0,165

$$K_Q = K_{Qpl} = 0{,}55\ \sqrt{W}\ R_p \qquad (7)$$

Die Bedingungen für die zulässige Probengröße schließen aber diesen Fall aus.

Bedingungen für die Probengröße:

Eine der wichtigsten Bedingungen für einen gültigen K_{Ic}-Versuch ist die Größenbedingung für die verwendeten Proben. Für die Probendicke B, die Ligamentlänge W-a und die Rißlänge a muß nach der ASTM-Norm gelten:

$$B,\ W\text{-}a,\ \geq 2{,}5\ \left(\frac{K_{Ic}}{R_p}\right)^2 \qquad (8)$$

Für die üblichen Probenformen mit W/B = 2 und a/W = 0,5 sind alle 3 Größen identisch. Der Festlegung der Gl. (8) liegen theoretische Überlegungen und experimentelle Ergebnisse zugrunde, die in den Jahren 1966-1968 gewonnen wurden. Aus heutiger Sicht erscheint der Faktor von 2,5 etwas willkürlich. Außerdem hat es sich gezeigt, daß für die Probendicke und die Ligamentgröße unterschiedliche Bedingungen erforderlich sind.

Die Probendicke muß groß genug sein, damit in einem ausreichend großen Bereich in Probenmitte eine hinreichend gute Annäherung an den ebenen Dehnungszustand gegeben ist. Aufgrund theoretischer Überlegungen und experimenteller Ergebnisse ist diese Voraussetzung für

$$B \geq \frac{25(1-\nu^2)}{E} \frac{K_{Ic}^2}{R_p} \qquad (9)$$

erfüllt /4,5/. Wird diese Bedingung in der Form der Gl. (8) geschrieben, so tritt anstelle des Faktors 2,5 die Größe

$$\alpha = \frac{25(1-\nu^2)R_p}{E} \qquad (10)$$

Für hochfeste Stähle, Aluminiumlegierungen und Titanlegierungen ergeben sich α-Werte im Bereich 0,1 - 0,3. Somit können K_{Ic}-Werte mit wesentlich dünneren Proben ermittelt werden als es die ASTM-Bedingung vorschreibt. Diese Überlegungen gelten allerdings nicht im duktil-spröden Übergangsbereich von Stählen. Hier kann für dünne Proben, die aber Gl. (9) erfüllen, duktiler Bruch und bei dickeren Proben Sprödbruch mit niedrigerem K_{Ic}-Wert auftreten /6,7/.

Die Bedingung für die Ligamentgröße betrifft die Größe der plastischen Zone ω vor der Rißspitze. Linear-elastische Bruchmechanik ist nur dann sinnvoll anwendbar, wenn ω einen bestimmten Bruchteil der Ligamentgröße unterschreitet. Nach Irwin ist beim ebenen Dehnungszustand

$$\omega = \frac{1}{3\pi} \left(\frac{K}{R_p}\right)^2 \qquad (11)$$

Deshalb kann die Bedingung für die minimale Ligamentausdehnung in der Form

$$W - a > \beta_1 \, \omega = \beta \left(\frac{K}{R_p}\right)^2 \qquad (12)$$

geschrieben werden. Nach Gl. (8) ist β = 2,5. Tatsächlich wurden aber in neueren experimentellen Untersuchungen Grenzwerte von β kleiner als 2,5 für die Anwendbarkeit der LEBM festgestellt. Für Kompaktproben, die im wesentlichen einer Biegebeanspruchung unterworfen werden, ergab sich β = 0,4 /4,5,8/. Für Zugproben mit Innenkerben ist nach Schwalbe und

Setz /9/ LEBM anwendbar, wenn die Nettospannung kleiner als 90 % der Streckgrenze ist. Daraus berechnet sich z.B. für Proben mit a/W = 0,5 ein Wert von β = 1,1.

Zusammenfassend ergibt sich, daß der Faktor von 2,5 in Gl.(8) sowohl für die Bedingung eines ausreichenden ebenen Dehnungszustandes als auch für die Anwendbarkeit der LEBM zu groß ist.

Allerdings tritt bei einigen Werkstoffen ein Ligamentgrößeneffekt bei der Ermittlung von K_{Ic} auf, auch wenn Gl. (8) mit β = 0,4 oder auch mit β = 2,5 erfüllt ist. Ursache dafür ist nicht ein Versagen der LEBM, sondern die spezielle Auswertemethode der ASTM-Norm.

Wird K_{Ic} nach dem 5 %-Sekantenverfahren ermittelt, so ergibt sich ein K_Q-Wert, der mit zunehmender Probenbreite W zunimmt. Dies ist schematisch in Abb. 8 aufgezeichnet /5/.

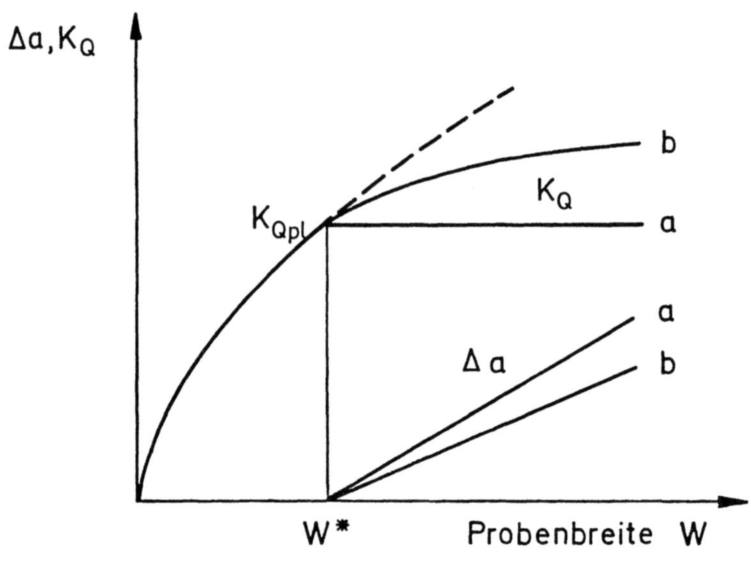

Abb. 8. Einfluß der Probenbreite auf K_Q und die Rißverlängerung bei K_Q für eine flache (a) und eine ansteigende (b) Rißwiderstandskurve

Bis zu einer Probenbreite von W* wird K_Q nach Gl. (7) nur durch die plastische Verformung an der Rißspitze bestimmt. K_Q steigt mit zunehmender Probenbreite an. Für W > W* setzt Rißverlängerung vor Erreichen von K_Q ein. Besitzt der Werkstoff eine flache Rißwiderstandskurve, so ist K_Q für W > W* konstant. Liegt aber eine ansteigende Rißwiderstandskurve vor, so macht sich mit der Probenbreite zunehmende Rißverlängerung bei K_Q bemerkbar. Je steiler der Anstieg der Rißwiderstandskurve, um so stärker ist die Zunahme von K_Q mit der Probenbreite.

Das 5 %-Sekantenverfahren führt daher bei einer ansteigenden Rißwiderstandskurve immer zu mit der Probenbreite zunehmenden K_{Ic}-Werten, auch dann, wenn die Probengrößenbedingungen der ASTM-Norm erfüllt sind. Um diese Schwierigkeit zu umgehen, wurde eine an die Probengröße angepaßte Steigung der Sekante empfohlen /4,5/.

Das Verhältnis F_{max}/F_Q:

Die ASTM-Norm enthält als weitere Bedingung, daß das Verhältnis F_{max}/F_Q den Wert 1,1 nicht überschreiten soll. Ist diese Voraussetzung nicht erfüllt, so soll zu größeren Versuchsproben übergegangen werden. Diese Vorschrift hat nach der Ansicht des Verfassers dieses Berichtes keine Bedeutung bei der Ermittlung von K_{Ic}-Werten. Sind die Größenbedingungen nach Gl. (8) eingehalten, so wird auf jeden Fall ein K-Wert auf der K-Δa-Kurve ermittelt, auch dann, wenn $F_{max}/F_Q > 1,1$ ist. Es muß auch nicht in jedem Fall gewährleistet sein, daß beim Übergang zu einer größeren Probe F_{max}/F_Q unter 1,1 fällt /10/.

4. Die J_{Ic}-Ermittlung

Ermittlungen von J_{Ic} werden in den meisten Fällen durchgeführt, um mit kleinen Versuchsproben, bei denen LEBM nicht mehr anwendbar ist, indirekt die Rißzähigkeit K_{Ic} zu erhalten. Dabei wird von der im linear-elastischen Bereich gültigen Beziehung

$$K_I^2 = \frac{EJ_I}{1-\nu^2} \qquad (13)$$

ausgegangen.

Die ASTM ist zur Zeit dabei, eine Norm zur Ermittlung von J_{Ic} zu erstellen /11/. Die Norm wird in der gegenwärtig vorliegenden Form vermutlich von dem entsprechenden Committee gebilligt werden. Sie schließt ausdrücklich den duktil-spröden Übergangsbereich von Stählen aus, in dem ein Wechsel des Bruchmodus beim Übergang zu größeren Proben auftreten kann.

Probenform:

Die Kompaktprobe und die Dreipunktbiegeprobe sind in der ASTM-Norm vorgesehen. Da bei der Kompaktprobe die Rißaufweitung in der Lastachse gemessen werden muß, ist diese Probe etwas anders gestaltet als bei der K_{Ic}-Ermittlung (Abb. 9).

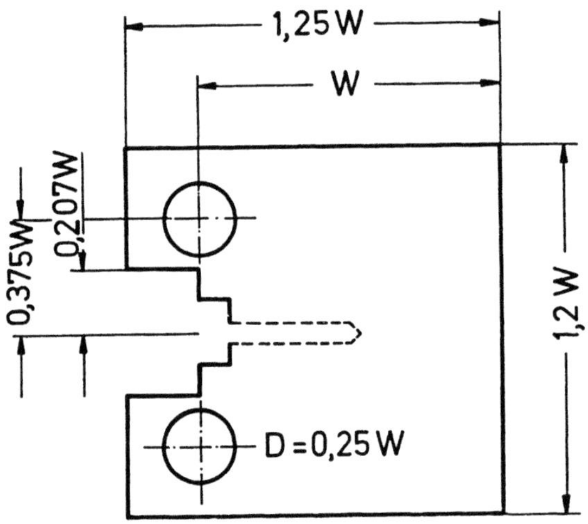

Abb. 9. Kompaktprobe für J_{Ic}-Ermittlung

Die Rißlänge soll im Bereich $0{,}5 \leq a/W \leq 0{,}75$ liegen.

J-Ermittlung

Der experimentellen Ermittlung von J bei einer bestimmten Kraft F liegt die von Rice für nicht-linear-elastisches Verhalten abgeleitete Beziehung

$$J = - \frac{1}{B} \frac{\delta U}{\delta a} \qquad (14)$$

zugrunde. Dabei ist U die Verformungsenergie. Begley und Landes /12/ wandten diese Beziehung auf elastisch-plastisches Verhalten an und bestimmten zunächst J nach dem sogenannten Pseudo-Compliance-Verfahren nach der Beziehung

$$J = - \frac{1}{B} \frac{U(a + \Delta a) - U(a)}{\Delta a} \qquad (15)$$

Dabei ist U gleich der Fläche unter der Kraft-Verlängerungs-Kurve, wobei die Verlängerung die Verschiebung der Kraftangriffspunkte darstellt. Entsprechend Gl. (15) werden Proben unterschiedlicher Rißlänge verformt und die U(a)-Werte für konstante Verlängerungen ermittelt. Daraus erhält man U-a-Kurven und aus der Steigung dieser Kurven J in Abhängigkeit von a und v. Das Verfahren ist schematisch in Abb. 10 dargestellt.

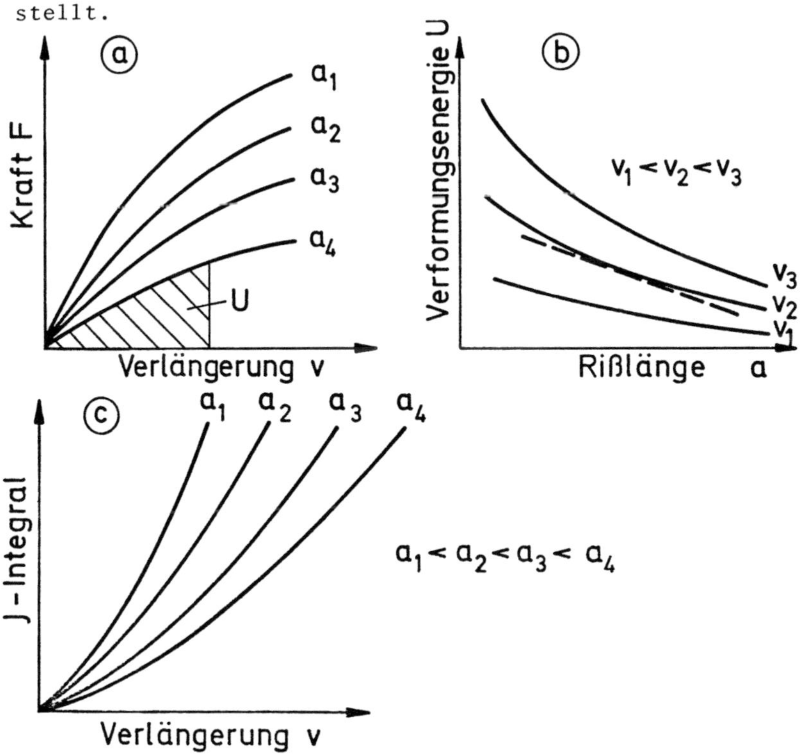

Abb. 10. Pseudo-Compliance-Verfahren zur Ermittlung von J

Dieses Verfahren hat den Nachteil, daß Proben unterschiedlicher Rißlänge notwendig sind.

Rice, Paris und Merkle /13/ zeigten erstmals, daß für Proben, die im wesentlichen einer Biegebeanspruchung unterworfen sind (Kompaktprobe, Dreipunktbiegeprobe), J direkt aus einer F-v-Kurve für eine bestimmte Rißlänge erhalten werden kann. Aus theoretischen Überlegungen und experimentellen Untersuchungen ergaben sich mit hinreichend guter Näherung in dem vorgesehenen Bereich der Rißlänge die folgenden Beziehungen:

$$J = \frac{U}{B(W-a)} \cdot g(a/W) \qquad (16)$$

mit g(a/W) = 2 für Dreipunkt-Biegeproben und

$$g(a/W = \frac{1 + \gamma}{1 + \gamma^2} \qquad (17)$$

mit

$$\gamma = \frac{\sqrt{2}\sqrt{1 + (a/W)^2} - (1 + a/W)}{1 - a/W} \qquad (18)$$

für Kompakt-Proben.

Ermittlung von J_{Ic} bei Beginn der Rißverlängerung:

Der kritische Wert des J-Integrals J_{Ic} soll beim Einsetzen der Rißverlängerung bestimmt werden. Der Beginn der Rißverlängerung ist allerdings nicht direkt aus einer Kraft-Verlängerungskurve zu entnehmen. Deshalb werden meistens mehrere Proben mit nahezu identischen Rißlängen unterschiedlich hoch belastet, entlastet und danach die bei der Belastung aufgetretene Rißverlängerung markiert. Dies kann entweder durch Glühen (heat-tinting) oder durch erneute Ermüdungsbeanspruchung geschehen. Die Rißverlängerung wird dann auf der Bruchfläche ausgemessen. Aus mehreren Proben kann dann eine J-Δa-Kurve aufgestellt werden. Das Problem besteht dann in einer geeigneten Extrapolation auf den Beginn der Rißverlängerung.

Die Rißverlängerung setzt sich aus zwei Anteilen zusammen

(Abb. 11.)

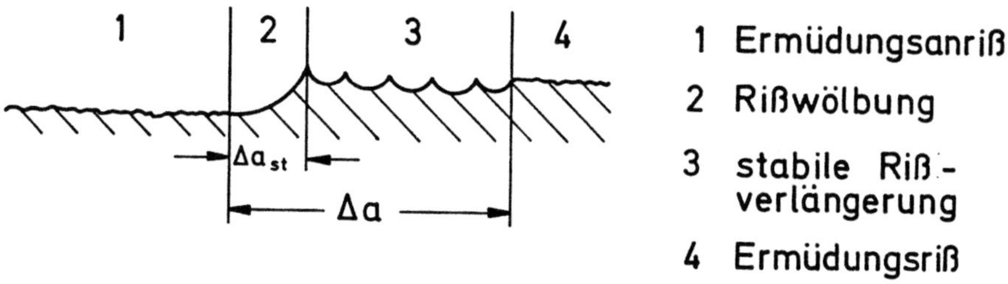

Abb. 11. Querschnitt einer Bruchfläche zur Veranschaulichung der beiden Anteile der Rißverlängerung

Bei der Belastung entsteht zunächst eine Wölbung der Rißfront, die zu einer Verlängerung der Rißlänge um Δa_{st} führt. Nach Erreichen einer kritischen Wölbung beginnt die eigentliche Rißverlängerung. Die auf der Bruchfläche ausmeßbare Rißverlängerung Δa_{st} ist näherungweise gleich der Hälfte der Rißaufweitung an der Rißspitze δ. Zwischen δ und dem J-Integral besteht näherungweise der Zusammenhang

$$\delta = \frac{J}{R_p} \tag{19}$$

Damit ergibt sich als Zusammenhang zwischen Δa_{st} und J:

$$\Delta a_{st} = \frac{J}{2R_p} \tag{20}$$

Um die Verfestigung der Werkstoffe zusätzlich zu berücksichtigen, wird R_p durch eine mittlere Fließspannung $\sigma_f = (R_p+R_m)/2$ ersetzt (R_m ist die Zugfestigkeit)

Bei vielen ferritischen Werkstoffen zeigt die J-Δa-Kurve drei Bereiche (Abb. 12).

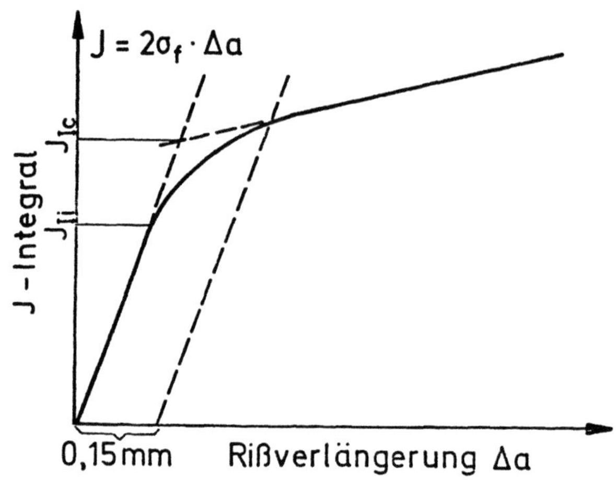

Abb. 12. Ermittlung von J_{Ic} durch Extrapolation auf die Wölbungsgerade

An den Bereich der Rißwölbung schließt sich ein Bereich mit relativ starker Zunahme in J an. Dann folgt ein Bereich schwächerer, meist linearer Zunahme von J mit Δa. Nach der von der ASTM vorgeschlagenen Methode wird in das J-Δa-Diagramm zunächst die Wölbungsgerade (blunting-line) $J = 2\sigma_f \cdot \Delta a$ eingetragen. Dann wird, wie in Abb. 12 gezeigt, J_{Ic} als Schnittpunkt der Wölbungsgeraden mit einer extrapolierten J-Δa-Geraden ermittelt. Dabei werden Punkte im steilen Übergangsbereich nicht berücksichtigt. Dadurch erhält man einen kritischen Wert J_{Ic}, der größer ist als J_{Ii} bei Beginn der Rißverlängerung. Ebenso werden Punkte ausgeschlossen, bei denen die Rißverlängerung zu groß ist. Die Vorschrift in ihrer derzeitigen Form besagt, daß alle für die Extrapolation herangezogenen Punkte in einem Abstand von 0,15 mm bis 1,5 mm von der Wölbungsgeraden liegen müssen. Dieses Verfahren hat als Konsequenz, daß bei einer in der Anfangsphase steil ansteigenden Rißwiderstandskurve J_{Ic} wesentlich größer sein kann als J_{Ii} bei Beginn der Rißverlängerung. Dadurch wird ein Teil der durch die stabile Rißverlängerung enthaltenen Sicherheit bei der Bewertung von Rissen berücksichtigt, da auch im Bauteil bei Erreichen von J_{Ii} noch kein Versagen auftritt. Das Verfahren enthält allerdings durch die Extrapolation eine gewisse Willkür, da J nicht bei einer vorgegebenen Rißverlängerung bestimmt wird. Außerdem setzt die in der ASTM-Norm vorgesehene lineare Extrapolation voraus, daß im vorgesehenen Δa-Bereich die J-Δa-Kurve tatsächlich linear ist.

Bei der beschriebenen Methode sind mehrere Proben zur Ermittlung von J_{Ic} notwendig. Mit der alternativen Methode der partiellen Entlastung /14/ kann J_{Ic} mit einer einzigen Versuchsprobe bestimmt werden. Dazu wird, wie in Abb. 13 gezeigt, während des Versuches wiederholt die Kraft um etwa 10 % abgesenkt und dann wieder belastet.

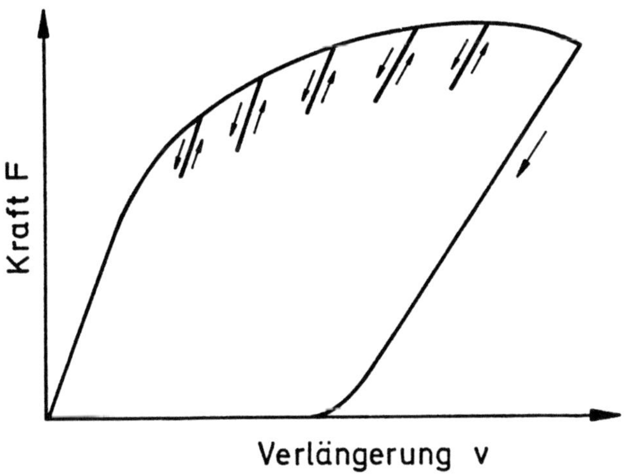

Abb. 13. Methode der partiellen Entlastung zur J_{Ic}-Ermittlung

Die jeweilige Rißlänge kann dann aus der Steigung der Entlastungs- bzw. Belastungsgeraden entnommen werden. Notwendig ist dabei die Kenntnis des Zusammenhangs zwischen Compliance und Rißlänge für den untersuchten Probentyp.

Bedingung für die Probengröße:

Wie bei der Ermittlung von K_{Ic} werden an die Probengröße Mindestanforderungen gestellt. Die vorgesehene ASTM-Norm fordert

$$B,\ W - a > 25\,\frac{J_{Ic}}{R_p} \qquad (21)$$

Bezüglich der Dicke ist diese Beziehung mit Gl. (9) für die linear-elastische Bruchmechanik identisch. Dies ist sinnvoll, da in beiden Fällen gefordert wird, daß ein genügend großer Bereich des ebenen Dehnungszustandes in der Probenmitte vorliegt.

5. Der Reißmodul (tearing-modul)

Im Anwendungsbereich der linear-elastischen Bruchmechanik ergibt sich die kritische Belastung beim Einsetzen der Rißverlängerung aus der Bedingung, daß die Rißwiderstandskurve die G-a-Kurve tangiert. In der K-Schreibweise bedeutet dies, daß die materialspezifische K-Δa-Kurve die K-a-Kurve berührt, wobei letztere den Zusammenhang zwischen der Rißlänge und dem durch die Belastung hervorgerufenen Spannungsintensitätsfaktor darstellt. Zur besseren Unterscheidung wird bei der Rißwiderstandskurve der Index mat und bei der Belastungskurve der Index app (= applied) angefügt. Die Instabilitätsbedingung lautet dann:

$$K_{appl} = K_{mat}, \quad \frac{\partial K_{appl}}{\partial a} > \frac{\partial K_{mat}}{\partial a} \tag{22}$$

Im Bereich der Fließbruchmechanik, in dem die Rißausbreitung mit Hilfe des J-Integrals beschrieben wird, wurde eine entsprechende Instabilitätsbedingung aufgestellt /15/. Dazu wird der dimensionslose Reißmodul (tearing-modul) eingeführt, der sich aus der Steigung der J-Δa-Kurve ergibt:

$$T = \frac{E}{\sigma_f^2} \frac{dJ}{da} \tag{23}$$

σ_f ist dabei die Fließspannung, für die man den Mittelwert aus Streckgrenze und Zugfestigkeit einsetzen kann. Auch hier wird zwischen einem werkstoffspezifischen Wert T_{mat} und einem mit der Belastung zunehmenden Wert T_{appl} unterschieden. Die Bedingung für Instabilität lautet analog zu Gl. (22)

$$J_{appl} = J_{mat}, \quad T_{appl} > T_{mat} \tag{24}$$

Das Tearing-Modul-Konzept befindet sich zur Zeit noch in der

Entwicklung. Auf Einzelheiten und Probleme soll hier nicht eingegangen werden.

Zur Ermittlung von T_{mat} muß lediglich die Steigung der J-Δa-Kurve bestimmt werden. Bei der J-Berechnung sollte dabei aber eine Korrektur bezüglich der Rißverlängerung vorgenommen werden. Zwei verschiedene Korrekturen wurden dazu vorgeschlagen. In beiden Fällen wird vorausgesetzt, daß die Kraft-Verlängerungskurve (F-v-Kurve) und die Kraft-Rißverlängerungskurve F-Δa-Kurve bekannt ist. Die Berechnung erfolgt dann stufenweise durch Einteilung der F-v-Kurve und der entsprechenden F-Δa-Kurve in diskrete Bereiche (s. Abb. 14).

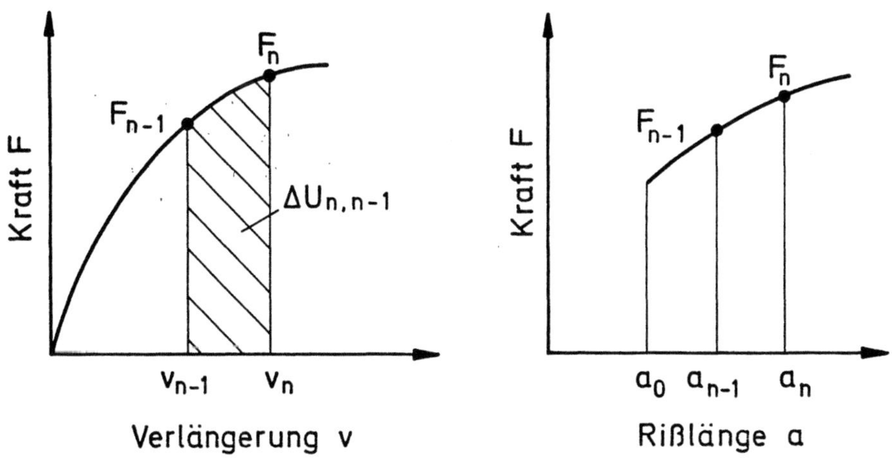

Abb. 14. Ermittlung des J-Integrals unter Berücksichtigung der stabilen Rißverlängerung

Garwood et al. /16/ schlagen folgende Beziehung vor:

$$J_n = J_{n-1} \frac{W-a_n}{W-a_{n-1}} + \frac{g(a_{n-1}/W) \cdot \Delta U_{n,n-1}}{B(W-a_{n-1})} \qquad (25)$$

Dabei ist J_n der Wert des J-Integrals bei der Verschiebung v_n bzw. der Rißlänge a_n · $\Delta U_{n,n-1}$ ist die aufgebrachte Energie während der Verlängerung von v_{n-1} auf v_n.

In der von der ASTM vorgesehenen Norm zur J_{Ic}-Bestimmung wird für Biege- und Kompaktproben vorgeschlagen:

$$J_n = \left[J_{n-1} + \frac{g(a_{n-1}/W) \cdot \Delta U_{n,n-1}}{B}\right] \left[1 - \frac{1+0{,}76\ \frac{W-a_{n-1}}{W}}{W - a_{n-1}} \cdot (a_n - a_{n-1})\right] \qquad (26)$$

Beide Bedingungen stellen eine Korrektur gegenüber den Gl. (16)-(18) dar.

Die Anwendbarkeit des T-Modul-Konzeptes unterliegt nach theoretischen Überlegungen einschränkenden Bedingungen /17,18/. Diese Bedingungen liegen noch nicht eindeutig fest. Zur Zeit werden zwei Bedingungen bezüglich der Steigung der J-Δa-Kurve und der Rißverlängerung angegeben:

$$\frac{dJ}{da}\ \frac{W-a}{J} >> 1, \quad \frac{\Delta a}{a_0} < 0{,}06 \qquad (27)$$

6. Ermittlung kritischer Werte der Rißaufweitung an der Rißspitze

Die Rißaufweitung an der Rißspitze (CTOD oder δ) ist das älteste Bruchkriterium der Fließbruchmechanik. Trotzdem bestehen noch Schwierigkeiten der exakten Definition und der experimentellen Ermittlung. Das Verfahren zur Ermittlung kritischer Werter wird in Großbritannien nach der Norm BS 5762 /19/ und in der Schweiz nach einer Prüfrichtlinie /20/ durchgeführt.

Definition:

Die Definition von δ hat sich im Laufe der Entwicklung des

Verfahrens etwas gewandelt. Abb. 15 zeigt mögliche Definitionen /21/.

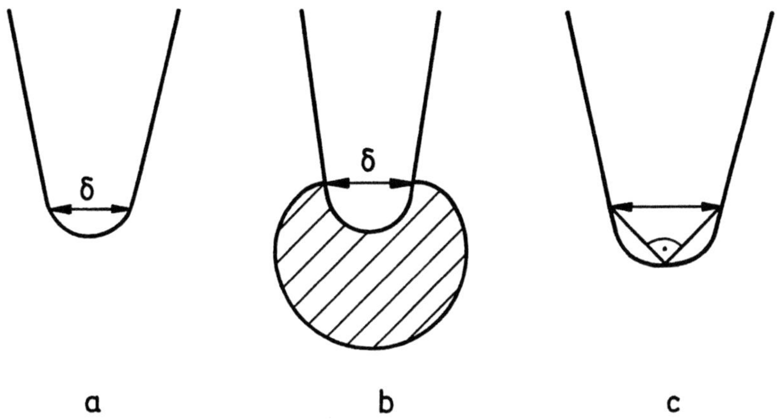

Abb. 15. Verschiedene Definitionen der Rißaufweitung an der Rißspitze a) Übergang vom geradlinigen in den gekrümmten Bereich, b) an der elastisch-plastischen Grenze, c) Einzeichnen eines rechten Winkels

Bei Biegebeanspruchung kann δ als Übergang vom geradlinigen in den gekrümmten Bereich an der Rißspitze definiert werden. In den theoretischen Arbeiten wurde verschiedentlich δ an der elastisch-plastischen Grenze definiert. Diese Definition ist aber schwierig experimentell zu verifizieren. Nach einer anderen Definition wird δ durch Einzeichnen eines rechten Winkels entsprechend Abb. 15 c erhalten. Abb. 15 bezieht sich nur auf δ bis zum Einsetzen der Rißverlängerung. Erfolgt die Rißverlängerung zunächst in stabiler Weise, so kann die Rißaufweitung anhand von Abb. 16 beschrieben werden /21/.
Die Rißverlängerung beginnt bei $\delta = \delta_1$. Die Rißöffnung an der Rißspitze $\delta = \delta_{Riß}$ während der stabilen Rißerweiterung ist aber kleiner als δ_i. Es hat sich dabei gezeigt, daß der Rißöffnungswinkel α konstant ist. Somit ist die Rißöffnung an der ursprünglichen Rißspitze gegeben durch

$$\delta_0 = \delta_i + \delta_{Riß} + 2\Delta a \cdot \mathrm{tg}\alpha/2 \qquad (28)$$

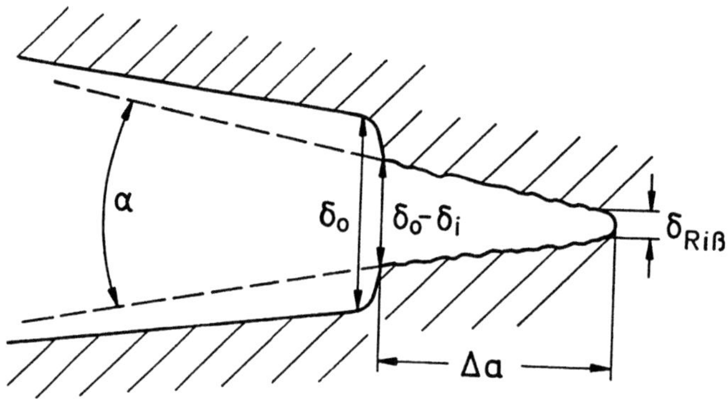

Abb. 16. Rißaufweitung bei Rißverlängerung /21/.

Direkte Ermittlung von δ:

Eine direkte Messung von δ ist auf einfache Weise nicht möglich. Mit einem Mikroskop kann die Rißaufweitung an der Oberfläche gemessen werden. Da die Rißverlängerung aber im Probeninnern beginnt, sollte die Messung dort vorgenommen werden. Verschiedentlich wurde durch Ausgießen des Risses mit einem aushärtbaren Lack versucht, die Rißaufweitung in der Probenmitte zu erfassen. Diese Methode ist aufwendig und eignet sich auch nicht für eine kontinuierliche Messung und ist deshalb nur für grundsätzliche Untersuchungen anwendbar.

Indirekte Ermittlung von δ:

Von praktischer Bedeutung ist eine indirekte Ermittlung von δ aus der Rißaufweitung v und der Probenoberfläche oder in einem Abstand z von der Oberfläche (Abb. 17) mit einem Rißaufweitungsmesser.

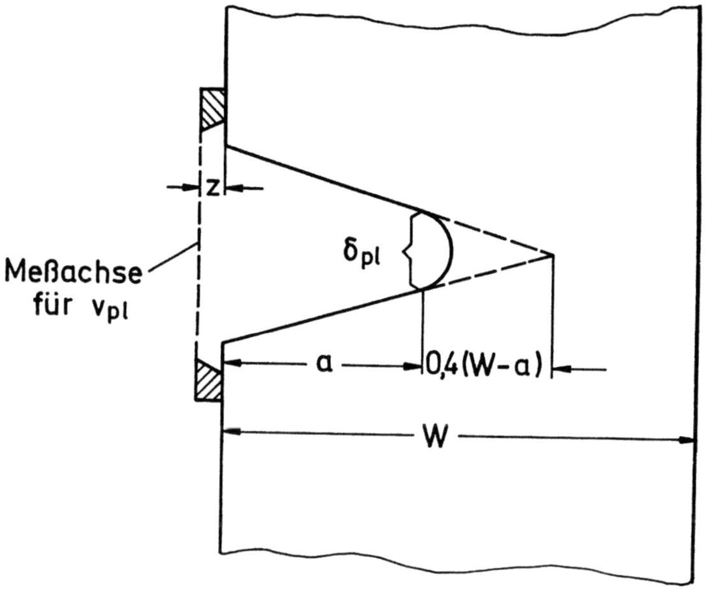

Abb. 17. Zur Ermittlung von δ_{pl} aus v_{pl}

Zwischen δ und v wurden aufgrund von experimentellen Beobachtungen und von theoretischen Überlegungen verschiedene Beziehungen hergeleitet /4/. Diese Beziehungen unterscheiden sich zum Teil erheblich. Dies ist teilweise auf eine etwas unterschiedliche Probenform aber auch auf Unterschiede in der angewandten Meßmethode zur Bestimmung von δ zurückzuführen.

In BS 5762 ist für die in dieser Norm vorgesehenen Biegeproben δ in einen elastischen und in einen plastischen Anteil aufgeteilt:

$$\delta = \delta_{el} + \delta_{pl} \qquad (29)$$

Der elastische Anteil ergibt sich aus folgender Überlegung, die im Prinzip auf Irwin zurückgeht (Abb. 18).

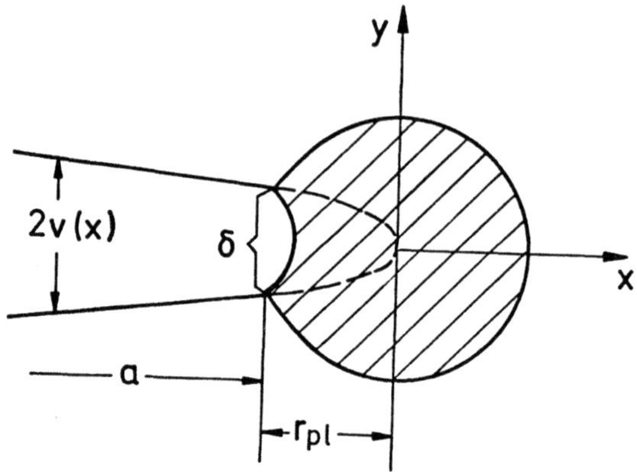

Abb. 18. Zur Ermittlung von δ_{el} nach der plastischen Zonenkorrektur

Es wird die elastische Rißuferverschiebung eines Risses betrachtet, dessen Spitze sich in der Mitte der plastischen Zone befindet. Die Rißaufweitung ist für den ebenen Dehnungszustand gegeben durch

$$v = \frac{4(1 - \nu^2)}{\sqrt{2\pi}\ E} K \cdot \sqrt{|x|} \tag{30}$$

wobei x der Abstand von der Rißspitze ist. δ_{el} wird nun an der elastisch-plastischen Grenze berechnet. Der Abstand dieser Grenze von der Rißspitze ist näherungsweise gegeben durch

$$x = r_{pl} = \frac{1}{6\pi} \left(\frac{K}{R_p}\right)^2 \tag{31}$$

Somit ergibt sich mit $\nu = 0,3$

$$\delta_{el} = \frac{4(1 - \nu^2)K^2}{\sqrt{3}\pi \cdot ER_p} = 0,67 \frac{K^2}{ER_p} \tag{32}$$

Im BS 5762 wird der Faktor 0,67 durch 0,5 ersetzt. Der plastische Anteil ergibt sich aus der Annahme einer Drehung der Rißflanken um einen Punkt vor der Rißspitze im Abstand 0,4 (W - a), (Abb. 17). Daraus ergibt sich

$$\delta_{pl} = \frac{0,8(W - a)v_{pl}}{0,4W + 0,6a + z} \qquad (33)$$

Zur Ermittlung von δ muß somit bei der interessierenden Kraft der plastische Anteil der Rißaufweitung v_{pl} gemessen und aus der Kraft der Spannungsintensitätsfaktor K nach der linear-elastischen Beziehung berechnet werden.

Die Schweizer Prüfrichtlinie /20/ sieht Kompaktproben vor. Anstelle der Ermittlung von δ aus einer einzigen an der Oberfläche gemessenen Rißaufweitung wird die Rißaufweitung an mindestens vier Stellen in verschiedenen Abständen von der Rißspitze gemessen und dann δ durch Extrapolation auf die Rißspitze bestimmt. Diese Methode erfordert einen wesentlich größeren Prüfaufwand. Das Extrapolationsverfahren liefert aber genauere Werte als die Anwendung der Gl. (32) und (33).

Ermittlung der kritischen Werte:

Beide Prüfvorschriften sehen sowohl die Ermittlung eines kritischen Wertes δ_i zu Beginn der Rißverlängerung als auch von δ_{max} bei der maximalen Kraft vor. Außerdem können noch kritische δ-Werte bestimmt werden, wenn vor Erreichen von δ_{max} kurzzeitige Instabilität mit Rißstoppen (pop-in) auftritt. Nach BS 5762 soll die Ermittlung von δ_i durch die Prüfung von mehreren Proben mit unterschiedlich hoher Belastung erfolgen, wobei die Rißverlängerung in entsprechender Weise wie beim J-Integralverfahren gemessen wird. Die Extrapolation soll allerdings auf $\Delta a = 0$ und nicht wie beim J-Integralverfahren auf einer Wölbungsgeraden erfolgen.

Die Berechnung von δ_{max} nach den Gl. (32) und (33) erfolgt mit der Ausgangsrißlänge, wenn die stabile Rißverlängerung nicht gemessen werden kann. Tritt kurzzeitige Instabilität auf (pop-in), so kann der Bereich der stabilen Rißverlängerung auf der Bruchfläche ausgemessen werden. In diesem Fall sieht BS 5762 vor, in Gl. (32) und (33) die Rißlänge a + Δa einzusetzen. Diese Vorgehensweise ist problematisch. Es wird dabei weder $\delta_{Riß}$ noch δ_i oder δ_0 bestimmt.

Auf die noch umstrittene Frage, welcher kritische δ-Wert zur Bewertung eines Fehlers herangezogen werden soll, kann hier nicht ausführlich eingegangen werden. Im Bereich des ebenen Dehnungszustandes ist δ_{Ii} ein Werkstoffkennwert, der aber möglicherweise zu einer konservativen Bewertung eines Fehlers führt. Die nach einer bestimmten stabilen Rißverlängerung nach dem bisher vorgeschlagenen Verfahren ermittelten Werte sind dagegen keine eindeutigen Werkstoffkennwerte. Eine Beschreibung des Verhaltens eines rißbehafteten Bauteils kann dennoch möglich sein, wenn die Versuchsprobe zur Ermittlung der δ-Werte der Größe des Bauteils nahekommt.

Probengröße:

Es wird empfohlen, die Probendicke entsprechend der zu beurteilenden Bauteildicke zu wählen. Damit soll gewährleistet sein, daß an der Rißspitze ein vergleichbarer Spannungszustand vorliegt. Diese Bedingung erscheint allerdings nur dann notwendig, wenn das Bauteil nicht unter den Bedingungen des ebenen Dehnungszustandes versagt. Entsprechend Gl. (9) bzw. (21) sollte für

$$B > 25\ \delta_i \tag{34}$$

in Probenmitte ein ebener Dehnungszustand bei Beginn der Rißverlängerung vorliegen und $\delta_i = \delta_{Ii}$ unabhängig von der Probendicke sein. δ_{max} kann dagegen ähnlich wie K_{max} wegen der Scherlippenbildung von der Probendicke auch bei Erfüllung von Gl. (34) abhängen.

Literatur

1. Plane-Strain Fracture Toughness of Metallic Materials, Standard E 399-80 of the Americ. Soc. for Test. and Mat.
2. Methods for Plane Strain Fracture Toughness (K_{Ic}) Testing, Draft for Development 3:1971, British Standards Institution.
3. Irwin, G. R.: Plastic Zone Near a Crack Tip and Fracture Toughness. Proc. of the Seventh Sagamore Ordnance Materials Research Conference, Syracuse University, 1966.
4. Munz, D.: Linear-elastische und elastisch-plastische Bruchmechanik von Konstruktionswerkstoffen, Forschungsbericht DFVLR-FB 79-31 der Deutschen Forschungs- und Versuchsanstalt für Luft- und Raumfahrt. 1979.
5. Munz, D.: Minimum Specimen Size for the Application of Linear-Elastic Fracture Mechanics, Elastic-Plastic Fracture, ASTM STP 668, 406-425, 1979.
6. Milne, I., Chell, G. G.: Effect of Size on the J Fracture Criterion, Elastic-Plastic Fracture, ASTM STP 668, 358-377, 1979.
7. Munz, D., Keller, H. P.: Effect of Specimen Size on Fracture Toughness in the Ductile Brittle Transition Region of Steel, Fracture and Fatigue, Proceedings of the Third European Conference on Fracture, 105-117, Perg. Press, 1980.
8. Keller, H. P., Munz, D.: Effect of Specimen Size on J-Integral and Stress-Intensity Factor at the Onset of Crack Extension. In: Flaw Growth and Fracture, ASTM STP, 631, 217-231, 1977
9. Schwalbe, K. H., Setz, W.: R-Curves and Fracture Toughness of Thin Sheet Materials, J. Test. and Eval.
10. Lake, R. L.: What R-Curves Can Tell us about Specimen Size Effect in the K_{Ic}-Test. In: Mechanics of Crack Growth, ASTM STP 590, 208-218, 1976.
11. The Determination of J_{Ic}, a Measure of Fracture Toughness, proposed Standard of the American Society for Testing and Materials.
12. Begley, J. A., Landes, J. D.: The J-Integral as a Failure Criterion. In: Fracture Toughness, ASTM STP 514, 1-23, 1972.

13. Rice, J. R., Paris, P.C.., Merkle, J. G.: Some Further Results of J-Integrals Analyses and Estimates. In: Progress in Flaw Growth and Fracture Toughness Testing, ASTM STP 536, 231-245, 1973.
14. Clarke, G. A., Andrews, W. R., Paris, P. C., Schmidt, D. W.: Single Specimen Tests for J_{Ic} Determination. In: Mechanics of Crack Growth, ASTM STP 590, 27-42, 1976.
15. Paris, P. C., Tada, H., Zahoor, A., Ernst, H.: The Theory of Instability of the Tearing Mode of Elastic-Plastic Crack Growth. In: Elastic-Plastic Fracture, ASTM STP 668, 5-36, 1979.
16. Garwood, S. J., Robinson, J. N., Turner, C. E. The Measurement of Crack Resistance Curves (R-Curves) Using the J-Integral, Int. J. Fract. 11, 528-530, 1975.
17. Hutchinson, J. W., Paris, P. C.: Stability Analysis of J-Controlled Crack Growth. In: Elastic-Plastic Fracture, ASTM STP 668, 37-64, 1979.
18. Shih, C. F., de Lorenzi, H. G., Andrews, W. R.: Studies on Crack Initiation and Stable Crack Growth. In: Elastic-Plastic Fracture, ASTM STP 668, 65-120, 1979.
19. Methods for Crack Opening Displacement (COD). BS 5762, British Standard Institution.
20. Prüfrichtlinie für das COD-Verfahren. Eidg. Amt für Energiewirtschaft.
21. Harrison, J. D.: The "State-of-the-Art" in Crack Tip Opening Displacement (COD). Testing and Analysis, Document of the Welding Institute, Abington, Großbritannien.

Prof.Dr. Dietrich Munz

Institut für Zuverlässigkeit
und Schadenskunde im Maschinenbau

Universität Karlsruhe

Kaiserstraße 12

D-7500 Karlsruhe

Bundesrepublik Deutschland

ANWENDUNG DER BRUCHMECHANIK IM MASCHINENBAU

THOMAS VARGA

Bruchmechanische Methoden werden in Maschinen- und Behälterbau zum quantitativen Nachweis der Bruchsicherheit, zur Festlegung zulässiger Fehlermaße sowie zur Beurteilung im Bauteil vorhandener Fehler eingesetzt. Unter wechselnder Belastung sowie bei Korrosionseinwirkung kann ein Wachstum der Fehler während der Lebensdauer auftreten; diese muß ebenfalls in Rechnung gestellt werden.

1. Einleitung

Der weitaus größte Anteil der Maschinenelemente und Apparateteile wurde bis heute ohne Anwendung der Bruchmechanik gebaut. Daher ist es zweckmäßig, vorerst jene Prüfverfahren zu betrachten, welche bis heute zur Gewährleistung der Bruchsicherheit eingesetzt wurden. Anschließend kann der durch die Bruchmechanik möglich gewordene Fortschritt besser verstanden werden.

Unsere heutigen Bemessungsvorschriften wurden aufgrund der Festigkeitshypothesen, wie Normalspannungshypothese, Schubspannungshypothese und Gestaltänderungsenergiehypothese aufgestellt. Der Werkstoff wird gewöhnlich als ideal, d.h. als homogen, isotrop, frei von Mikro- und Makrofehlern sowie mit der Zeit unveränderlich, d.h. invariabel betrachtet. Nachfolgend werden wir uns mit der Wirkung makroskopischer Fehler beschäftigen: Diese können Spannungskonzentrationen verursachen oder sogar den tragenden Querschnitt merklich schwächen. Ihre Auswirkung ist vom Verformungs- und Bruchverhalten des Werkstoffs abhängig:

Bei bis zum Bruch elastischem Werkstoffverhalten kann die an einem Fehler entstehende, besonders bei dessen flacher, scharfkantiger, rechtwinkelig zur größten Zugspannung orientierter Lage schon bei geringen Nennspannungen die Trennfestigkeit des Werkstoffs überschreitende Spannungsspitze der Bruch eintreten. Somit können bei sprödem Werkstoffverhalten an die elastische Verformung sich unmittelbar Trennvorgänge anschließen. Die Festigkeit von rißbehafteten, sich spröd verhaltenden, Bauteilen kann somit weit unter der Zugfestigkeit des fehlerfreien, idealen Werkstoffes liegen. Verhält sich ein Werkstoff duktil - d.h. Trennungen erfolgen nur in Form von Abgleitungen - so entstehen statt Spannungskonzentrationen Dehnungsspitzen, mit bevorzugt an der Rißfront auftretenden örtlich sehr hohen plastischen Dehnungen. Bei solchen Werkstoffen kann die Kerbwirkung durch plastische Verformung vollkommen abgebaut werden; in diesen Fällen ist der Fehler höchstens in jenem Ausmaß wirksam, in dem er den Querschnitt schwächt. Zumeist weisen metallische Werkstoffe und insbesondere Baustähle infolge der plastischen Deformation eine Kaltverfestigung auf, welche die Querschnittsschwächung durch den Fehler weit überwiegen kann. So können Zugstäbe aus einem sich duktil verhaltenden Werkstoff selbst bei Fehlern, welche den tragenden Querschnitt bis zu 30% und sogar darüber schwächen, mit den Festigkeitswerten von Zugproben ohne Fehler nahezu übereinstimmen. Allerdings ist dann die Dehnungsreserve an den Fehlerkanten verbraucht worden, sodaß die Gesamtdehnung der Probe mit damit verbundener Einschnürung gegenüber jener des fehlerfreien bzw. nahezu fehlerfreien Zugstabes beträchtlich abnimmt.

Metalle mit kubisch raumzentrierter Struktur, wie z.B. Baustähle, weisen einen ausgeprägten temperaturabhängigen spröd-zähen Übergang auf. Der spröd-zähe Übergang ist außerdem von Mehrachsigkeit des Spannungszustandes sowie von der aufgezwungenen Verformungsgeschwindigkeit abhängig.
Mehrachsige Zugbeanspruchung behindert die plastische Verformung; da sie umso höher wird, je schärfer und je tiefer (bis zu bestimmten Grenzen) eine Kerbe ist, werden zur Ermittlung des Übergangs gekerbte - in neuerer Zeit scharf gekerbte - Proben eingesetzt.

Die bei einer bestimmten Probenform durch die Belastungsgeschwindigkeit induzierte Verformungsgeschwindigkeit bewirkt am Kerbgrund eine Verformungsbehinderung.

2. Nachweis der plastischen Verformbarkeit mit Hilfe der Stufenfolge der Sprödbruchprüfungen

2.1. Statistisch gestützte Verfahren - Die Kerbschlagprüfungen

Kerbschlagproben sind gekerbte Biegeproben, die durch einen Pendelhammer oder durch Fallgewicht schlagartig auf Biegung beansprucht werden. Sobald eine mit hinreichender Geschwindigkeit belastete gekerbte Biegeprobe sich vollkommen duktil verhält, wird angenommen, daß ein ähnlich belasteter Werkstoff sich auch voll duktil verhalten wird. Es kann daher jene Temperatur, bei der der Übergang in den vollduktilen Zustand (Hochlage) erfolgt, als die Temperatur, oberhalb derer kein spröder und damit kein unter zulässigen Spannungen auftretender Bruch möglich wird, betrachtet werden.

Die Erfahrung hat gezeigt, daß für die meisten Maschinen- und Apparateteile eine Übergangstemperatur, bei welcher nur etwa 1/3 der Hochlage erreicht wird, genügen können.

Gewöhnlich wird die Angabe der Kerbschlagzähigkeit (Brucharbeit/ Ausgangsbruchquerschnitt) bei einer vorbestimmten Prüftemperatur verlangt. Neuerdings wird die Kerbschlagzähigkeit in J bzw. in J/cm^2 angegeben. Die Einheit Joule gibt hier die Brucharbeit an; sie ist demnach auch vom Querschnitt und damit der Probenart abhängig. Die Angabe der Probenart (ISO-V oder andere Proben, siehe Abb. 1 /1/) ist auch wegen den unterschiedlichen Kerbradien und deren Auswirkung auf die Verformbarkeit wichtig.

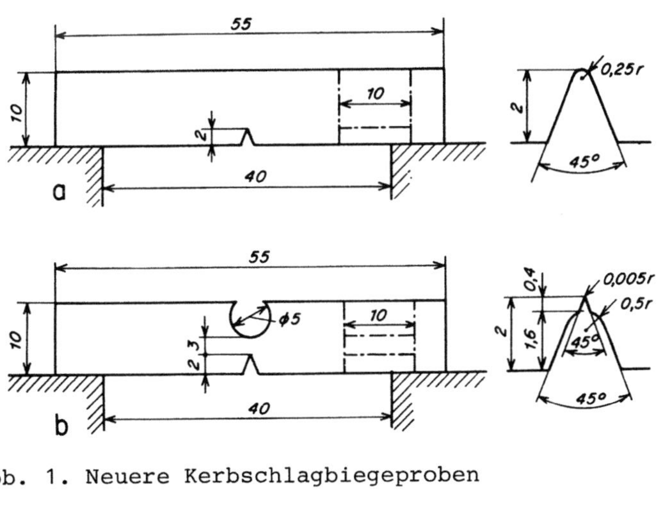

Abb. 1. Neuere Kerbschlagbiegeproben

Allgemein gilt, daß Baustähle mit zunehmender Belastungsgeschwindigkeit, Wanddicke und Kerbschärfe weniger verformbar werden, sobald sie in den sogenannten Übergangstemperaturbereich zwischen zähem und sprödem Bruchverhalten kommen (Abb.2) /1/ .

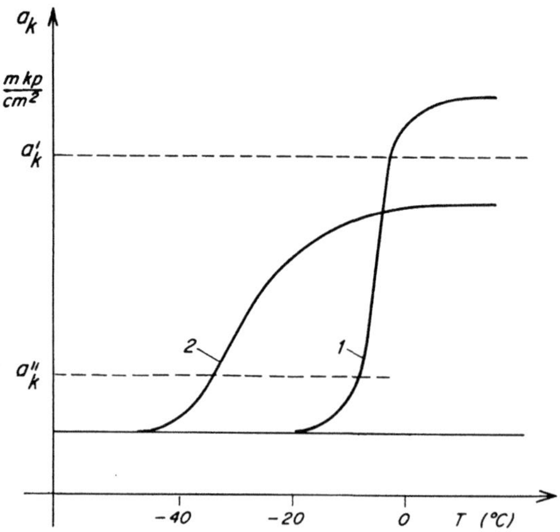

Abb. 2. Kerbschlagzähigkeits-Temperaturverläufe (Steilabfälle)

Bei Werkzeugstählen, nichtrostenden Stählen und Graugußsorten, sowie Leicht- und Buntmetallen sind diese Abhängigkeiten weniger ausgeprägt oder fehlen ganz.

Ein Beispiel zur bauteilgerichteten Anwendung der Kerbschlagprüfung ist im AD-Merkblatt W 10 gegeben. Die Kerbschlagwerte sind hier der Bauteilklasse und der Erfahrung mit den verschiedenen Werkstoffsorten angepaßt. Ein Dilemma ergibt sich daraus, daß aus metallurgischen Gründen mit zunehmender Wanddicke die Kerbschlagzähigkeit bei einer bestimmten Temperatur, Probenform und Schlaggeschwindigkeit abnimmt, während die Anforderung der Sprödbruchsicherheit eher eine Hinaufsetzung verlangt.

Eine weniger detaillierte Vorschrift ist im ISO-Vorschlag TC 11/ SC 2 (WG 15-1) 292, in der englischen Norm BS 1515 Part 1 Amendment Slip No 5 Appendix C, sowie im VSM 53 165 (1974) gegeben. In den Abbildungen 3 und 4 sind die jeweils tiefsten zulässigen Belastungstemperaturen in Abhängigkeit der Wanddicke, der Wärme-Nachbehandlung und der Stahlsorte (A, B....) gegeben.

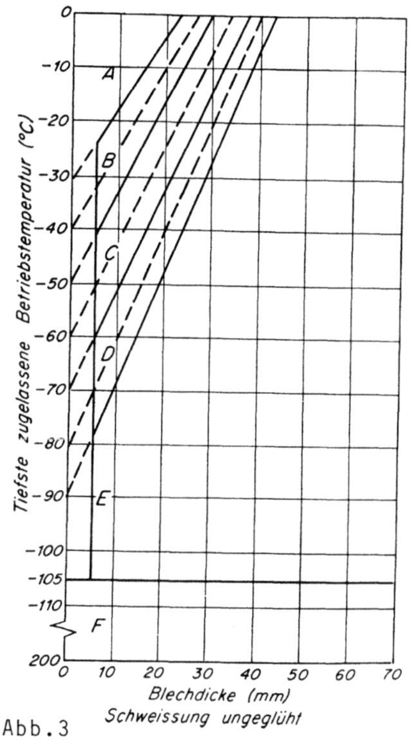

Abb.3

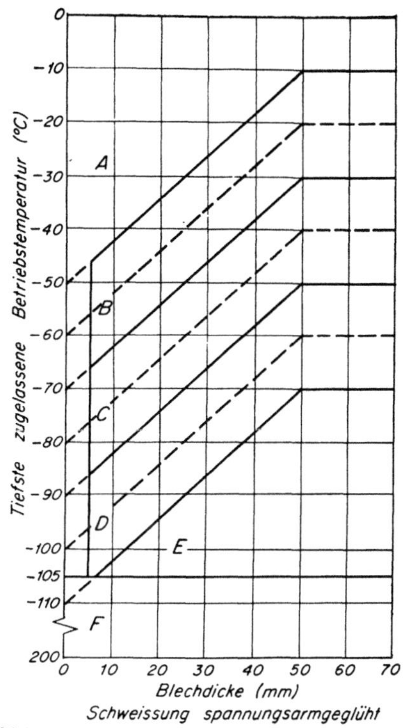

Abb.4

Abb.3. Tiefste zulässige Belastungstemperatur in Abhängigkeit der Wanddicke und der Stahlsorte für ungeglühte Schweißung

Abb.4. Wie Abb.3 für spannungsarmgeglühte Schweißung

Diese Vorschriften gründen auf Großplattenversuche ("Wells`s wide plate tests"), deren Ergebnisse mit ISO-V-Werten verbunden wurden.

Die Kerbschlagprüfung kann die Sprödbruchsicherheit über der ermittelten Temperaturgrenze mit einer gewissen Wahrscheinlichkeit nachweisen. Diese ist je nach Stahlsorte und Bauteil unterschiedlich, der Größe nach zumeist unbekannt. Über die Zulässigkeit von Fehlern, damit über Fabrikationstoleranzen kann sie nicht aussagen /2/.

2.2 Fallgewichtsprüfung (Grenzwertverfahren)

Wird mit der größtmöglichen Kerbschärfe und Belastungsgeschwindigkeit geprüft, sodaß die Belastung des Werkstoffes im Bauteil höchstens bis an die Schärfe der Prüfung in der Probe herankommt, so sprechen wir von Grenzwertprüfungen. Solche können je nach Bauteil die Fallgewichtsprüfung nach Pellini, siehe Abbildungen 5a und 5b, oder die ermüdungsangerissene Kerbschlagprobe (für gewöhnliche Baustähle auch die Schnadt-Atopieprobe mit gedrückter Scharfkerbe) darstellen /2/.

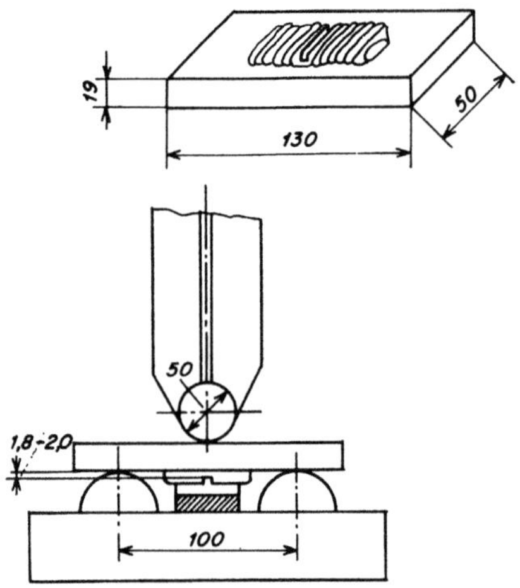

Abb.5a. Fallgewichtsversuch nach Pellini

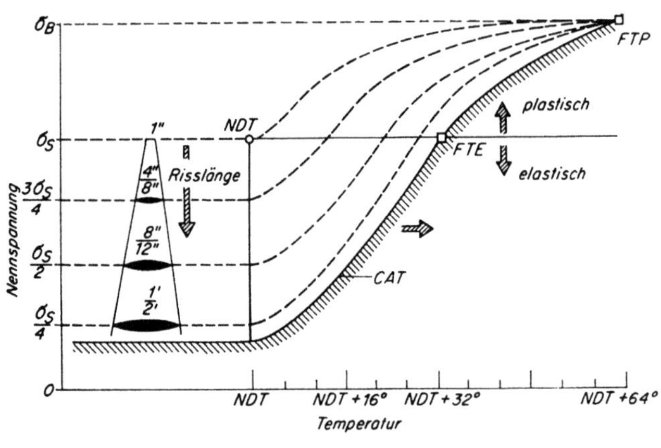

Abb.5b. Das Bruchanalysendiagramm (Fracture Analysis Diagramm = FAD) nach Pellini

Die Grenzwertverfahren geben ebenfalls eine Temperaturgrenze an, oberhalb welcher der sichere Betrieb gewährleistet ist. Definitionsgemäß ist die Sprödsicherheit höher als bei den statistisch gestützten Verfahren, aber die oft großen (und wenig bekannten) Sicherheitsabstände sind häufig mit unnötig hohem Aufwand verbunden.

Das Diagramm nach Pellini ist mit un- bzw. niedriglegierten niederfesten Baustählen von 25 bis 75 mm Dicke aufgestellt worden. Bei größeren Wanddicken über 75 mm nimmt der notwendige Sicherheitsabstand zwischen der NDT-Temperatur und der tiefsten Belastungstemperatur zu. Sie kann bei großen Wanddicken bis zum Doppelten der im Diagramm angezeichneten Abstände betragen.

Die NDT (Nil Ductility Transition)-Temperatur liegt $5^{o}C$ (ASME = American Society of Mechanical Engineers, $5^{o}F$) tiefer, bei denen 2 Proben, welche mit der in der Norm ASTM E 308-69 angegebenen Auflagen geschlagen nicht gebrochen sind (und eventuelle weitere Proben bei dieser Temperatur auch nicht brachen).

Einer in Mitteleuropa öfters geäußerten Kritik entsprechend dernach der einheitlich angenommene Anstieg der Verformbarkeit in einem Temperaturabstand von $60^{o}F$, d.h. $33,7^{o}C$ oft auf $32^{o}C$ gerundet, angezweifelt wurde, (welche das Erreichen der Nennfließgrenze auch in Anwesenheit große Fehler ermöglichen sollte) hat die ASME vor einigen Jahren die Referenz-Temperatur NDT, RT_{NDT}, eingeführt.

Die experimentell bestimmte NDT-Temperatur entspricht der RT_{NDT}-Temperatur dann, wenn von 3 ISO-V-Proben bei diesem Temperaturabstand alle eine Brucharbeit von oder über 68 J bzw. 86 J/cm^2 aufweisen. Wurde diese Kerbschlagarbeit bzw. Kerbschlagzähigkeit nicht erreicht, so müssen je 3 Kerbschlagproben bei höheren Temperaturen geschlagen werden, bis die Bedingung erfüllt ist. Die RT_{NDT} liegt in diesem Fall $60^{o}F$ unter der tiefsten Temperatur, bei der die vorerwähnten Kerbschlagarbeiten bzw. Kerbschlagzähigkeiten erreicht wurden. Besonders europäische Feinkornbaustähle müssen oft eine Verschiebung der RT_{NDT}-Temperatur zu höheren Werten über sich ergehen lassen.

2.3. Angepaßte Prüfungen: Großplattenversuche

Gemäß den ursprünglichen Anwendungen wurden diese Proben Bauteilen angepaßt; dies auch hinsichtlich möglicher Fehler, welche künstlich eingebracht wurden (Abbildungen 6a und 6b).

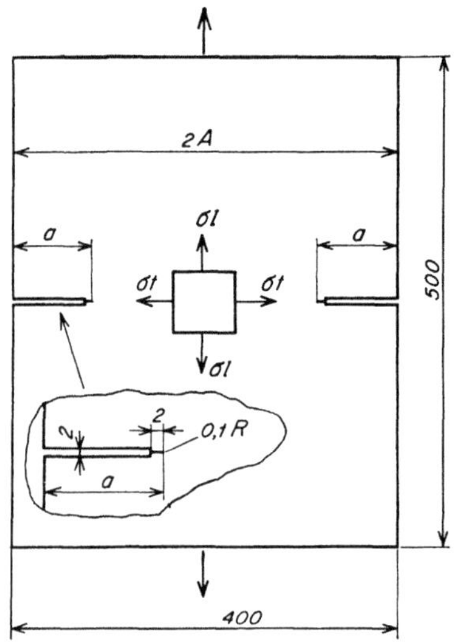

Abb.6a. Großprobe nach Kihara u.a. zur Prüfung des Bruchverhaltens von Blechen bei statischer Belastung

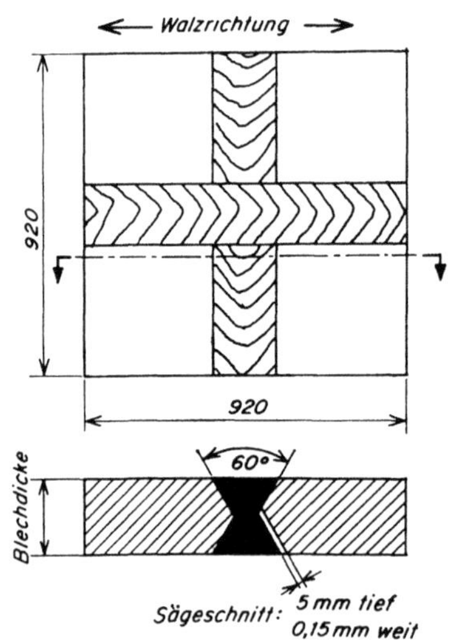

Abb. 6b. Prüfplatte mit vor der Schweißung in die Wärmeeinflußzone eingebrachten Sägeschnitten nach Wells

Auch die Wanddicke und die höchste Belastungsgeschwindigkeit sind anzunähern. Die Aussage war wiederum eine Temperatur, bei welcher eine bestimmte Verformung, z.B. 0,5% an einer Meßlänge von 127 mm über dem Fehler gemessen, erreicht wurde. Die Auskunft ist auf ähnliche Bedingungen wie in der Probe begrenzt.

3. Quantitative Verfahren: Anwendungen der Bruchmechanik

Der Einsatz der Bruchmechanik ermöglichte die Aufstellung von Abhängigkeiten zwischen Spannung, Fehlergrößen und Werkstoffeigenschaften für spröde, d.h. sich bis zum Bruch elastisch verhaltende Materialien. Bei bekannter Bruchzähigkeit (Werkstoffeigenschaft) kann die kritische Spannung in Abhängigkeit der Fehlergröße und vice versa berechnet werden. Ein für diese Berechnungen oft herangezogenes Schaubild ist in Abb.7 gegeben.

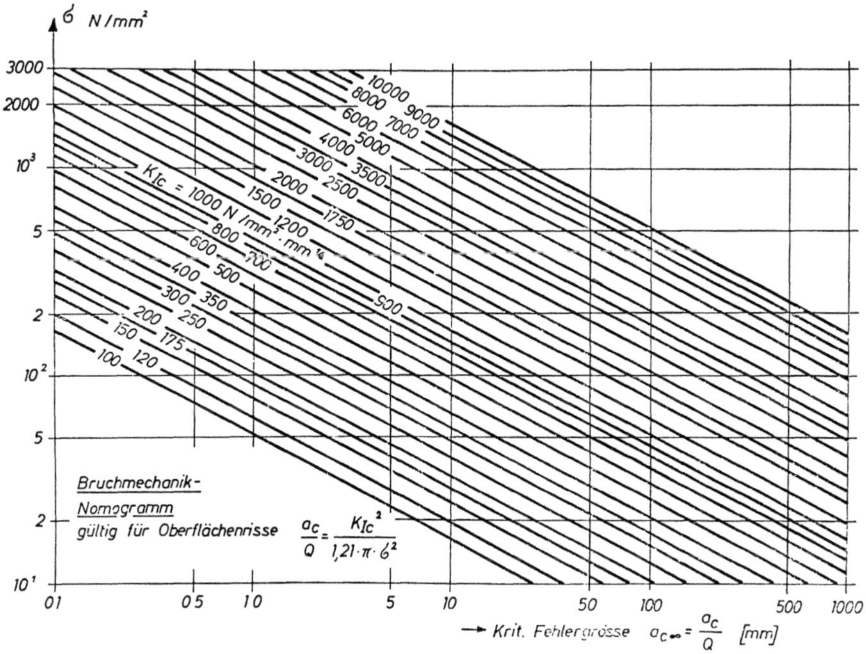

Abb. 7. Bruchmechanik-Nomogramm für die Bewertung von Oberflächenfehlern deren Tiefe klein gegenüber der Länge ist

Bei höherfesten - oder bei tiefen Temperaturen weniger verformbaren Werkstoffen muß der Konstrukteur schon bei der Wahl der Materialien, der Fabrikations- und Prüfverfahren die tolerierbaren und die möglicherweise entstehenden Fehler, zusammen mit deren Auffindbarkeit, erwägen. Dies gilt darüberhinaus für alle Werkstoffe und Bauteile, wo eine Fehlergrößenbeurteilung gefordert wird.

3.1. Werkstoffeigenschaften

3.1.1. Linear elastische Bruckmechanik

Die Methoden zur Ermittlung gültiger linear elastischer Bruchzähigkeiten sind in ASTM E 399-78 und in anderen, ähnlichen nationalen Normen bzw. Normvorschlägen niedergelegt. Als Beispiel zeigt Abb.8 eine Referenzkurve für die Bruchzähigkeit als Funktion der Prüftemperatur für die Stähle ASTM A 302 B, A 508^{-2} und A 533 B, Fließgrenze höchstens 350 N/mm^2 nach ASME Section III, 1980.

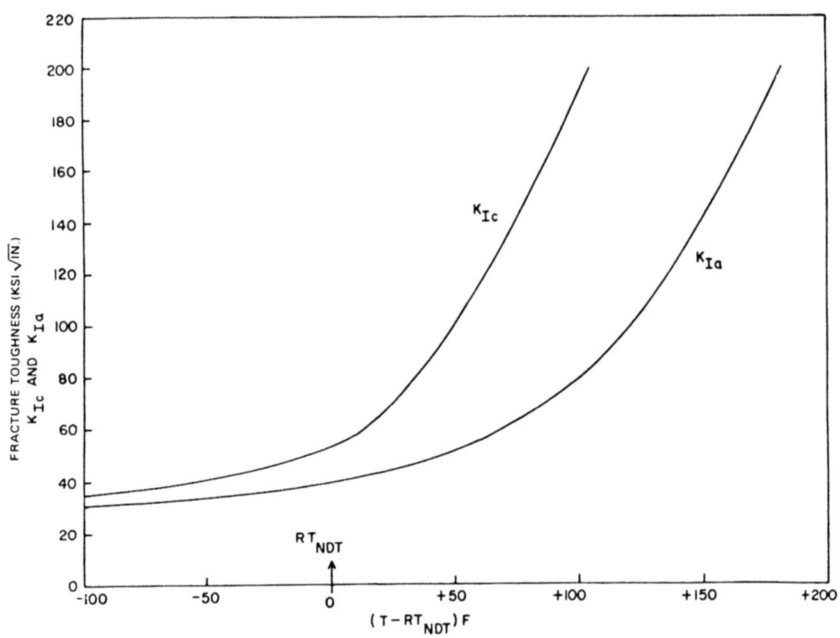

Abb. 8. Referenzkurve der Bruchzähigkeit nach ASME, K_{Ic} = quasistatische Bruchzähigkeit, K_{Ia} = Arrest Bruchzähigkeit

Die Kurve wurde als untere Streubandlinie aller gemessener Werte ermittelt.

Zu einer ersten Abschätzung von Fehlergrößen nimmt man gewöhnlich Werte dem Vorgesehenen ähnlicher Werkstoffe aus der Literatur. Zeigt sich ein großer Sicherheitsabstand zwischen kritischem (zu Bruch führendem) und toleriertem Fehler, so kann auf eine genauere Bewertung häufig verzichtet werden.

Wird die Messung der Bruchzähigkeit nötig, so ist es am einfachsten, kleine Proben statisch oder schlagartig zu prüfen. Gültige Bruchzähigkeiten sind mit geringstem Aufwand mittels (gemäß ASTM E 399 vorbereiteten) ermüdungsangerissenen Kerbschlagproben zu gewinnen. Bei zäheren Werkstoffen muß indessen die Prüftemperatur sehr tief (unter -60°C) gewählt oder aber schlagartig geprüft werden. Zum zweiten Weg ist ein zur Kraft-Zeit- (oder besser Kraft-Weg) Aufzeichnung ausgerüsteter, geeichter Pendelhammer nötig.

Ist das Bruchverhalten des Werkstoffs nicht ideal spröd, so ergeben größere Proben günstigere, nach ASTM ebenfalls noch gültige Bruchzähigkeiten. Das ist einer der Gründe, warum große Bruchmechanik-Proben zur Prüfung herangezogen werden sollen. Selbstverständlich dürfen nie Bruchmechanikproben mit größerer Dicke als die Bauteilwanddicke zu diesem Zweck herangezogen werden; die größere Probe kann besonders im Übergangsbereich und besonders in der Nähe der Hochlage wesentlich höhere Bruchzähigkeitswerte ergeben, als jemals im Bauteil mit geringerer Wanddicke auftreten könnten.

Gewöhnlich besteht ein Bauteil aus mehreren Blechen, Guß- oder Schmiedeteilen. Selbst bei gleicher Spezifikation sind die mechanischen Eigenschaften von Hersteller zu Hersteller, von Schmelze zu Schmelze, von Schmiedeteil zu Schmiedeteil unterschiedlich. Die Bruchmechanikprüfung kann aus Kapazitäts- und Kostengründen nur bei Bauteilen besonderer Wichtigkeit (z.B. Reaktordruckbehälter) je Walz-, Guß- oder Schmiedeteil durchgeführt werden. Handelt es sich um Teile, die Wärmebehandlungen unterworfen werden, kommen noch Einflüsse der Bauteilabmessungen auf die Bruchzähigkeitseigenschaften, welche zum Teil ortsabhängig werden, hinzu.

Für die Entnahme von Proben bestehen allgemeine Vorschriften, welche den Erfahrungen angepaßt sind. Diese Vorschriften können auch zur Entnahme von Bruchmechanikproben angewendet werden. An einem, möglichst repräsentativen Teil wird dann die Bauteil-Sicherheitsbetrachtung durchgeführt. Mittels geeigneter, einfacherer Prüfung pro Herstellungseinheit wird nun die Qualität überprüft und mit den Ergebnissen gleicher Proben am gründlich untersuchten Teil verbunden. Zur Qualitätskontrolle wird z.B. häufig die Kerbschlagprüfung mittels ISO-V-Proben herangezogen. Auf relative Änderung der Qualität reagieren diese Proben auch hinreichend empfindlich, sodaß unzulässige Änderungen auch auf diese Weise aufgefunden werden können.

In letzter Zeit kommt der statischen und sogar probabilistischen Betrachtung der Bruchzähigkeitswerte zunehmende Bedeutung zu. Hier können wiederum große Proben zum grundsätzlichen Nachweis der bauteilbezogenen Bruchsicherheit verwendet werden, während zur Überprüfung der Streuung die ISO-V-Proben oder besser, die ermüdungsangerissenen statisch oder dynamisch geprüften kleinen Dreipunkt-Biegeproben gleicher Abmessungen dienen können.

An geschweißten Konstruktionen sind das Schweißgut und die Wärmeeinflußzone (WEZ) ebenfalls zu beachten. Obgleich bei mehrlagigen Schweißungen der Eigenspannungszustand nicht spannungsarmgeglühter Verbindungen so beschaffen ist, daß eventuell entstehende Risse nachgewiesenermaßen in das Grundmaterial oder Schweißgut abgelenkt werden, wird mit ermüdungsangerissenen Kerbschlagproben die am wenigsten zähe Zone des WEZ aufgesucht. Der ermittelten Lage entsprechend werden Bruchmechanikproben entnommen und geprüft, wie übrigens auch aus dem Schweißgut, Kerbschlagproben werden außerdem aus jeder Verfahrensprüfungs-Platte und Arbeitsprobe entnommen.

3.1.2. Elastoplastische Kennwerte

Die englische COD (Crack Opening Displacement, Rißöffnungsverschiebung)-Methode benützt in ihrer ursprünglichen Form nach Wells die Verschiebung (anschaulicher: Ausrundung) an der Kerb- oder Ermüdungsrißspitze als Maß der Verformbarkeit. Erste Prüfungsvorschriften sind in BS DD 19: 1972 angegeben.

Nach unserer Erfahrung müssen die COD-Werte an Proben ermittelt werden, welche die Wanddicke des Bauteils annähern. Als unterer kritischer Punkt gilt jenes Last-COD-Paar, welches den Beginn der Rißausbreitung kennzeichnet. Dieser Punkt kann auf folgende Weise ermittelt werden:

a) Bei Stufenversuchen wird die Last bis knapp über den vermuteten Beginn der langsam beginnenden stabilen Rißausbreitung gesteigert. Nach Entlastung wird die Probe einige Stunden auf 250 - 300°C erhitzt. Anschließend folgt das Zerreissen der Probe bei sehr tiefer Temperatur. An der Bruchfläche wird die stabile Rißausbreitung durch das Anlaufen erkennbar. Dieser Vorgang wird öfters wiederholt und auf Rißausbreitung gleich Null extrapoliert.

b) Bei der akustischen Emission wird eine Veränderung der Impulsrate und der Intensität zum Auffinden des Beginns der Rißausbreitung benutzt. Die Eichung mit vorgehendem Verfahren ist für jeden Werkstoff nötig.

c) Bei potentiostatischen Methoden kann die Änderung des elektrischen Widerstandes der Probe in Rißnähe nach einer Eichung mit dem Anlaufätzen benutzt werden.

d) Bei der Ermittlung der Nachgiebigkeits-Änderung wird durch wiederholtes teilweises Entlasten bis zu etwa 15% der erreichten Last die Neigung jeder Entlastungslinie berechnet. Tritt eine Neigungsänderung auf, so ist in der Steifigkeit der Probe eine Änderung aufgetreten, welche auf die beginnende stabile Rißausbreitung hinweist. Allerdings kann auf diese Weise gewöhnlich nur eine schon über die ganze Probenbreite auftretende Rißlängenzunahme nachgewiesen werden. Befürworter dieses Verfahrens weisen darauf hin, daß für ein Bauteil auch erst eine solche Rißausbreitung von Bedeutung ist.

e) Ultraschallverfahren:

Verbesserte Versuche an der TVFA der TU Wien zeigten, daß ein geeigneter, fest angebrachter Ultraschallkopf den Beginn der stabilen Rißausbreitung mit großer Empfindlichkeit nachzuweisen imstande ist.

Als oberer Grenzwert, welcher nach Bauteilversuchen eher maßgebend ist wird COD bei Erreichen der Maximallast (oder kurz davor), eingesetzt. Die Methode mehrerer Geber im Schlitz der Kompaktzugprobe nach Abb.9 anzuordnen erweist sich als äußerst vorteilhaft.

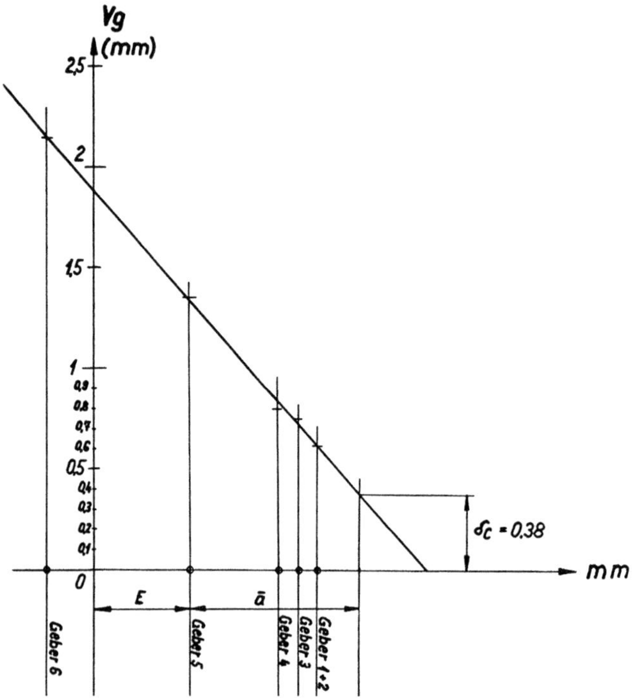

Abb. 9. Lineare Extrapolation der Meßwerte im Schlitz einer CT-Probe /3/

Durch zeichnerische oder rechnerische Extrapolation an die Ermüdungsrißspitze kann COD bestimmt werden (siehe auch Beschreibung in /3/).

Elastoplastische Finite-Elemente-Rechnungen zeigten, daß bis zur ursprünglichen Ermüdungsrißkante die Flanken praktisch gerade bleiben, sofern sie nur von der Lastlinie, d.h. von der Verbindungslinie der Mittelpunkte der Belastungsbolzen der CT-Probe weg zur Rißkante gemessen werden. Dies ist eine Bestätigung der linearen Extrapolationsmethode durch andere Verfahren.

Unter den weiteren elastoplastischen Kennwerten wird das wegunabhängige Arbeitsintegral J von Rice häufig zusammen mit COD an den gleichen Proben ermittelt.

Für die rein auf Biegung beanspruchte Probe kann der Wert des J-Integrals für ein Verhältnis von Rißtiefe zu Probenhöhe $0{,}45 \leq a/W \leq 0{,}55$ nach der Näherungsformel $J = 2F/(B(W-a))$ berechnet werden.

Die Form der Dreipunkt-Biegeprobe ist in Abb.10 dargestellt. Die Probenhöhe soll ein- bis zweimal so groß wie die Probendicke sein.

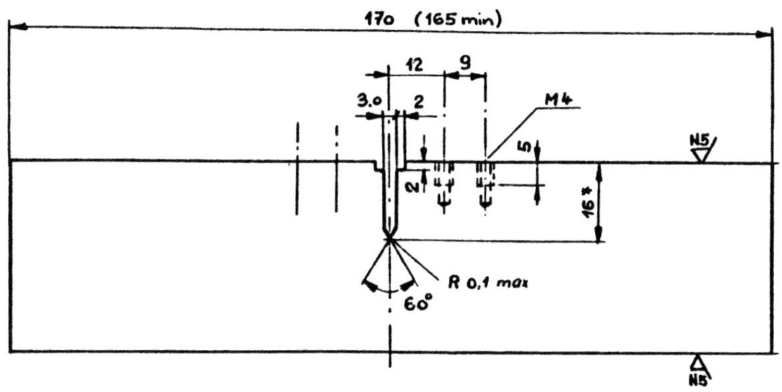

Abb. 10. Dreipunkt-Biegeprobe

Es sei F die Arbeit die zur Durchbiegung der Probe aufgebracht wird.

Für die Kompaktzugproben nach Abb.11 ist noch eine der Zugbeanspruchung überlagerte Biegebeanspruchung zu beachten. Der vorigen Gleichung ist daher eine Korrekturfunktion beizufügen /4/;

$$J = \frac{F}{B(W-a)} f(a/W)$$

Definitionsgemäß wird das J-Integral nur für den Beginn der stabilen Rißausbreitung definiert.

Die schon bei der COD-Prüfung angewendeten Verfahren können auch hier zur Bestimmung des Initiationspunktes angewendet werden.

4. Zur Anwendung linear elastischer und elastoplastischer bruchmechanischer Verfahren

Zur Bestimmung eines gültigen linear elastischen kritischen Wertes für die Bruchzähigkeit K_{Ic} muß unter anderem die Probendimensions-Bedingung $(B,W) \geq \alpha\, K_{Ic}\; \sigma$ erfüllt werden.

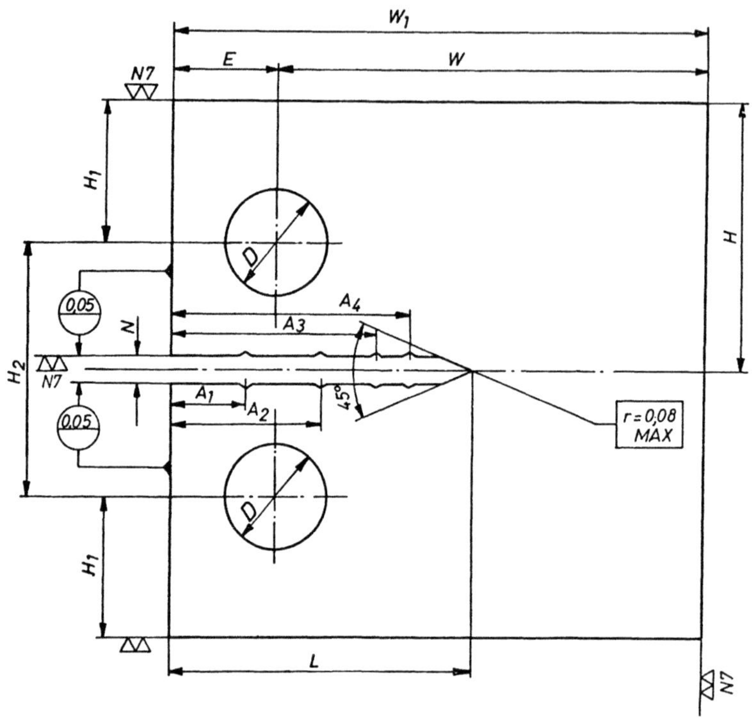

Abb. 11. Kompaktzugprobe nach ASTM E 399 mit zusätzlichen Nuten für Innenmeßgeber

Der Faktor α beträgt i.A. $\alpha = 2{,}5$, spätere Untersuchungen haben bei Guß $\alpha \approx 0{,}8$ ergeben, während bei vergüteten, niedrig-legierten , Druckbehälterstählen der Faktor α bis auf 20 zunehmen kann. Daraus geht hervor, daß zur Bestimmung gültiger linear elastischer Bruckzähigkeitswerte an relativ zähen, niederfesten Werkstoffen sehr große Probendimensionen nötig sein können. Diese haben außerdem nur einen Sinn, wenn die Wanddicke des zu beurteilenden Bauteils in der gleichen Größenordnung liegt.

Bei der COD-Messung soll immer die tatsächliche Wanddicke angestrebt werden, während für die Bestimmung des COD bei Beginn der Rißausbreitung und des J-Integrals für Dreipunkt-Biegeproben wesentlich weniger scharfe Bedingungen gelten: B, $(W-a) \geq \alpha . J_{IC}/\alpha$ beträgt gemäß früheren Prüfvorschlägen 25, gemäß späteren 50. Neuere Versuche ergaben eine Variation des α-Wertes als Funktion des Gefüges und der Temperatur.

Außerdem zeigt die im Anlieferungszustand untersuchte, wasservergütete Variante eines mangan-silizium-legierten Feinkornbaustahls gegenüber der normalisierten sowie der grobkorngeglühten und vergüteten Variante wesentlich unterschiedliche Werte für α.

Bei linear elastischem Verhalten bis zum Bruch kann sowohl die Spannung als auch die Dehnung zur Beschreibung des Bruchverhaltens herangezogen werden; wegen der einfacheren Messung und praxisnaher Bedeutung wird zumeist die Spannung verwendet. Die linearelastische Bruchmechanik liefert Beurteilungskriterien, die mit der Spannung linear verbunden sind. Bei zunehmend plastischem Verhalten nimmt der Einfluß der Spannung ab, jene der Dehnung zu. Daher drängt sich auf, daß anstatt eines Spannungskriteriums ein Dehnungskriterium, z.B. die Aufweitung zwischen den ursprünglichen Ermüdungskanten, d.h. COD oder sein numerischer Wert δ, verwendet wird.

Das Produkt der beiden Größen δ und σ_Y hat die Dimension einer Arbeit und wird zumeist in Beziehung zum J-Integral gesetzt:
$J = c.\delta.\sigma_Y$.

Einige Zusammenhänge zwischen den drei Charakterisierungsmöglichkeiten des Werkstoffverhaltens werden im folgenden Abschnitt behandelt.

4.1. Linear elastisches Bruchverhalten

Erfahrungsgemäß verhalten sich bei relativ niedrigen Belastungstemperaturen Werkstoffe von Dampfturbinen- sowie Gasturbinenrotoren, Generatorwellen, hochfesten Schrauben, Dampftrommeln sowie Titan- und Aluminiumteilen häufig linear elastisch. Sind zwei der drei Größen Zugspannung σ, Fehlerabmessung a (kritische Fehlerabmessung a_c) Spannungsintensität K_I (kritische Spannungsintensität, K_{Ic} = Bruchzähigkeit bekannt, so kann mit Hilfe der Gleichung

$$K_{Ic} = \sigma\sqrt{\pi a} \qquad (1)$$

(Y = 1 für Innenfehler, Y = 1.1 für Oberflächenfehler) die jeweils interessierende kritische Größe berechnet werden. Die Lösung für den Oberflächenfehler ist aus der Abb.7 ablesbar.

Die Kontur des Fehlers wird mit dem für große Wanddicken gültigen Formfaktor Q für die unterschiedlichen Verhältnisse der Fehlermasse a und c berücksichtigt (siehe Kapitel "Grundlagen der Ingenieur-Bruchmechanik").

Für nicht durch die Wanddicke gehende Fehler ist in erster Linie die Rißtiefe a wichtig. Das Verhältnis von kritischer Rißtiefe a_c zu tolerierbarer Fehlertiefe a_{zul} liegt zweckmäßigerweise zwischen 2 und 10. Der erste Wert findet Anwendung bei gut untersuchten und bekannten Bauteilen, der zweite Wert läßt größere Unsicherheiten zu.

Der ASME-Code, Abschnitt XI, Anhang A (Ausgaben 1971 und 1974) schreibt anstatt Fehlergröße den Vergleich von Spannungsintensitäten vor. Die Berechnung der Spannungsintensität im Bauteil erfolgte nach der Gleichung

$$K_I = (\sigma_m M_m + \sigma_b M_b \sqrt{\pi a/Q} \qquad (2)$$

mit σ_m = Membranspannung, σ_b = Biegespannung, M_m = Membranspannungsbeiwert, M_b = Biegespannungsbeiwert. Die Beiwerte ergeben gewöhnlich nur geringfügige Korrekturen.

Als Kriterium gilt $K_I \leq K_{Ic}$ d.h. die Spannungsintensität in der Folge konstruktiven Auslegung und des Fehlers muß kleiner oder darf höchstens gleich der Bruchzähigkeit (Werkstoffeigenschaft) sein. Allgemein ist kein Sicherheitsbeiwert vorgesehen, da in jedem Berechnungsschritt sowieso eine konservative Abnahme getroffen wird; besonders auch dann wenn für K_{Ic} die untere Grenzlinie des Streubands nach Abb.8 herangezogen wird.

Die Abbildungen 12 und 13 zeigen die Aufteilung in Oberflächen- und Innenfehler sowie die Zusammenfassung zu Fehlergruppen nach ASME Code Section XI /1/.

4.2 Elastoplastisches Bruchverhalten

In Ref. /4/ wird eine Methode zur Beschreibung elastischen als auch elastoplastischen Bruchverhaltens vorgestellt. Da schon bei beschränkter Verformbarkeit die Sprödbruchgefahr sehr vermindert wird, sind die elastoplastischen Verfahren durch Schadenfälle weit weniger belegt als die linear elastischen. Die Fehlergrößenrechnung kann mit Hilfe des Ausdrucks

$$\frac{a_c}{Q} = \frac{n.E.\sigma_s.\delta_c}{\pi.\ \sigma^2} \text{ , genau für } \sigma < 0{,}6\ \sigma_s \qquad (3)$$

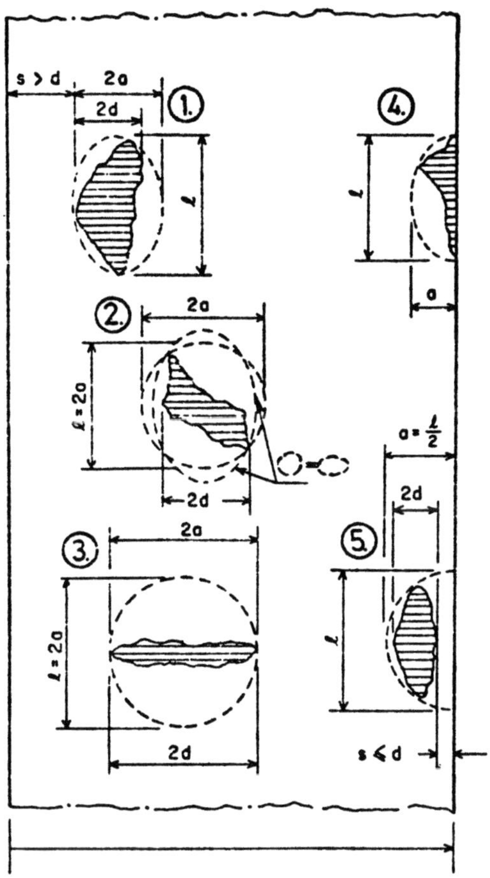

Abb. 12. Approximation von Einzelfehlern durch einhüllende Ellipsen und Kreise

erfolgen, worin n = 2 bei ebener Dehnung (angenähert sprödes Verhalten) und n = 1 bei ebenem Schub (angenähert plastisches Verhalten) ist. Die Variable E' = E für den ebenen Spannungszustand und E' = $E/(1-\nu^2)$ für den ebenen Verformungszustand wobei E = Elastizitätsmodul und ν= Poisson-Zahl.

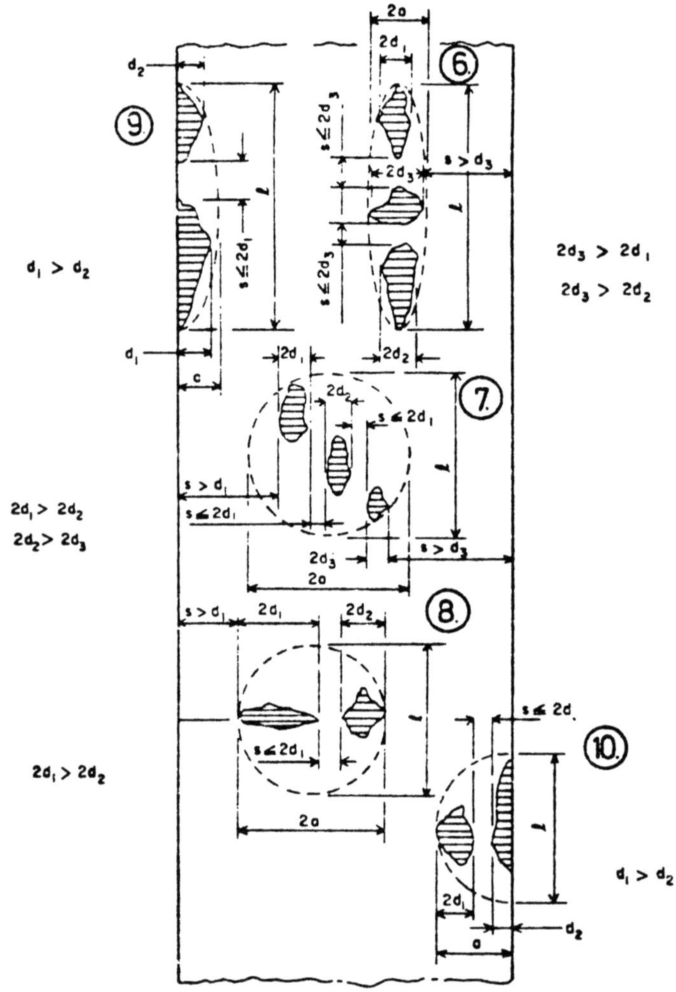

Abb. 13. Approximation von Fehlergruppen durch Ellipsen und Kreise

In den USA ist eher eine Umrechnung in fiktive Bruchzähigkeiten üblich, aus denen dann die kritischen Fehlermaße auf die übliche Weise berechnet werden: $K^2_I = n\sigma_s E'\delta$ bzw. $K^2_{Ic} = n\sigma_s E'\delta_c$, bzw. aus den J-Integral-Werten $J = K^2_I/E'$ und $J_c = K^2_{Ic}/E'$.

Werden die Sicherheiten doppelt so hoch als bei der linear elastischen Fehlerbewertung angenommen, so erhält man selbst in diesem Fall wesentlich größere Fehlertoleranzen als bei der linear elastischen Auswertung.

5. Einige Aspekte der Spannungsermittlung

Es sind nicht nur Spannungen infolge von mechanischen Lasten, Kräften oder Innendruck zu berücksichtigen, sondern ebenso alle anderen (eventuell nur lokal auftretenden) Spannungen, wie z.B. Beschleunigungsspannungen, stationäre oder instationäre Wärmespannungen und Eigenspannungen.

Da ein Sprödbruch mit der Normalspannungshypothese hinreichend genau beschrieben werden kann, ist die Berücksichtigung der größten Zugspannung normal zur Fehlerebene hinreichend. Die manchmal angetroffene Anwendung von Vergleichsspannungen nach der Schubspannungs- oder Gestaltänderungsenergiehypothese ergibt bei einfach gelagerten Fällen nur unwesentliche Unterschiede.

6. Anmerkung zur nichtzerstörenden Fehlerprüfung

Oberflächenprüfungen werden meist mittels magnetischer und Eindringverfahren durchgeführt, wobei bei geeigneter Oberflächenbeschaffenheit Fehler in der Größenordnung von Millimetern erfaßt werden können. Die Tiefe von flachen Oberflächenfehlern kann mit potentiostatischen Verfahren und ab einer Tiefe von rund 5 mm (wenn auch mit geringerer Genauigkeit) mit Ultraschall gemessen werden.

Volumetrische Prüfungen bedienen sich:

a) der Durchstrahlungsverfahren (Röntgenanlagen, Linearbeschleuniger, radioaktive Quellen), die zum Nachweis flächenhafter Fehler nur bei Einstrahlungsrichtung parallel zur Fehlerebene geeignet sind, hauptsächlich zur zusätzlichen Kontrolle eingesetzt werden; ihre Vorteile sind gute Dokumentierbarkeit und Ermittlung der Fehlerform; für Stahlguß mit hohen Anforderungen immer anzuwenden.

b) Ultraschallverfahren eignen sich besonders zur Auffindung flächiger Trennungen. In der Impuls-Echo-Einkopftechnik sind relativ kleine Fehler, deren Echos Flachlochbohrungen von 3 bis 7 mm entsprechen, besonders gut auffindbar. Bei größeren Fehlern und bei der Anwendung von getrennten Sender- und Empfängerköpfen auf der gleichen Oberfläche (Tandemtechnik) müssen bestimmte Winkel des Schallstrahles zur Fehlerebene gewährleistet werden. Aus diesem Grunde wird z.B. jede Schweißnaht an einem deutschen Kraftwerksunion-Reaktordruckbehälter aus 18 Richtungen angeschallt.

Die für die Bruchmechanik wichtige Beschreibung der Größe, Gestalt und räumliche Ausrichtung des Fehlers kann die Ultraschallprüfung oft nur mangelhaft liefern, während Fehlerortung zumeist sehr genau durchführbar ist. Zur bruchmechanischen Beurteilung von Fehlern in Bauteilen treffen wir daher folgende ungünstige Annahmen: a) alle Fehler liegen rechtwinkelig zur Oberfläche und/oder rechtwinkelig zur größten Zugspannung, sofern nichts genaueres nachweisbar; b) alle Fehler sind flach und scharfkantig, sofern nichts anderes ermittelt wird; c) allen Fehlern wird eine von Rechtecken begrenzte Fläche zugeordnet,die größtmögliche mit Ultraschall ermittelbare Fehlerkontur mit einem hinreichenden aus langjähriger Erfahrung gewonnenen Sicherheitsabstand einschließt.

c) Akustische Emission: Während der Erstbelastung werden die Quellen geortet und anschließend mit Ultraschall überprüft. Zweck: Erfassen eventuell übersehener Fehler. Die selbständige Anwendung der akustischen Emission wurde für mit anderen Methoden nur schwer oder nicht prüfbare Bauteile sowie Serienteile der Raumfahrttechnik entwickelt.

Beispiele

In Ref. /5/ wurden Berstversuche an zylindrischen Behältern unterschiedlicher Wanddicke gemäß den folgenden Gleichungen überprüft:

$$1{,}04\, R_{P0,2} + 69 = \sigma_U \sqrt{1 + 1{,}61 \frac{A_C^2}{R\, D}} \qquad (4)$$

$$2A_C = \frac{\delta_I\, E}{\pi(\sigma_U - 0{,}25\, R_{P0,2})} \qquad (5)$$

$$\delta_I = \frac{8A_C\, R_{P0,2}}{\pi E} \ln \cos^{-1}\left(\frac{\pi}{2} \frac{\sigma_U}{R_{P0,2}}\right) \qquad (6)$$

$$K^2(J) = \sigma_U^2\, \pi A_C \left(1 + 1{,}61 \frac{A_C^2}{R\, D}\right) \qquad (7)$$

Die von Hahn angegebene empirische Gleichung (4) wurde nach Folias korrigiert und ergab eine wesentliche Überschätzung der tatsächlichen aufgetretenen Berstdrücke. Gleichung (6) stellt die günstigere britische Entwurfskurve (Design-Curve) dar,während

Gleichung (6) nach Dugdale besonders bei niederfesten Material zu konservativ ist. Bauteilversuchen am nächsten kommt die einfache Bruchmechanikgleichung mit Benützung eines aus dem J-Wert gerechnetem Spannungsintensitätsfaktor K und der Folias-Korrektur. In Tabelle 1 ist die jeweilige Berst-Umfangsspannung bei einem abgedichteten, durchgehenden axialen Fehler von 192 mm Länge als Funktion der Streckgrenze dargestellt.

Tabelle 1: Kritische Umfangsspannungen σ_u der Druckbehälter (Bauteilversuchen und Berechnungen)

σ_U BEI EINREISSBEGINN, FÜR FEHLERLÄNGEN $2A_C$ = 292 MM (SÄGESCHNITTE)

DRUCKBEHÄLTER NR.		1	2	3	4	5	6
WANDDICKE D	MM	30,5		52		60,5	
$R_{P0,2}$	N/MM²	616		525		515	
BERSTVERSUCHE: σ_U	N/MM²	318	321	371	393	380	396
$\sigma_U/R_{P0,2}$	-	0,52	0,52	0,71	0,75	0,74	0,77
GL. 21 σ_U	N/MM²	487		477		483	
GL. 22 1) σ_U	N/MM²	257	255	243	239	234	229
GL. 22 2) σ_U	N/MM²	360	355	356	346	339	330
GL. 23 σ_U	N/MM²	332	329	314	309	302	297
GL. 24 σ_U	N/MM²	346	343	377	370	373	366

1) OHNE SICHERHEITSBEIWERT   2) MIT SICHERHEITSBEIWERT = 2

Es bestätigt sich außerdem daß die Design-Curve einen Sicherheitsbeiwert in der Größenordnung von 2 ergibt.

Auch wenn in einer ersten Approximation die Spannungen mit verschiedenen bruchmechanischen Methoden hinreichend genau berechnet werden können, darf nicht vergessen werden, daß bei wesentlich komplizierteren Fällen mit stark unterschiedlichem Spannungsverlauf, bei Bauteilen und Fehlern komplizierter Geometrie und zusammengesetzter Belastungen, bei heterogenen und anisotropen Werkstoffen, Ermüdungs- und Korrosionseinwirkung bruchmechanische Betrachtungsweisen mit einem großen Aufwand verbunden sein können.

Literatur

/1/ Varga, T.:Ein Bewertungssystem der Bruchsicherheit, Verlag der techn. akad. Vereine, Zürich (1973)

/2/ Varga, T.:Zur systematischen Bewertung der Sprödbruchsicherheit. Berg- und Hüttenmänn. Monatshefte 120, 165-174 (1975)

/3/ Varga, T., D.H. Njo und G. Prantl: Prüfrichtlinie für das COD-Verfahren, Material und Technik 7(2), 89-93 (1979)

/4/ American Society for Testing and Materials, J_{Ic} - Draft Specification, ASTM, Philadelphia (1980)

/5/ Mildner, H.: Beitrag zur Ermittlung von J-Integral und Rißaufweitung als Werkstoffkennwerte und zu deren Anwendung bei der Sicherheitsabschätzung von Druckbehältern. Dissertation, TU-Wien (1981).

Prof.Dr. Thomas Varga

Institut für Werkstoffkunde und Materialprüfung

Technische Versuchs-und Forschungsanstalt

Technische Universität Wien

Karlsplatz 13

A-1040 Wien

Österreich

ANWENDUNG DER BRUCHMECHANIK AUF PROBLEME DER ERMÜDUNG I

KARL-HEINZ SCHWALBE

1. Allgemeiner Zusammenhang zwischen Rißausbreitung und Spannungsintensität

Allgemein geht man bei der Untersuchung der Ausbreitung von Ermüdungsrissen so vor, daß man die Rißlänge l als Funktion der Lastspielzahl N mißt und die Rißgeschwindigkeit dl/dN ermittelt, indem man durch Differenzieren der l-N-Kurve dl/dN punktweise ermittelt. Die Rißgeschwindigkeit wird als Funktion der in Bild 1 definierten Schwingbreite ΔK (= doppelte Amplitude) der Spannungsintensität (gelegentlich auch "zyklische Spannungsintensität" genannt) aufgefaßt. Dem liegt die Vorstellung zugrunde, daß die Ausbreitung von Ermüdungsrissen im wesentlichen von den zyklischen plastischen Deformationen an der Rißspitze bestimmt wird, die wiederum von der zyklischen Spannungsintensität ΔK gesteuert werden. Bei der in den meisten Fällen angewandten Versuchsführung mit konstanter Mittelspannung und konstanter Amplitude der angelegten Spannung (Einstufenversuch) kann ΔK im Verlaufe des Versuchs gemäß der Beziehung

$$\Delta K = \Delta\sigma \sqrt{\pi l} \cdot Y \qquad (1)$$

nur durch Rißlängenwachstum zunehmen, Bild 1. Bruch tritt ein, wenn entweder $K_{max} = K_c$ ist, oder wenn die Nennspannung im Restquerschnitt die Zugfestigkeit erreicht. Letzteres gilt selbstverständlich auch für die Rißausbreitung bei nicht konstanten Beanspruchungskenngrößen.

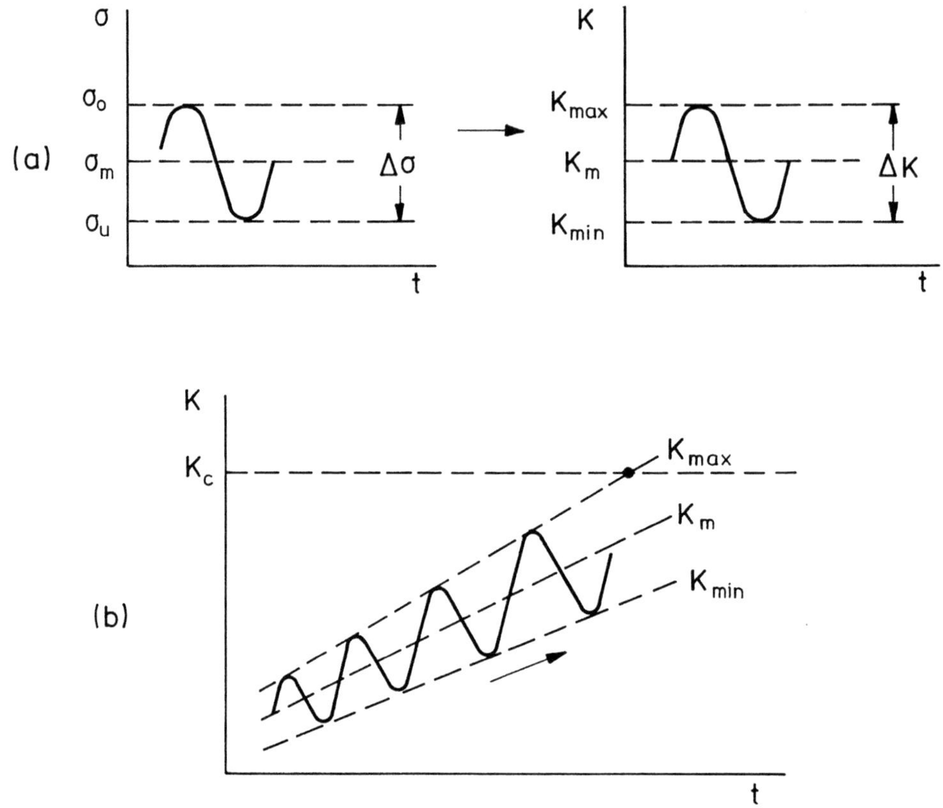

Bild 1: Verlauf der Spannungsintensität beim Rißausbreitungsversuch

a) zur Definition der Symbole: σ_o = Oberspannung, σ_u = Unterspannung, σ_m = Mittelspannung, $\Delta\sigma$ = Schwingbreite der Spannung, K_m = mittlere Spannungsintensität, K_{max} = obere Spannungsintensität, K_{min} = untere Spannungsintensität, ΔK = Schwingbreite der S.I. oder zyklische Spannungsintensität

b) Verlauf von K mit zunehmender Rißlänge

Bei der allgemein üblichen Auftragung von dl/dN über ΔK in doppellogarithmischen Koordinaten ergibt sich meist der in Bild 2 skizzierte S-förmige Kurvenverlauf. Die Kurve nähert sich asymptotisch den beiden Grenzen der Rißausbreitung ΔK_o und ΔK_c.

ΔK_o ist ein Schwellenwert der Spannungsintensität, unterhalb dessen ein Ermüdungsriß nicht mehr ausbreitungsfähig ist. ΔK_c ist die zyklische Spannungsintensität, bei der Bruch eintritt. Hier ist $K_{max} = K_c$.

Der Schwellenwert ΔK_o kann mit folgenden Verfahren ermittelt werden:

a) Stufenweise Verringerung der angelegten Belastung bis zum Stillstand des Risses.

b) Glühen einer angerissenen Probe zur Beseitigung der Eigenspannungen an der Rißspitze und Belasten mit stufenweiser Lastzunahme bis zum Beginn der Rißausbreitung.

c) Verwendung einer Probenform, bei der die Spannungsintensität mit der Rißlänge abnimmt und Belastung mit konstanter Lastamplitude bis zum Stillstand.

Die Bestimmung von ΔK_o ist sehr zeitaufwendig und damit kostspielig, da ein Riß erst dann als nichtausbreitungsfähig gelten kann, wenn bei einer bestimmten Laststufe hinreichend lange (mindestens $5 \cdot 10^6 - 10^7$ Lastwechsel) keine Rißverlängerung mehr nachweisbar ist.

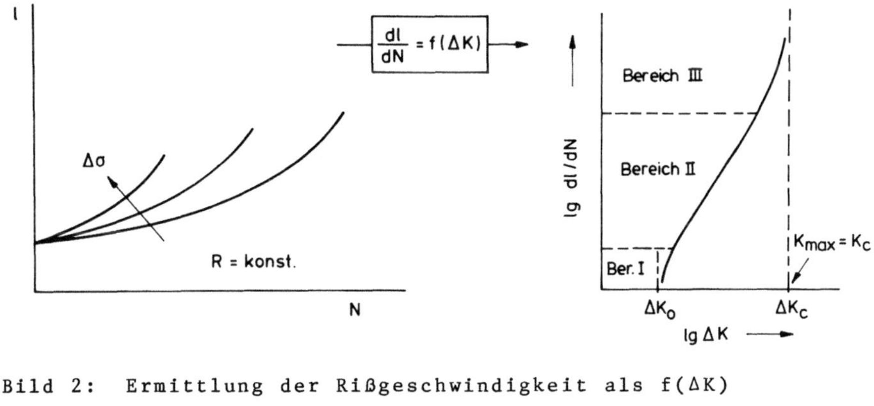

Bild 2: Ermittlung der Rißgeschwindigkeit als f(ΔK)

Im mittleren Bereich des Diagramms von Bild 2 läßt sich der Zusammenhang zwischen dl/dN und ΔK mit genügender Genauigkeit durch

$$dl/dN = C \cdot \Delta K^m \qquad (2)$$

darstellen. Die Konstanten C und m sind werkstoffabhängig, wobei der Exponent m meist Werte zwischen 2 und 4 annimmt.

2. Einfluß des Spannungsverhältnisses auf die Rißgeschwindigkeit

Die zyklische Spannungsintensität ΔK ist zwar der wichtigste, nicht jedoch der einzige Parameter, der von seiten der äußeren Beanspruchung in die Rißgeschwindigkeit eingeht. Das Spannungsverhältnis

$$R = \frac{\sigma_u}{\sigma_o} = \frac{K_{min}}{K_{max}} \qquad (3)$$

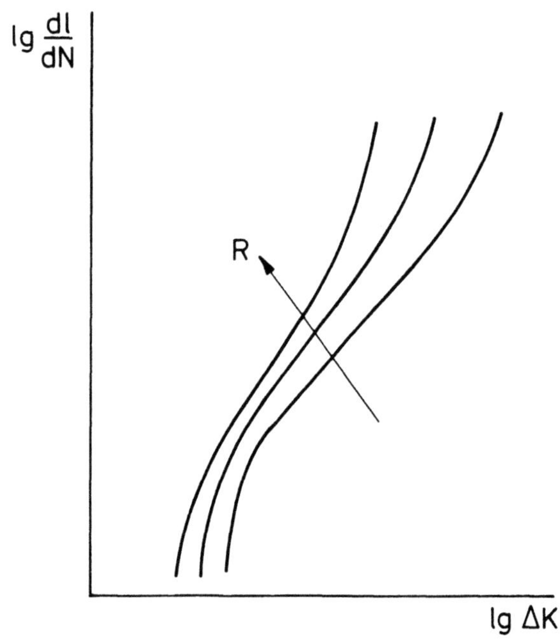

Bild 3: Einfluß des Spannungsverhältnisses auf das Rißausbreitungsdiagramm

kann ebenfalls rißgeschwindigkeitsbestimmend sein, und zwar in der Weise, daß dl/dN mit R zunimmt, Bild 3. Im mittleren, linearen Teil des Diagramms kann je nach Werkstoff der Einfluß von R verschwindend gering sein.

Wenn man das Spannungsverhältnis R gemäß Gl. (3) wieder in seine Bestandteile auflöst und deren Einfluß auf die Rißgeschwindigkeit getrennt betrachtet, so erhält man das in Bild 4 skizzierte Schema. Bei festgehaltenem ΔK ergibt Anheben der Mittelspannung und Verkleinern der Amplitude einen Anstieg der Rißgeschwindigkeit. Bei R = konst. heben sich beide Effekte gegenseitig auf.

Eine Erhöhung von R bewirkt nicht nur eine Steigerung der Rißgeschwindigkeit, sondern auch eine Verschiebung der Rißausbreitungsgrenzen ΔK_0 und ΔK_c nach links (vgl. Bild 3). Das Verhalten von ΔK_c ergibt sich aus

$$\Delta K_c = (1-R)K_c. \qquad (4)$$

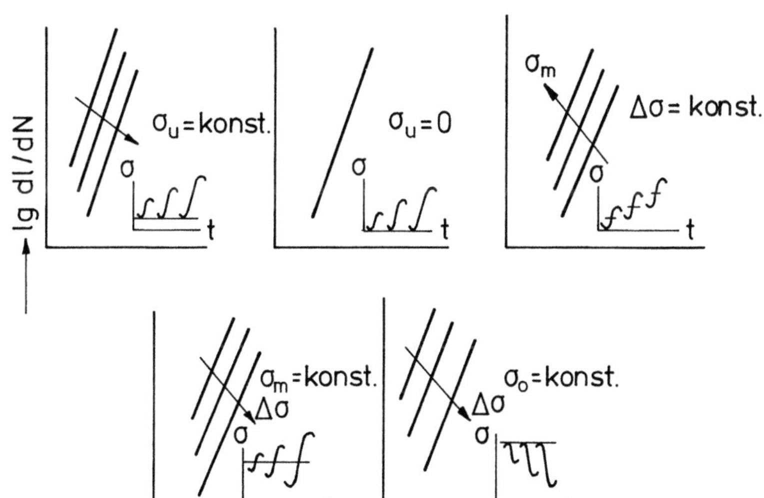

Bild 4: Einfluß der Beanspruchungskenngrößen auf die Rißgeschwindigkeit

Die zusätzliche Abhängigkeit der Rißgeschwindigkeit vom Spannungsverhältnis führt dazu, daß C und m nicht mehr konstant sind, sondern von R abhängen. In zahlreichen Ansätzen wird daher versucht, durch Erweiterung von Gl. (2) den Einfluß des Spannungsverhältnisses auf die Rißgeschwindigkeit analytisch zu erfassen. Man will damit erreichen, daß C und m nur für einen R-Wert experimentell bestimmt werden müssen und daß dl/dN für beliebige andere R-Werte mit Hilfe dieser Ansätze umgerechnet werden kann. Der bekannteste und meist benutzte Ansatz wurde von Forman und Mitarbeitern [1] entwickelt und lautet:

$$\frac{dl}{dN} = \frac{C \cdot \Delta K^m}{(1-R)K_c - \Delta K} = \frac{C \cdot \Delta K^m}{(1-R)\,(K_c - K_{max})} \qquad (5)$$

Diese Gleichung beschreibt außer der Zunahme von dl/dN mit R noch die Aufwärtskrümmung der Kurve bei $K_{max} \rightarrow K_c$. Gl. (5) ist auf die Bereiche II und III von Bild 2 anwendbar. In der abgewandelten Form

$$\frac{dl}{dN} = \frac{C \cdot (\Delta K - \Delta K_o)^m}{(1-R)K_c - \Delta K} \qquad (6)$$

wird auch der Bereich I näherungsweise nachgebildet.

Bei negativen R-Werten, d.h. wenn der Belastungszyklus einen Druckanteil enthält, ist in erster Näherung nur der positive Anteil des Belastungszyklus maßgebend für die Rißgeschwindigkeit.

3. Einfluß des Werkstoffs auf die Rißgeschwindigkeit

In Bild 5a sind die Rißgeschwindigkeiten einiger typischer metallischer Werkstoffe zusammengestellt, deren normierte Auftragung über ΔK/E in Bild 5b erkennen läßt, daß der Elastizitätsmodul der wichtigste ordnende Parameter von seiten des Werkstoffs ist [2]. Es entsteht ein schmales Streuband, das durch

$$\frac{dl}{dN} \simeq 10^9 \left(\frac{\Delta K}{E}\right)^{3,4} \qquad (7)$$

angenähert werden kann (ΔK in $MNm^{-3/2}$, E in MN/m^2, dl/dN in mm/LW). Es handelt sich hierbei im wesentlichen um Bereich II.

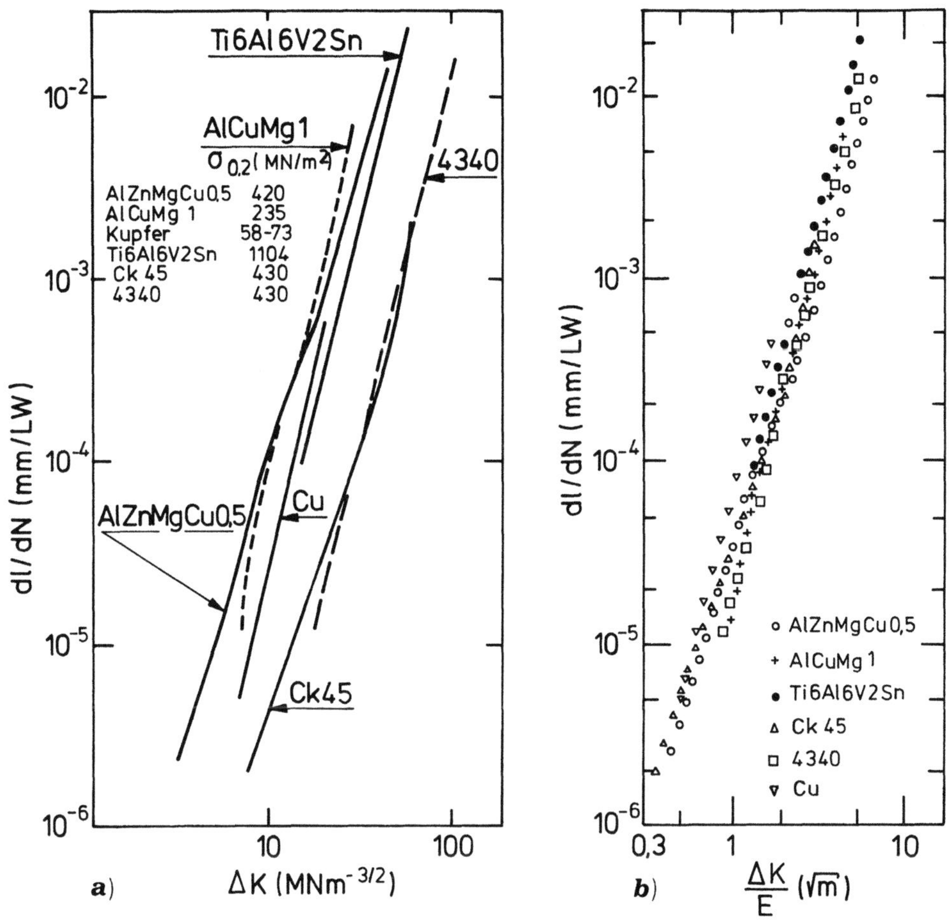

Bild 5: a) Rißgeschwindigkeiten einiger typischer metallischer Werkstoffe

b) Daten von (a) über $\Delta K/E$ aufgetragen

In vielen Fällen ergeben sich jedoch Abweichungen, die zum Teil mit anderen Werkstoffkenngrößen in Verbindung gebracht werden können (vgl. Bild 6). Gl. (7) kann nur einen groben Anhalt liefern. Etwas genauer sind die folgenden Ausdrücke, die obere Grenzwertkurven für die Streubänder der jeweiligen Legierungsgruppen darstellen [2]:

Aluminium-Legierungen

$$\frac{dl}{dN} = 3,1 \cdot 10^{-7} \Delta K^3 \qquad (8a)$$

Titan-Legierungen

$$\frac{dl}{dN} = 3,55 \cdot 10^{-9} \Delta K^4 \qquad (8b)$$

Stähle

$$\frac{dl}{dN} = 1,37 \cdot 10^{-7} \Delta K^{2,25} \qquad (8c)$$

(Einheiten wie bei Gl. (7)).

Im Gegensatz zum Elastizitätsmodul wird bei anderen Werkstoffkenngrößen kein so eindeutiger Zusammenhang mit der Rißgeschwindigkeit beobachtet. Das in Bild 6 gezeigte Streuband enthält Messungen an 14 Stählen in insgesamt 17 Zuständen mit Streckgrenzen von 250 bis 1680 MN/m^2. Die ebenfalls eingezeichnete Kurve für den Stahl AISI 4340 (200) verläßt das Streuband und steigt zu wesentlich höheren Rißgeschwindigkeiten an. Dieser Stahl hat mit 45 $MNm^{-3/2}$ ein sehr kleines K_{Ic}. Innerhalb des Streubands sind noch Variationsmöglichkeiten gegeben durch Variation der Werte für C und m (vgl. Gl. (2)). Versuche, die Rißgeschwindigkeit im Streuband mit K_{Ic} oder mit der Festigkeit (bzw. der Streckgrenze) zu korrelieren, führen nicht zu eindeutigen Aussagen.

So findet man in unterschiedlichen Untersuchungen sowohl eine Zunahme als auch eine Abnahme der Rißgeschwindigkeit mit zunehmender Festigkeit und in anderen Fällen überhaupt keinen systematischen Zusammenhang zwischen beiden Größen.

Desgleichen besteht mit der Rißzähigkeit kein systematischer Zusammenhang. Zwar ist nach Bild 7 der Exponent der Rißausbreitungsgleichung mit der Rißzähigkeit K_{Ic} verknüpft, doch ist dieser alleine noch kein Maß für die Rißgeschwindigkeit.

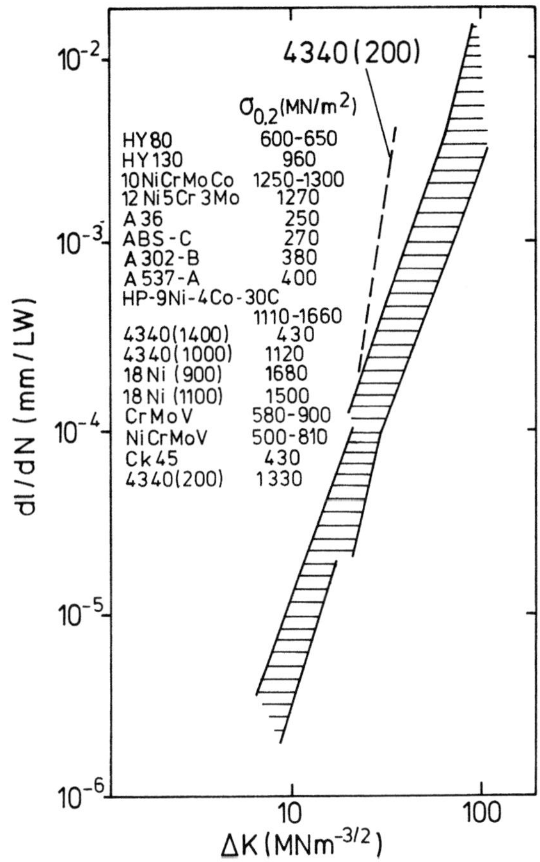

Bild 6: Rißgeschwindigkeiten einiger Stähle

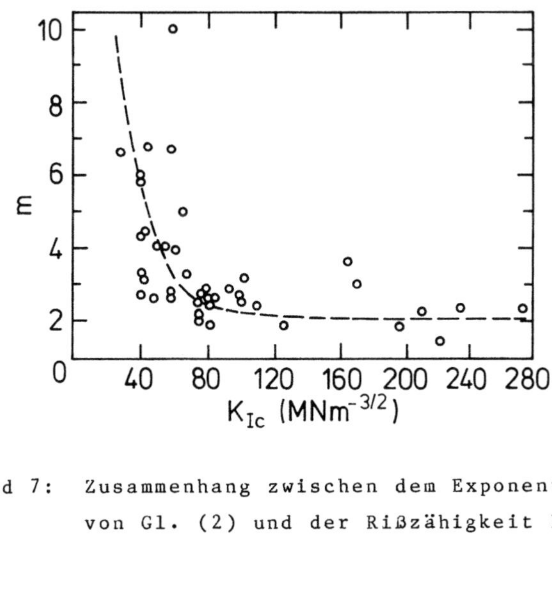

Bild 7: Zusammenhang zwischen dem Exponenten von Gl. (2) und der Rißzähigkeit K_{Ic}

Die unsicheren und zum Teil gegensätzlichen Aussagen über die Beeinflussung der Rißgeschwindigkeit durch andere mechanische Eigenschaften sind darauf zurückzuführen, daß mehrere Parameter gemeinsam die Rißausbreitung bestimmen.

4. Rißausbreitungsmechanismen

Die Mechanismen der Ausbreitung von Ermüdungsrissen in einem bestimmten Werkstoff hängen von der Rißgeschwindigkeit und von der Mikrostruktur des betreffenden Werkstoffs ab [3]. Hinsichtlich der Rißgeschwindigkeit lassen sich drei Bereiche unterscheiden, die mit der in Bild 2 gezeigten Bereichseinteilung zusammenfallen können, Bild 8. Bei sehr kleinen Rißgeschwindigkeiten beobachtet man auf der Bruchfläche häufig glatte, nahezu strukturlose Facetten, die bei Stählen häufig als Korngrenzbrüche identifiziert werden können. Bei mittleren Rißgeschwindigkeiten findet man meist die für den Ermüdungsbruch so charakteristischen Riefen oder Bruchlinien. Diese sind meist näherungsweise senkrecht zur makroskopischen Rißausbreitungsrichtung angeordnet und markieren aufeinanderfolgende Positionen der Rißfront. Aus Programmbelastungsversuchen kann man schließen, daß jede Riefe das Produkt eines Lastwechsels ist, d.h. während eines Lastwechsels schreitet die Rißfront lokal um die Breite einer Riefe fort. Die makroskopisch gemessene Rißgeschwindigkeit ist jedoch keineswegs generell gleich der lokal auf der Bruchfläche ausgemessenen Riefenbreite. Die Gleichheit von Riefenbreite und Rißfortschritt je Lastwechsel ist nur bei mittleren Rißgeschwindigkeiten gegeben. Bei kleinen Rißgeschwindigkeiten schreitet der Riß langsamer fort, als der Riefenbreite entspricht, während bei hohen Rißgeschwindigkeiten die Riefenbreite kleiner als der Rißfortschritt je Lastwechsel ist, Bild 9. Wegen dieser Erscheinung und der großen Streuung der Riefenbreite ist eine nachträgliche Abschätzung der während der Rißausbreitung wirkenden Beanspruchung möglich, da zwischen Riefenbreite r, der zyklischen Spannungsintensität und dem Elastizitätsmodul bei R = 0 die Beziehung

$$r \cong 6 \cdot 10^3 \left(\frac{\Delta K}{E}\right)^{2,1} \quad \text{in mm, wenn } \Delta K \text{ in } MNm^{-3/2} \text{ und } E \text{ in } MN/m^2 \qquad (9)$$

besteht.

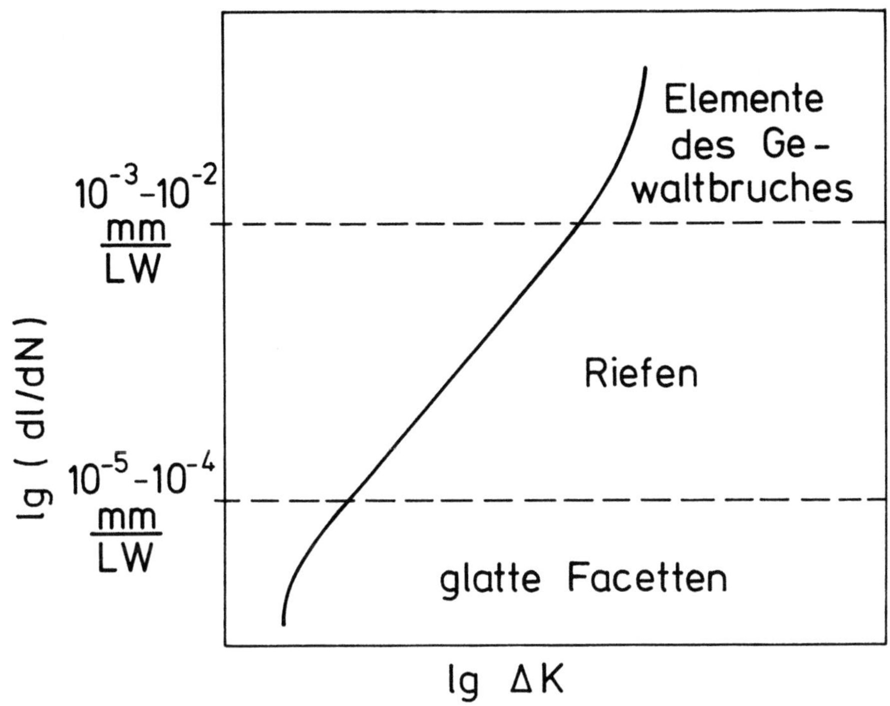

Bild 8: Rißausbreitungsmechanismen im Zusammenhang mit der dl/dN-Kurve

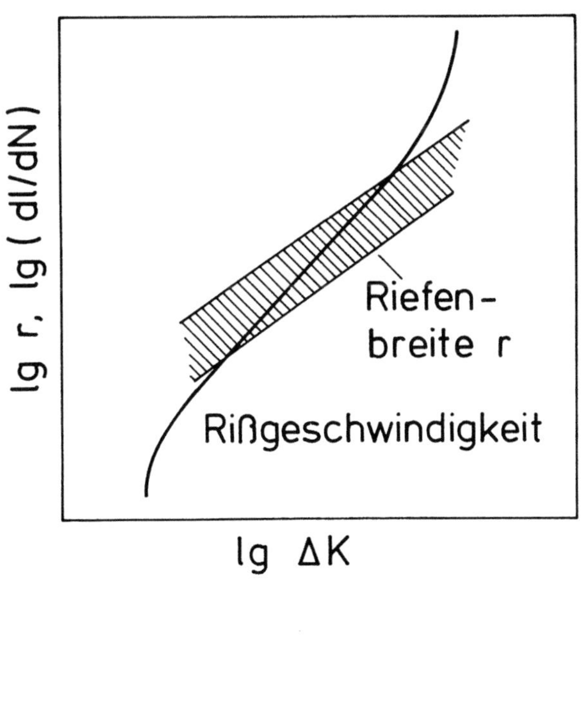

Bild 9: Zusammenhang zwischen Rißgeschwindigkeit und Riefenbreite

Man kann davon ausgehen, daß auch bei $r \neq dl/dN$ eine Riefe immer einem Lastwechsel zugeordnet ist, aber der durch die Riefenbreite gekennzeichnete lokale Rißfortschritt stimmt nicht mit dem mittleren Rißfortschritt der gesamten Rißfront überein. Man kann annehmen, daß bei kleinen Rißgeschwindigkeiten die Rißfront während eines Lastwechsels nur abschnittsweise um eine Riefenbreite fortschreitet, so daß im Mittel $dl/dN < r$ wird. Wegen der sehr kleinen zyklischen plastischen Zone können sich die lokalen Unterschiede in den Werkstoffeigenschaften auf die Rißausbreitung auswirken, so daß an verschiedenen Stellen der Rißfront die Rißausbreitung unterschiedliche Bedingungen vorfindet. Bei hohen Rißgeschwindigkeiten schreitet die Rißfront jedoch offenbar lokal um einen Betrag $> r$ fort, um $dl/dN > r$ zu ergeben, was nur durch einen anderen Mechanismus, der nicht zu Riefenbildung führt, geschehen kann. In diesem Bereich findet man Elemente des Gewaltbruchs wie Grübchen, Spaltbrüche und Korngrenzenbrüche, die die Rißausbreitung beschleunigen. Sofern es sich dabei um Grübchenbildung handelt, findet der Übergang bei $dl/dN \approx 10^{-3}$ mm/LW statt, was etwa dem Übergang von Bereich II nach III von Bild 2 entspricht.

5. Rißausbreitung bei nicht-einstufiger Beanspruchung

Zur Charakterisierung des Rißausbreitungsverhaltens von Werkstoffen werden meist Einstufenversuche, d.h. Versuche mit konstanten Beanspruchungskenngrößen (Amplitude und Mittelwert der angelegten Spannung), wie in den vorangegangen Abschnitten beschrieben, durchgeführt. Damit kann jedoch das Verhalten eines Werkstoffs in einem Bauteil nur sehr unvollkommen charakterisiert werden, da die Beanspruchungen in einem technischen Bauteil zeitlich unregelmäßig verlaufen, sie sind deterministisch oder stochastisch variabel. Es existiert dabei ein Reihenfolgeneinfluß in dem Sinne, daß die Rißausbreitung nicht nur von Höhe und Häufigkeit der einzelnen Laststufen abhängt, sondern auch von deren Aufeinanderfolge, d.h. von der gesamten Belastungsvorgeschichte.

Zur Klärung des Einflusses von Lastreihenfolgen - vor allem zur Isolierung der maßgebenden Parameter - dienen systematische Untersuchungen mit einfachen Lastreihenfolgen wie

- ein- oder mehrfach eingestreute positive oder negative Spitzenlasten in einen Versuch mit konstanter Amplitude und Mittelspannung;

- Übergang von einem Belastungsblock mit hoher zu einem mit niedriger Amplitude oder umgekehrt;

- Übergang zu höherer oder niedrigerer Mittelspannung bei konstanter Amplitude.

Die Rißausbreitung reagiert hierauf in sehr komplizierter Weise, und es sollen hier nur einige Grundtatsachen beschrieben werden.

Generell gilt, daß sich bei einer solchen einmaligen Änderung der Belastungskenngrößen nach einem Übergang ein Gleichgewichtszustand einstellt, der den neuen Belastungsbedingungen entspricht. In diesem Übergangsbereich spielen sich die für den Reihenfolgeneinfluß maßgebenden Vorgänge ab.

Die wichtigsten Belastungsfolgen sind Stufensprung hoch → niedrig und Stufensprung niedrig → hoch. Verfolgt man das Wachstum von Ermüdungsrissen bei solchen Belastungssprüngen, stellt man folgendes fest:

- Beim Übergang von einer hohen zu einer niedrigen Laststufe (eine in eine Einstufenbelastung eingestreute Spitzenlast hat grundsätzlich den gleichen Effekt) wird ein vorhandener Anriß bei seiner Ausbreitung stark verzögert, Bild 10a. Allmählich erholt sich der Riß von dem Verzögerungsvorgang und nimmt die Gleichgewichtsgeschwindigkeit an.

- Beim Übergang von einer niedrigen zu einer hohen Laststufe beobachtet man den umgekehrten Effekt: Der Riß wird zunächst beschleunigt, bevor er die der hohen Laststufe zugehörige Gleichgewichtsgeschwindigkeit annimmt, Bild 10b.

Bezüglich des Einflusses auf die Lebensdauer überwiegen im allgemeinen die Verzögerungsvorgänge bei weitem, so daß im folgenden nur die Verzögerung weiter betrachtet wird. Hieraus folgt, daß im angerissenen Zustand der Reihenfolgeneinfluß meist will-

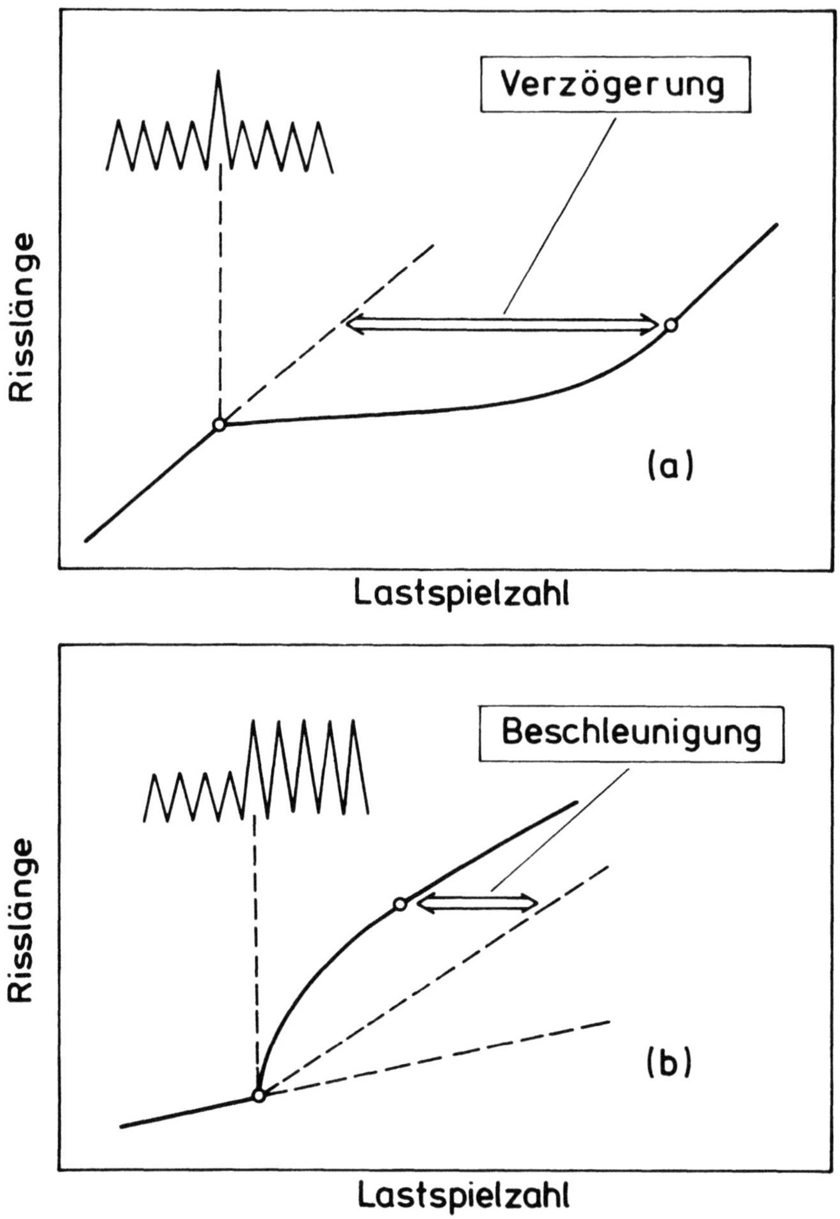

Bild 10: Beeinflussung des Rißausbreitungsverhaltens
a) durch Einstreuen einer Spitzenlast in eine Einstufen-Grundbeanspruchung
b) durch einen Stufensprung niedrig → hoch

kommen ist, da er sich - im Vergleich zu linearer Schadensakkumulation - lebensdauerverlängernd auswirken kann.

Leider stellt die Verzögerung einen recht komplexen Vorgang dar, da sie von zahlreichen Parametern abhängt; einige Beispiele sollen dies verdeutlichen.

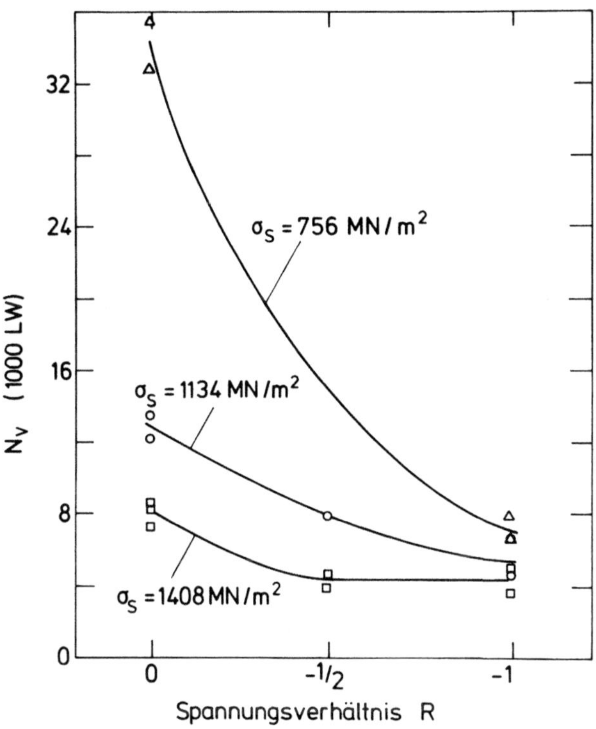

Bild 11: Einfluß von Werkstoffzustand und Spannungsverhältnis auf die Rißverzögerung des Stahls AISI 4140 nach einer Spitzenlast [4]

Bild 11 zeigt, daß die durch eine eingestreute Spitzenlast hervorgerufene Verzögerung stark vom Werkstoffzustand abhängt: Sie nimmt mit abnehmender Streckgrenze zu. Überdies geht aus Bild 11 hervor, daß die Verzögerung mit zunehmendem Spannungsverhältnis der Grundbelastung kleiner wird. Wenn einzelne Spitzenlasten in gewissen Abständen einander folgen, werden mehrere Verzögerungen aneinandergereiht, Bild 12.

Ein besonders wichtiger Parameter ist das Verhältnis Spitzenlast zu Grundlast. Ist es hinreichend groß, kann der Riß zum völligen Stillstand kommen.

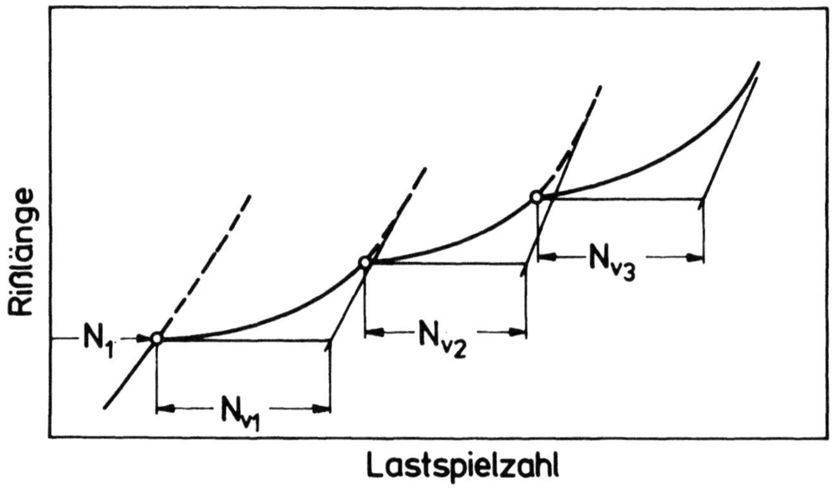

Bild 12: Rißverzögerung bei mehreren Spitzenlasten

Literatur

[1] Forman, R.G.; Kearney, V.E.; Engle, R.M.: Numerical analysis of crack propagation in cyclic loaded structures. J. Bas. Engng., Trans. ASME 89 (1967) 459.

[2] Clark, Jr., W.G.: How fatigue crack initiation and growth properties affect material selection and design criteria. Metals Engng. Quarterly (1974) 16.

[3] Schwalbe, K.-H.: Mechanik und Mechanismen des stabilen Rißwachstums in metallischen Werkstoffen. Fortschr.-Ber. VDI-Z. Reihe 18, Nr. 3 (1977).

[4] Njus, G.O.; Stephens, R.I.: The influence of yield strength and stress ratio on fatigue crack growth delay in 4140 steel. Int. Journ. of Fracture, demnächst.

Priv.Doz.Dr. Karl-Heinz Schwalbe
GKSS-Forschungszentrum Geesthacht
Max-Planck-Straße
D-2045 Geesthacht
Bundesrepublik Deutschland

ANWENDUNG DER BRUCHMECHANIK AUF PROBLEME DER ERMÜDUNG II

KARL-HEINZ SCHWALBE

1. Grundsätzliche Vorgehensweise bei der Lebensdauerermittlung

Bezüglich der Auslegung von Bauteilen kann man nach folgenden Prinzipien vorgehen:

- Eine Struktur wird so ausgelegt, daß während der gesamten Lebensdauer keine Schädigung durch Anrisse auftritt. Das sichere Leben ergibt sich aus der für eine bestimmte Ausfallwahrscheinlichkeit und den vorliegenden Werkstoff- und Belastungsdaten berechneten Lebensdauer dividiert durch einen Sicherheitsfaktor. Der Sicherheitsfaktor muß sorgfältig festgelegt werden; er enthält die Streuungen bzw. Unsicherheiten bezüglich der Werkstoffeigenschaften und der äußeren Lasten.

- Beim ersten entdeckten Anriß wird das betreffende Teil repariert bzw. ausgetauscht. Bruchmechanische Betrachtungen fliessen dabei insoweit ein, als sichergestellt sein muß, daß bei der mit den verwendeten Prüfverfahren entdeckbaren Anrißlänge noch kein Bruch auftreten kann.

- Zwischen entdeckbarem Anriß und kritischer Rißlänge liegt ein so großes Zeitintervall, daß es lohnend ist, diese Restlebensdauer auszuschöpfen. Um Aufschluß über die Restlebensdauer zu erhalten, muß eine Rißausbreitungsberechnung durchgeführt werden. Im folgenden wird gezeigt, wie man dabei prinzipiell vorgehen kann.

Ein Riß kann entsprechend den jeweils vorliegenden Betriebsbedingungen wachsen, und zwar

a) stabil durch monoton ansteigende Belastung,
b) stabil durch Ermüdung,
c) stabil durch Spannungskorrosion,
d) stabil durch Kriechen,
e) stabil durch Überlagerung der vorgenannten Vorgänge,
f) instabil durch Erreichen der Rißzähigkeit.

Im folgenden wird nur b) betrachtet, mit f) als Endpunkt. Ein Anriß der Länge l_o breitet sich unter Schwingbeanspruchung aus, bis die Bruchbedingung

$$K_{max} = \sigma_{max} \sqrt{\pi l_c}\, Y(l_c) = K_c \qquad (1)$$

erreicht ist, Bild 1. (σ_{max} ist die maximale Betriebsspannung). Die bei der Bruchbedingung erreichte kritische Rißlänge kann aus Gl. (1) ermittelt werden. In den beiden folgenden Abschnitten wird beschrieben, wie die nutzbare Restlebensdauer zwischen l_o und l_c berechnet werden kann.

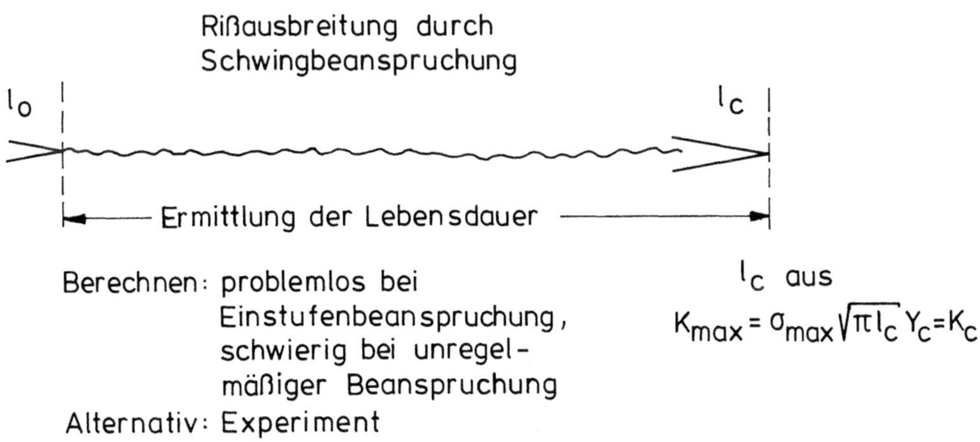

Bild 1: Zwischen Anrißlänge l_o und kritischer Rißlänge l_c besteht eine nutzbare Lebensdauer, die experimentell oder rechnerisch ermittelt werden kann

2. Lebensdauerberechnung bei Einstufenbeanspruchung

Ausgehend von einer Anrißlänge l_o kann die Restlebensdauer bis zum Bruch durch Integration der Rißgeschwindigkeitsgleichung (Bild 2) berechnet werden, die meist in der Form

$$\frac{dl}{dN} = C \cdot \Delta K^m = C \cdot (\Delta\sigma \sqrt{\pi l})^m \tag{2}$$

vorliegt (unendlich breite Zugprobe angenommen). Die Integration ergibt die Bruchlastspielzahl

$$\int_0^{N_B} dN = N_B = \frac{1}{C(\Delta\sigma\sqrt{\pi})^m} \int_{l_o}^{l_c} . \, l^{-m/2} dl$$

$$= \frac{(1-\frac{m}{2})^{-1}}{C(\Delta\sigma\sqrt{\pi})^m} \left\{ \left(\frac{K_c}{\sigma\sqrt{\pi}}\right)^{2-m} - l_o^{1-\frac{m}{2}} \right\}, \tag{3}$$

worin σ_o die Oberspannung ist. Speziell für $m = 2$ erhält man

$$N_B = \frac{1}{C\pi\Delta\sigma^2} \ln \frac{\left[\frac{K_c}{\sigma_o\sqrt{\pi}}\right]^2}{l_o} \tag{4}$$

Wenn ein nennenswerter Anteil der Lebensdauer im Bereich III der Rißausbreitungskurve zu erwarten ist (ebenso wie bei Variation des Spannungsverhältnisses R), empfiehlt sich die Integration der Forman-Gleichung

$$\frac{dl}{dN} = \frac{C \cdot \Delta K^m}{(1-R)K_c - \Delta K} = \frac{C \cdot (\Delta\sigma\sqrt{\pi})^m \, l^{\frac{m}{2}}}{(1-R)K_c - (\Delta\sigma\sqrt{\pi})\sqrt{l}} . \tag{5}$$

Hiermit

$$N_B = \frac{2}{C(\Delta\sigma\sqrt{\pi})^m} \left\{ \frac{(1-R)K_c}{2-m} \left[\left(\frac{K_c}{\Delta\sigma\sqrt{\pi}}\right)^{2-m} - l_o^{\frac{2-m}{2}} \right] - \frac{\Delta\sigma\sqrt{\pi}}{3-m} \left[\left(\frac{K_c}{\sigma_o\sqrt{\pi}}\right)^{3-m} - l_o^{\frac{3-m}{2}} \right] \right\} \tag{6}$$

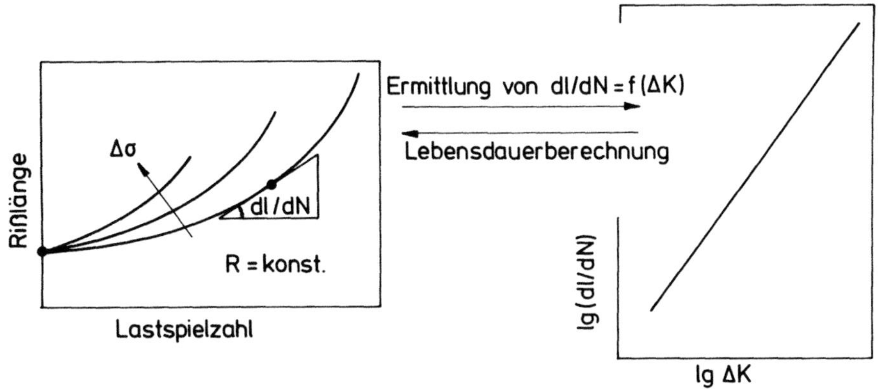

Bild 2: Lebensdauerberechnung als Umkehrung der Ermittlung des Rißgeschwindigkeitsdiagramms

Der Bereich I der Rißausbreitung kann durch Einbeziehung von ΔK_0 wie folgt berücksichtigt werden:

$$\frac{dl}{dN} = \frac{C \cdot (\Delta K - K_o)^m}{(1-R)K_c - \Delta K} \tag{7}$$

Wird weiterhin noch eine von der zugbeanspruchten Scheibe mit kleinem Riß abweichende Geometrie betrachtet, dann wird wegen der Abhängigkeit der Korrekturfunktion für K von der Rißlänge die Rißgeschwindigkeitsgleichung nur noch schwer oder gar nicht mehr geschlossen integrierbar. Bei der dann erforderlichen numerischen Integration wird der Rißlängenbereich l_o bis l_c in mehrere Intervalle Δl_i eingeteilt und für jedes Intervall an der jeweils mittleren Rißlänge l_i die Rißgeschwindigkeit mit der Rißgeschwindigkeitsgleichung berechnet sowie die Teillebensdauern N_i ermittelt und aufsummiert (Bild 3)

$$N_B = \sum_{i=1}^{n} N_i = \sum_{i=1}^{n} \frac{\Delta l_i}{(dl/dN)_i} \tag{8}$$

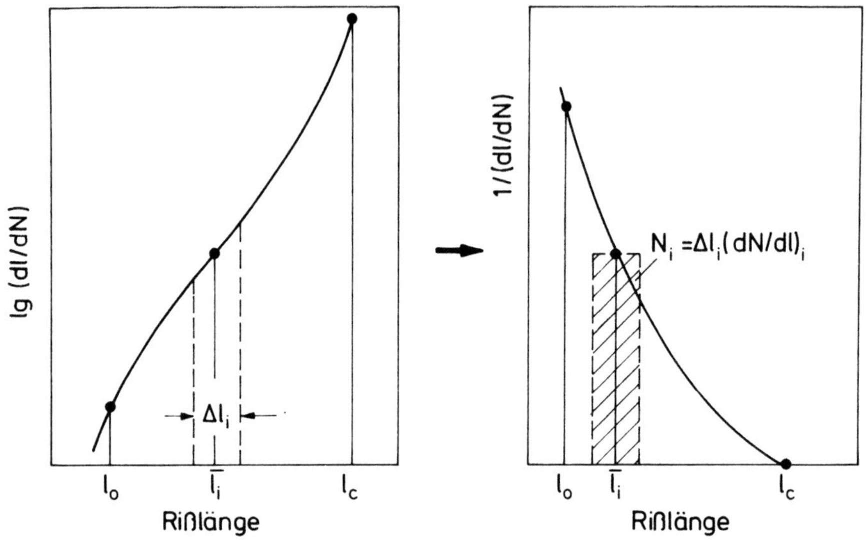

Bild 3: Numerische Berechnung der Lebensdauer

3. Lebensdauerberechnung bei nicht-einstufiger Beanspruchung

Die einfachste Möglichkeit, die Lebensdauer bei nicht-einstufiger Beanspruchung zu berechnen besteht darin, bei bekanntem Last-Zeit-Verlauf aus der im Einstufenversuch ermittelten Gesetzmäßigkeit

$$\frac{dl}{dN} = f(\Delta K,\ R)\ , \qquad (9)$$

den Rißlängenzuwachs Lastwechsel für Lastwechsel zu berechnen und aufzusummieren, bis die Bruchbedingung erreicht ist. Die bis dahin notwendige Anzahl der Rechenschritte ist gleich der Bruchlastspielzahl N_B. Ausgehend von der Anrißlänge l_o wird zunächst

$$\Delta K_1 = \Delta\sigma_1 \sqrt{\pi l_o} \cdot Y(l_o) \qquad (10)$$

$$R_1 = \frac{\sigma_u}{\sigma_{o_1}} \qquad (11)$$

gebildet und

$$\Delta l_1 \mathrel{\hat{=}} \left.\frac{dl}{dN}\right|_1 = f(\Delta K_1,\ R_1) \qquad (12)$$

berechnet, Bild 4. Hieraus wird die Rißlänge für den nächsten Rechenschritt

$$l_1 = l_o + \Delta l_1 \tag{13}$$

ermittelt u.s.f. Bei jedem neuen Lastwechsel muß nachgeprüft werden, ob die momentanen Werte von l und σ_{max} schon die Bruchbedingung $K_{max} = K_c$ erfüllen. Meist wird zur Berechnung von dl/dN die Forman-Gleichung (Gl. (5)) benutzt. Ein entsprechendes Rechenprogramm in FORTRAN IV ist in [1] angegeben.

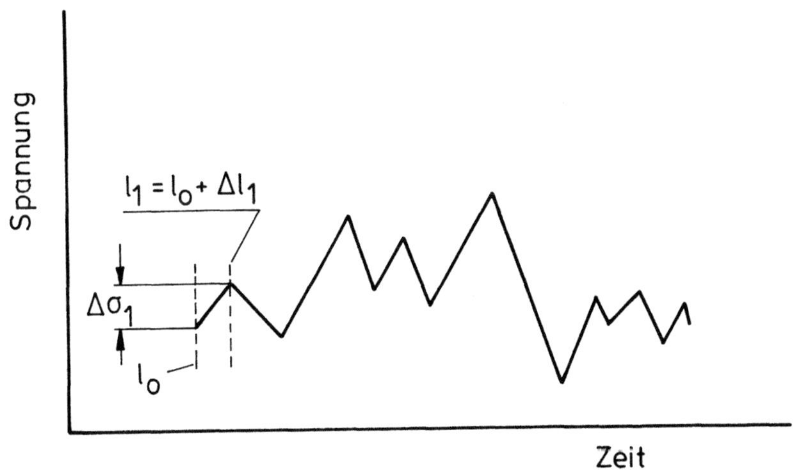

Bild 4: Schrittweise Berechnung der Rißverlängerung bei nicht-einstufiger Schwingbeanspruchung

Bei dieser Vorgehensweise wird der Einfluß der Belastungsvorgeschichte auf die momentane Rißausbreitung, d.h. der Reihenfolgeneinfluß, vernachlässigt, also eine lineare Schadensakkumulation angenommen. Da sich der Reihenfolgeneinfluß hauptsächlich in Rißverzögerungen auswirkt, liegen entsprechende Vorhersagen im allgemeinen auf der sicheren Seite. Es gibt jedoch Fälle, bei denen diese Rechnung Ergebnisse auf der unsicheren Seite liefert.

Zur Berücksichtigung des Reihenfolgeneinflusses wurden zahlreiche Rechenmodelle entwickelt, die jedoch hier nicht behandelt werden sollen, zumal ihre Zuverlässigkeit noch zweifelhaft ist.

4. Praktische Anwendung

Von einer vorhandenen Anrißlänge ausgehend wird die zu erwartende Restlebensdauer berechnet. Man legt der Rechnung entweder einen nachgewiesenen Anriß zugrunde oder - wenn kein Anriß nachgewiesen werden konnte bzw. wenn die zu beurteilende Konstruktion sich noch im Entwurfsstadium befindet - einen angenommenen Riß, dessen Abmessungen der Auflösung der zur Verfügung stehenden zerstörungsfreien Prüfmethoden entsprechen. In Bild 5 sind die einzelnen Schritte einer solchen Rechnung zusammengefaßt.

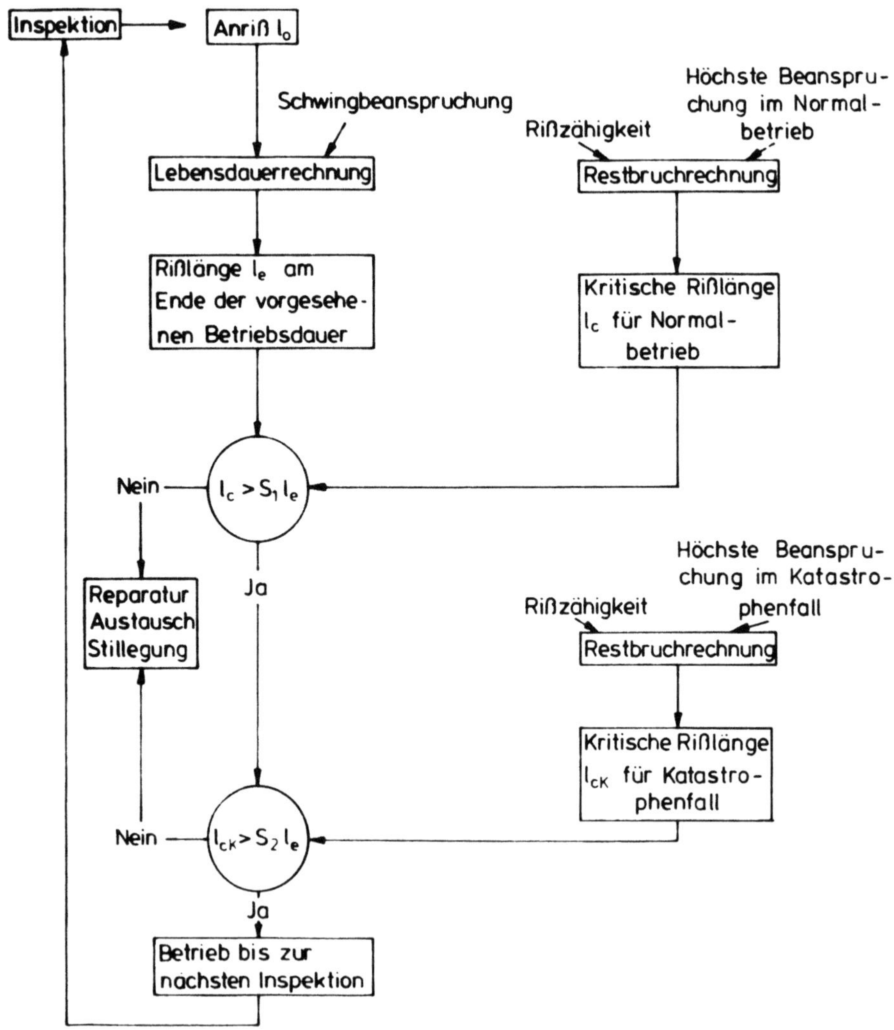

Bild 5: Schema für eine bruchmechanische Sicherheitsanalyse

Ergibt die Rechnung, daß die Restlebensdauer N_B kleiner als die vorgesehene Betriebsdauer N_L ist, so wäre - unter der Voraussetzung, daß die Lebensdauerrechnung exakt richtig ist - bei N_B eine Reparatur oder ein Austausch vorzusehen. Wegen der teilweise recht großen Unsicherheiten, die einer solchen Rechnung anhaften, teilt man jedoch die berechnete Lebensdauer N_B in Inspektionsintervalle ein, um zu vermeiden, daß ein Riß bei $N \leq N_B$ kritisch wird, Bild 6. Aus gleichem Grunde kann es ratsam sein, bei einem berechneten $N_B \geq N_L$ Inspektionen vorzusehen.

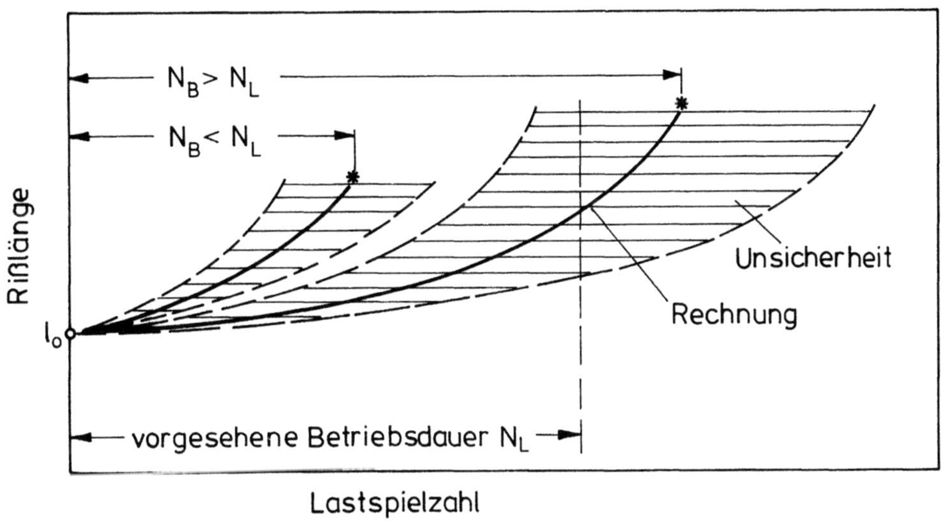

Bild 6: Berechnete Lebensdauer N_B bei vorgegebener Anrißlänge im Verhältnis zur vorgegebenen Betriebsdauer

In manchen Fällen ist es möglich, den Kraftfluß auf mehrere parallele Lastwege aufzuteilen. Ein Beispiel dafür bilden große Wandstärken, die aus dünnen Teilen z.B. durch Nieten oder Kleben zusammengesetzt sind. Dann kann ein Lastweg vorzeitig versagen, ohne daß die Funktionsfähigkeit der gesamten Struktur in Mitleidenschaft gezogen wird.

Um sicherzugehen, daß eine Struktur keinen Anriß enthält, der eine bestimmte Länge überschreitet, kann ein Proof Load-Test durchgeführt werden. Dies ist vor allem dann sinnvoll, wenn rißgefährdete Stellen nicht inspizierbar sind, oder wenn selbst die kristische Rißlänge so klein ist, daß sie bei einer Inspektion nicht nachgewiesen werden kann. Beim Proof Load-Test wird eine im Normalbetrieb nicht erreichte Last aufgebracht. Die zugehörige kritische Rißlänge l_{cp} ist kleiner als die kritische Rißlänge l_c der maximalen Betriebslast σ_{max}. Die Differenz beider kritischen Rißlängen bildet ein Intervall, in dem nicht mit einem Bruch unter Betriebsbeanspruchung zu rechnen ist, Bild 7. Innerhalb dieses Intervalls wird gemäß dem gewählten Sicherheitsfaktor der Proof Load-Test wiederholt angewendet. Der Proof Load-Test vermittelt zwar ein hohes Maß an Sicherheit, kann in der Durchführung jedoch außerordentlich aufwendig sein.

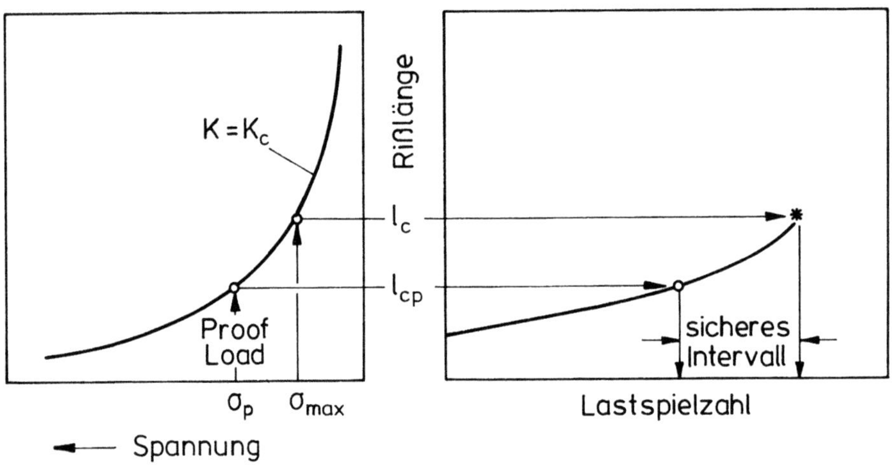

Bild 7: Ermittlung eines sicheren Rißausbreitungsintervalls mit Hilfe der Proof Load

Bei der beschriebenen Vorgehensweise wird ausgehend von einem vorhandenen oder angenommenen Anriß die restliche Lebensdauer berechnet. Umgekehrt kann man vom Ende der vorgesehenen Betriebszeit ausgehend, ermitteln, was bei Beginn der Betriebszeit an Schädigung in Form von Rissen maximal vorhanden sein darf, damit ein sicherer Betrieb gewährleistet ist. Dabei wird durch Rückwärtsrechnen die Anrißlänge l_0 ermittelt, die anfänglich in der Struktur vorhanden sein darf. Ist diese Rißlänge so klein, daß sie mit den zur Verfügung stehenden zerstörungsfreien Prüfmethoden nicht mehr sicher erfaßt werden kann (Kurve 1 in Bild 8), ist ohne zusätzliche Maßnahmen keine bruchmechanische

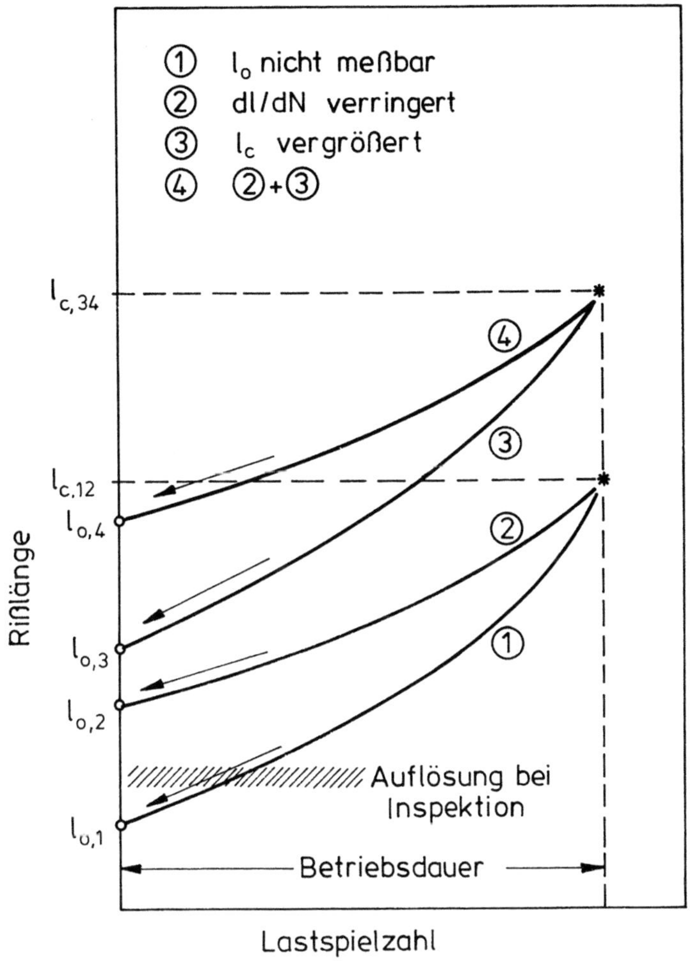

Bild 8: Maßnahmen zur Vergrößerung der maximal zulässigen Anrißlänge

Beurteilung möglich. Solche Maßnahmen können sein [2]:

a) Wahl eines Werkstoffs mit geringerer Rißgeschwindigkeit; vom gleichen l_c ausgehend kann l_o über die Auflösungsschwelle zu liegen kommen, Kurve 2 in Bild 8.

b) Vergrößerung von l_c durch Wahl eines Werkstoffs mit größerem K_c, Kurve 3; bei gleicher Rißgeschwindigkeit wie bei Kurve 1 wird dadurch l_o angehoben.

c) Vergrößerung von l_c und Verringerung der Rißgeschwindigkeit durch Wahl eines entsprechenden Werkstoffs oder Herabsetzen der Betriebsbeanspruchung, Kurve 4.

d) Sind keine dieser Maßnahmen durchführbar, können Inspektionen vorgesehen werden, Bild 2. Durch Integration der Rißausbreitungs-Gesetzmäßigkeit wird berechnet, bei wieviel Prozent der vorgesehenen Betriebsdauer der Riß durch die Inspektion noch nachweisbar ist, 2. Inspektion in Bild 9. Da man aber nicht wissen kann, ob nicht schon ein Anriß $l_{o,2}$ knapp unterhalb der Auflösungsgrenze vorhanden ist, der vor der vorgesehenen Betriebsdauer zum Bruch führen kann, sollte noch mindestens eine weitere Inspektion vorgeschaltet werden, Inspektion 1 in Bild 2. Die Inspektionsintervalle sollten so gewählt werden, daß ein Riß mindestens einmal übersehen werden kann. Inspektionen führt man aus Sicherheitsgründen auch dann durch, wenn rein rechnerisch sichere Ausbreitung während der gesamten Lebensdauer zu erwarten ist.

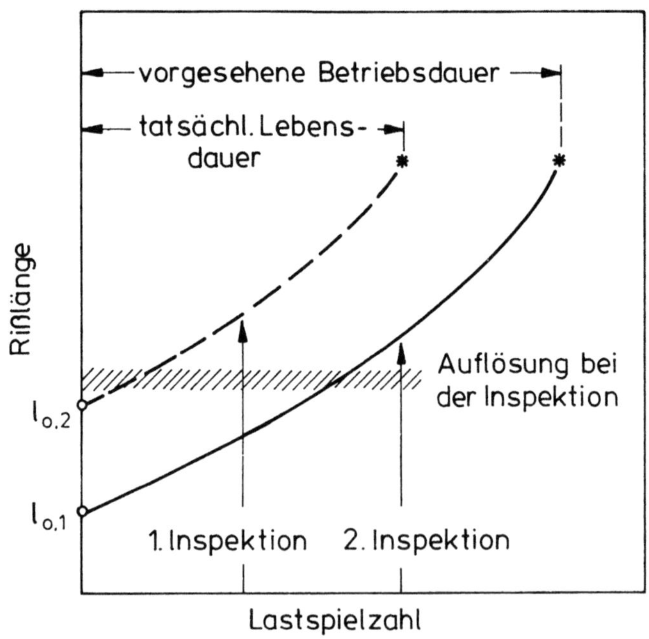

Bild 9: Einführung von Inspektionen bei nicht auflösbarem Anriß

Generell gilt, daß Inspektionsintervalle sorgfältig festzulegen sind, da sie über die beiden Forderungen nach Sicherheit und Wirtschaftlichkeit entscheiden.

5. Möglichkeiten zur Verlängerung der Lebensdauer angerissener Teile

Aus vorstehendem läßt sich ableiten, mit welchen Maßnahmen die Restlebensdauer einer angerissenen Struktur erhöht werden kann. Ist die Wahl des Werkstoffs noch frei, wird man einen Werkstoff mit möglichst niedriger Rißgeschwindigkeit und hoher Rißzähigkeit wählen. Letzteres verlängert das Rißausbreitungsintervall durch Vergrößern der kritischen Rißlänge und Reduzierung der Rißgeschwindigkeit im Bereich III, bringt allerdings nur marginale Gewinne an Lebensdauer, da der Anteil der Lebensdauer bei langen Rissen gering ist, Bild 10a. Erhöhung der Rißzähigkeit bringt jedoch den Vorteil, daß die Wahrscheinlichkeit, daß ein Riß übersehen wird, wegen der größeren kritischen Rißlänge sinkt.

Sehr wirkungsvoll wird die Lebensdauer mit Riß vergrößert, wenn es gelingt, den Riß möglichst früh zu erfassen, d.h. wenn das nachgewiesene l_0 klein ist, da bei kleineren Rißlängen der größte Teil der Lebensdauer verbraucht wird, Bild 10b. Dieser Vorteil wird mit dem Nachteil größerer Unsicherheit erkauft, da das Risiko, einen Riß zu übersehen, mit abnehmender Rißgröße zunimmt. Hier wird man differenzieren müssen: Ist das anrißgefährdete Werkstoffvolumen klein (z.B. der Rand einer Bohrung), wird ein Riß eher zu finden sein als in einem großen Volumen, z.B. in einer langen Schweißnaht an einem sehr dickwandigen Teil.

Da ΔK im allgemeinen in der zweiten bis vierten Potenz in die Rißgeschwindigkeit eingeht, führt eine Absenkung der Spannung $\Delta\sigma$ zu einer entsprechenden Erhöhung der Lebensdauer, Bild 10c. Im Entwurfsstadium kann dies durch konstruktive Maßnahmen geschehen. Ist die Struktur bereits ausgeführt und im Betrieb, müssen die Betriebslasten entsprechend reduziert werden.

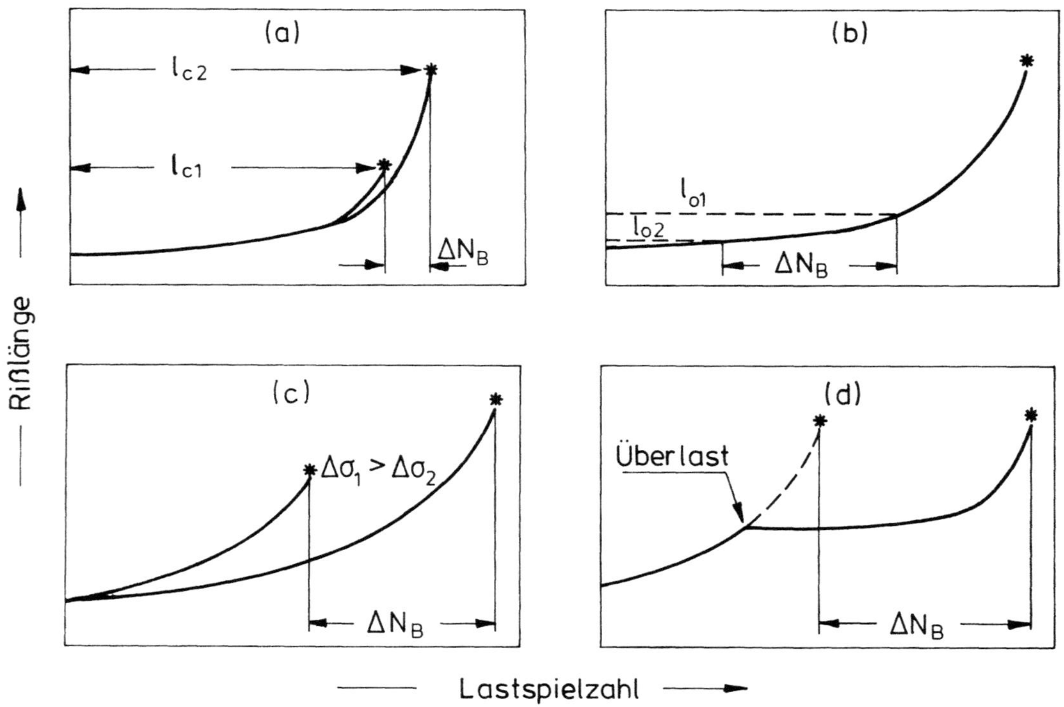

Bild 10: Möglichkeiten zur Erhöhung der Lebensdauer
a) Erhöhung der kritischen Rißlänge b) Verbesserung der Auflösung bei der Inspektion
c) Verringerung der Betriebsbelastung d) Aufbringen einer Überlast

Das genaue Gegenteil stellt das gezielte Aufbringn von Überlasten dar. Dadurch kann ein Riß wirksam verzögert werden, Bild 10d. Unter Umständen kann ein Riß sogar völlig zum Stillstand gebracht werden. Bei dieser Methode ist eine sorfältige Vorbereitung an Hand von Laborproben erforderlich, um keine unkontrollierte Schädigung in die Struktur einzubringen.

Literatur

[1] Schwarmann, L.; Bauer, J.: Bericht Ek 425-B/007/77 der VFW-Fokker GmbH, Bremen (1977)

[2] Schwalbe, K.-H.: Bruchmechanik metallischer Werkstoffe. Carl Hanser Verlag, München (1980)

Priv.Doz.Dr. Karl-Heinz Schwalbe
GKSS-Forschungszentrum Geesthacht
Max-Planck-Straße
D-2054 Geesthacht
Bundesrepublik Deutschland

ERSCHEINUNGSFORMEN VON BRÜCHEN METALLISCHER WERKSTOFFE

ELMAR TSCHEGG

Das Bruchaussehen eines metallischen Werkstoffes wird ausser durch die Werkstoffeigenschaften selbst im wesentlichen durch die Beanspruchungsbedingungen bestimmt. Umgekehrt kann man daher das Bruchaussehen zur nachträglichen Schadensanalyse heranziehen. Hiebei kommen sowohl makroskopische als auch mikroskopische Untersuchungsverfahren zum Einsatz. Die makroskopische Beurteilung liefert in erster Linie Informationen über den Spannungszustand, der zum Bruch geführt hat. Die mikroskopische Bruchflächenanalyse wird heute häufig mit dem Rasterelektronenmikroskop vorgenommen. Sie erlaubt Rückschlüsse auf die Mikromechanismen zu ziehen, die das Versagen durch Bruch bewirkt haben.

Für eine systematische Einteilung der Brucherscheinungsformen bietet sich die Art der Beanspruchung an. Es kann so zwischen Gewalt-, Schwingungs- und Kriechbrüchen unterschieden werden.

1. Gewaltbruch

Ein Gewaltbruch tritt dann auf, wenn ein Bauteil einer statisch oder schlagartig aufgebrachten Last nicht mehr standhalten kann. Für den Verlauf und die Lage der Bruchfläche ist die Maximalspannung bestimmend. Im wesentlichen wird bei der makroskopischen Betrachtung zwischen Zug-, Druck-, Biege- und Torsionsbrüchen unterschieden. Bei der mikrofraktographischen Betrachtung von Gewaltbrüchen wird je nach Trennmechanismus zwischen Spalt-, Quasispalt-, Waben- und Korngrenzenbrüchen differenziert.

1.1 Spaltbruch

Der Spaltbruch ist durch glatte Spaltflächen, die durch Stufen unterteilt sind, charakterisiert und zeigt sich makroskopisch gesehen als sehr verformungsarm. Die Spaltflächen entstehen durch die transkristalline Trennung längs bestimmter kristallographischer Ebenen des Metalls (z.B. längs Würfelebenen in Eisen bei tiefen Temperaturen). Daher beschränkt sich der Spaltbruch auf kubischraumzentrierte und hexagonal dichtestgepackte Metalle. Kubischflächenzentrierte Werkstoffe zeigen nur in wenigen Ausnahmefällen Spaltbruchcharakter (bei Korrosionseinflüssen).

Abb. 1 und 2 zeigen Rasterelektronenmikroskopaufnahmen (REMA) von Spaltbrüchen.

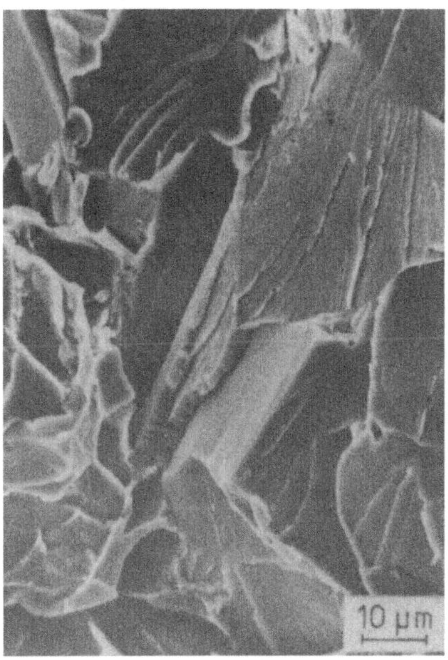

Abb. 1. Zugbruchfläche
C 10, bei 77 K

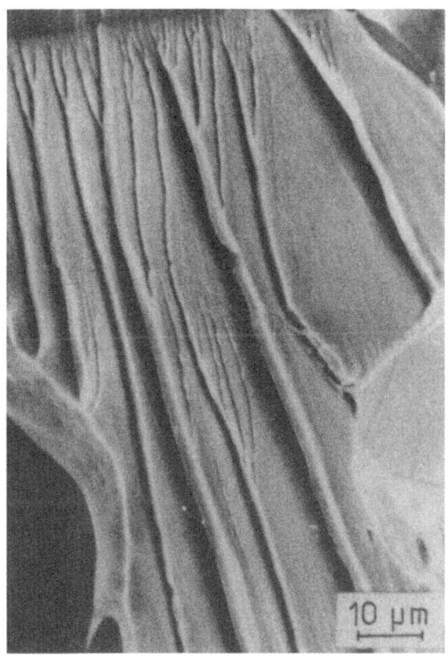

Abb. 2. Schlagbruch
Weicheisen, 77 K

Dem Spaltbruch geht eine sehr geringe plastische Verformung voraus. Er beginnt an Versetzungsaufstauungen bzw. Gleithindernissen (z.B. Korngrenzen, Subkorngrenzen, Fremdpartikeln).

Der Spaltbruch breitet sich mit hoher Geschwindigkeit aus und setzt dabei im Vergleich zu anderen Brucharten nur wenig Energie um. Dies kann unter Umständen die Auslösung des Bruches bei kurzen Anrissen oder Kerben begünstigen.

Ebene Spaltflächen können sich im allgemeinen nur über die Grösse eines Korns erstrecken, da das Nachbarkorn meist anders kristallographisch orientiert ist. Auf Grund dieses Orientierungsunterschiedes teilt sich im Nachbarkorn der Spaltbruch in mehrere planparallele Teilspaltebenen auf, die durch nahezu rechtwinklige Stufen begrenzt werden. Man bezeichnet diese Formation als "Flussmuster" oder "river pattern" (Abb. 2.). Das Flussmuster entsteht durch das Zusammenlaufen von primären und sekundären Rissen und wenn der Riss eine Korngrenze mit Orientierungsdifferenz zwischen den Körnern kreuzt. In Richtung des Rissverlaufes verbindet sich das "Flussmuster", und es lässt sich daher die örtliche Rissausbreitungsrichtung daraus bestimmen, die beträchtlich von der makroskopischen Rissfortschrittsrichtung abweichen kann.

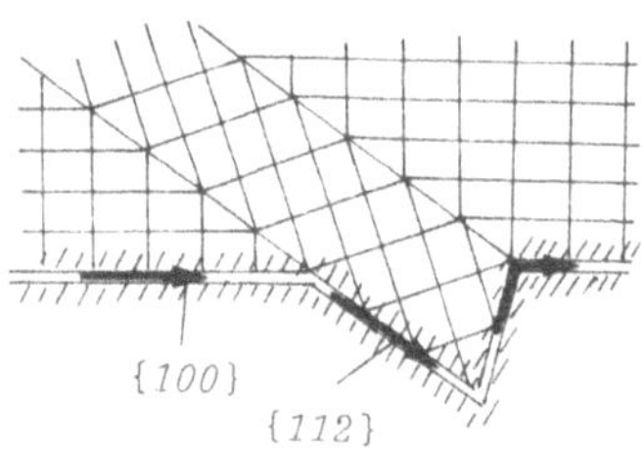

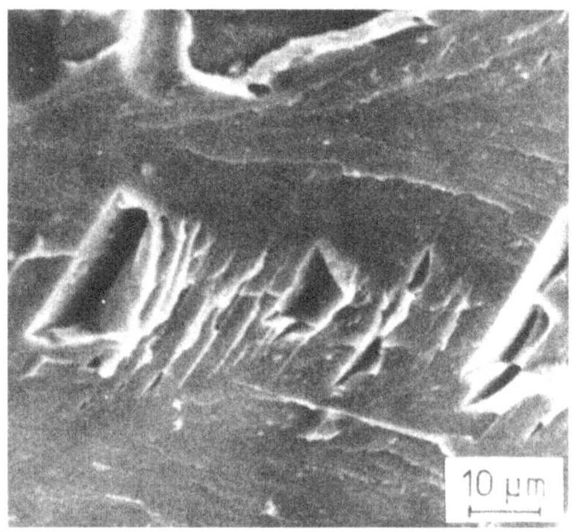

Abb. 3. Spaltbruch mit negativen Zwillingen;
REMA: Ferritisches Gusseisen mit Kugelgraphit.

In manchen Fällen kann der laufende Riss in örtlich eng begrenzten Bereichen in eine Zwillingsebene abspringen, wodurch es zu heraus- oder hineinragenden "Zungen" an der Bruchoberfläche kommt. In Abb. 3 ist eine schematische Darstellung eines Spaltbruches mit einer Zwillingsablenkung dargestellt, und eine REMA zeigt eine Spaltfläche mit hineinragenden "Zungen".

Bei niederlegierten Stählen wird der Spaltbruch bevorzugt bei niederen Temperaturen und hohen Belastungsgeschwindigkeiten gefunden.

1.2 Quasispaltbruch oder Rosettenbruch

Der Quasispaltbruch oder Rosettenbruch nimmt eine Mittelstellung zwischen einem Spaltbruch und einem reinen Verformungsbruch ein und tritt z.B. bei vergüteten Stahlen im Temperaturbereich unterhalb und im Sprödbruchübergang auf.

In der Abb. 4 ist die Entstehung des Rosettenbruches schematisch dargestellt; die REMA zeigt ein typisches Bruchbild des Quasispaltbruches.

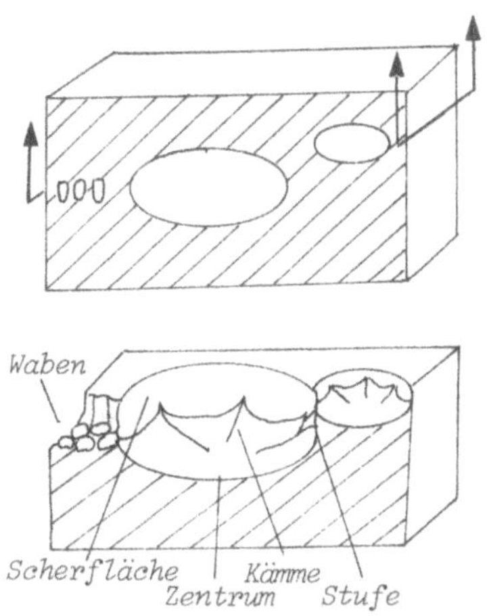

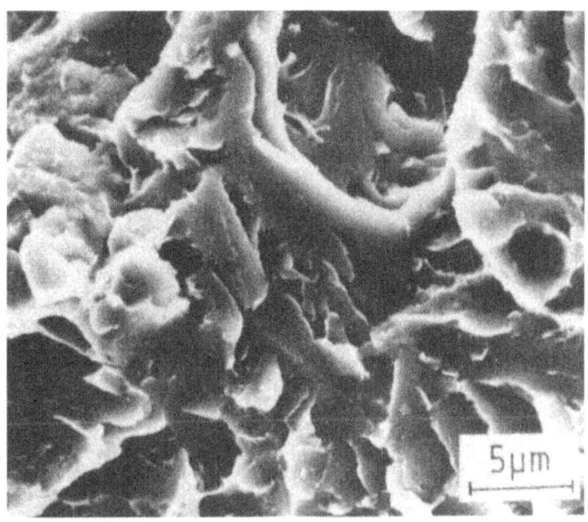

Abb. 4. Quasispaltbruch; REMA: Vergütungsstahl 28 NiCrMoV 85 (Kristalliner Fleck einer Kerbschlagprobe).

Im Gegensatz zum echten Spaltbruch, der seinen Anfang immer am Rand einer Spaltfläche nimmt (z.B. Korngrenze), liegt der Rissanfang des Quasispaltbruches innerhalb der Matrix. Von diesem Risskeim breitet sich der Riss entlang gewölbter Flächen kreisförmig aus, wobei diese Flächen keine kristallographischen Ebenen sind. Die dadurch auf verschiedenen Höhen entstandenen Facetten sind durch hochgezogene Kämme verbunden und stellen somit eine Rosette dar. Die während des Gewaltbruches gebildeten Scherflächen begrenzen die Rosetten. Die hochgezogenen Kämme geben dem Bruchbild eindeutig plastische Verformungsmerkmale. Die Ausbildung von Wabenfeldern (siehe 1.3) zwischen den Rosetten ist möglich.

1.3 Duktiler Bruch

Der duktile Bruch, der nach seinem mikroskopischen Aussehen auch als "Wabenbruch" bezeichnet wird, ist immer mit einer zumindest örtlich hohen plastischen Verformung verbunden. Handelt es sich um sehr reine Einkristalle, so schnüren sich diese unter Zugverformung makroskopisch stark ein und bilden beim Auseinanderreissen einen scharfen Grat bzw. eine Schneide. Technisch verunreinigte Metalle hingegen besitzen zahlreiche Einschlüsse, Ausscheidungen und Mikroporen. Werden solche Werkstoffe unter Zugbeanspruchung plastisch verformt, bewirken die Unterschiede im plastischen Verformungsvermögen von der Matrix und den Einschlüssen bzw. Ausscheidungen die Bildung von Mikrorissen. Diese so entstandenen und die bereits vorhandenen Hohlräume vergrössern sich bei weiterer Dehnung des Werkstoffes. Damit werden die Stege zwischen den Hohlräumen immer dünner, bis sie schliesslich einschnüren und abreissen. Dadurch wird der Bruch des Werkstoffes verursacht, und die Bruchfläche zeigt das typische "Wabenmuster".

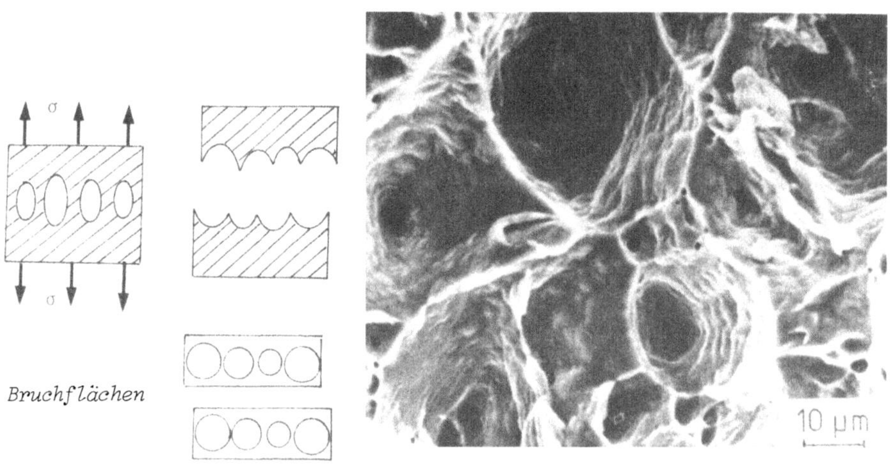

Abb. 5. Wabenbruch; REMA: 18 Ni 250 lösungsgeglüht (Zentrum einer Zugbruchfläche).

In Abb. 5 ist der Mechanismus der Wabenbildung schematisch dargestellt und in einer REMA veranschaulicht. Die Grösse und die Tiefe der Waben wird einerseits wesentlich durch das plastische Verformungsvermögen der Matrix bestimmt. Andererseits haben die Zahl, Gestalt und Verteilung der matrixfremden Teilchen Einfluss auf die Gestalt und Anzahl der Waben. Jedoch muss nicht jedes matrixfremde Teilchen zur Bildung einer Wabe führen. Die Rolle von Einschlüssen auf die Hohlraumbildung ist in Abb. 6 zu sehen.

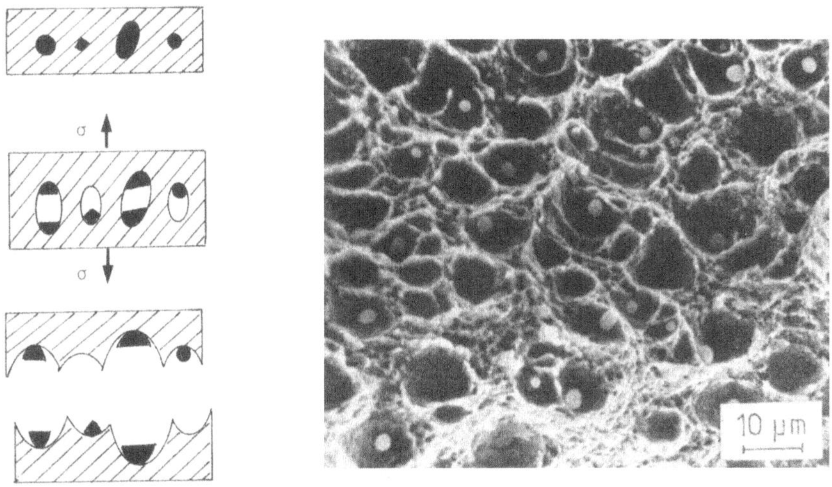

Abb. 6. Wabenbildung durch Einschlüsse; REMA: 28 NiCrMoV 85

Je nach Beanspruchungsart und Relativbewegung der Rissflanken bei der Bruchbildung kommt es zur Ausrichtung der Waben. Es werden bei Zugbeanspruchung gerade Waben beobachtet, bei denen die Bruchflächen spiegelbildlich gleich sind (siehe Abb. 5). Sind die Normalspannungen ungleichmässig verteilt, werden sogenannte Reisswaben gebildet (siehe Abb. 7). Dieser Fall tritt

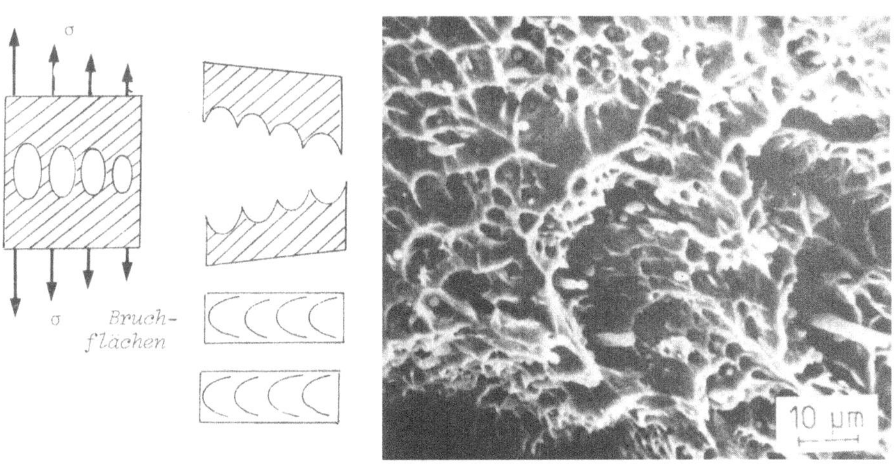

Abb. 7. Reisswaben, REMA: CrNi 18/8+S, duktiler Teil einer Kerbschlagprobe

immer im Kerbgrund von Kerbschlagproben auf. Wird der Bruch durch eine Scherbeanspruchung verursacht, bilden sich Scherwaben, welche auf den einander entsprechenden Bruchflächen entgegengesetzt orientiert sind (siehe Abb. 8).

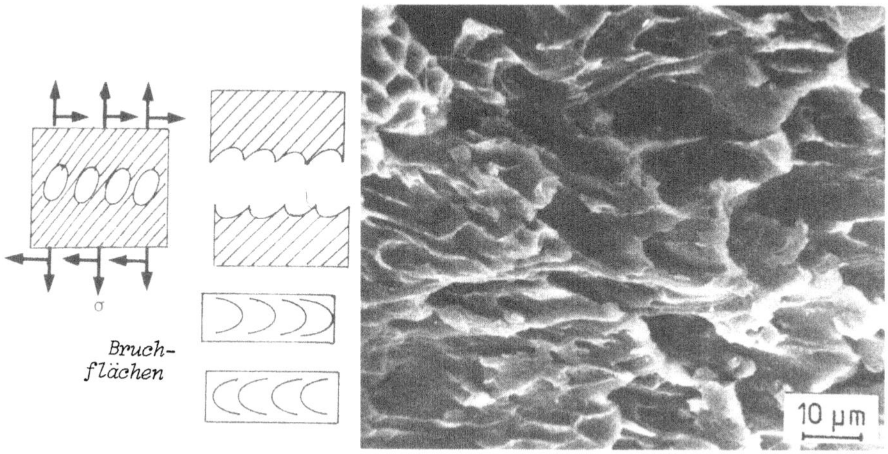

Abb. 8. Scherbruch (Scherkegel von Zugbruchfläche); REMA: Weicheisen

1.4 Korngrenzenbruch

Neben dem transkristallinen Bruch wird unter bestimmten Voraussetzungen auch interkristalliner Bruch im Gewaltbruch beobachtet. Er tritt auf, wenn die Korngrenzen durch Korngrenzenausschei-

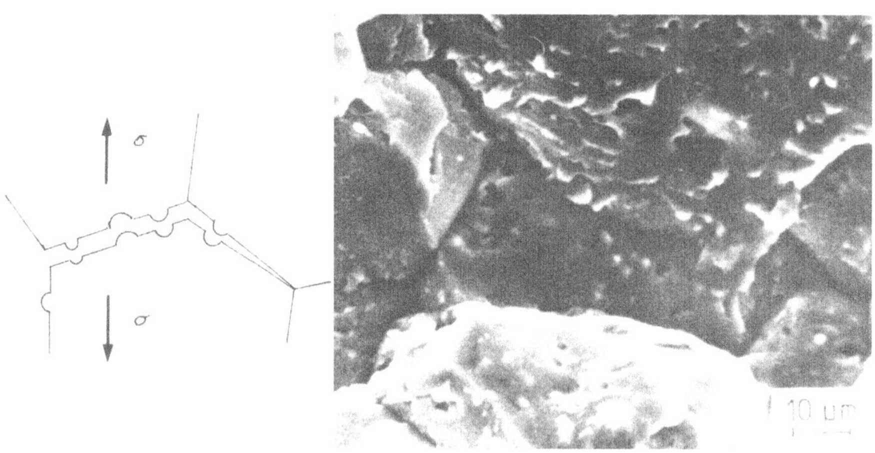

Abb. 9. Korngrenzenbruch; REMA: 100 Cr 6 gehärtet

dungen, korrosive Einflüsse oder hohe Temperaturen geschwächt sind. Bei Stählen wird der interkristalline Bruch häufig durch Karbidausscheidungen verursacht. Abb. 9 zeigt das Schema der Entstehung eines interkristallinen Sprödbruches und eine REMA eines Korngrenzenbruches mit Korngrenzenkarbiden.

Die Einwirkung von Wasserstoff kann auch zum Korngrenzenbruch führen. Hier werden häufig sehr feine Haarlinien auf der Bruchfläche beobachtet ("Krähenfüsse").

2. Schwingungsbruch

Die schwingende Beanspruchung eines metallischen Werkstoffes kann zu sehr vielfältigen Brucherscheinungen führen. Der Bruch kann sowohl transkristallin aber auch interkristallin erfolgen. Eine typische Erscheinung für Schwingungsbrüche stellen Schwingungsstreifen auf der Bruchoberfläche dar. Diese sind sowohl in duktiler als auch spröder Ausbildung möglich und sind besonders im duktilen Fall in Schwingungsstreifenbahnen angeordnet, wie es Abb. 10 schematisch und in einer REMA gezeigt ist.

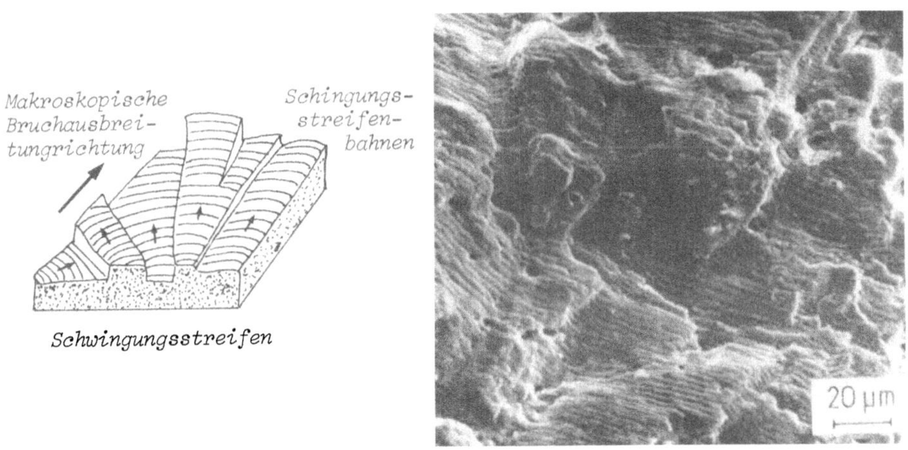

Abb. 10. Schwingungsbruchfläche, REMA: CrNi 18/8-Stahl

Die Rissausbreitungsrichtung auf den einzelnen Bruchbahnen kann von der makroskopischen Bruchausbreitungsrichtung stark abweichen. Die Schwingungsstreifenbreite hängt mit der Amplitude der einzelnen Lastwechsel zusammen.

Spröde Schwingungsbrüche treten relativ selten auf (bei niedrigen Lastwechselfrequenzen). Sie sind durch eine fächerförmige

Ausbildung der Bruchbahnen charakterisiert. Dies ist in Abb. 11 gut zu erkennen.

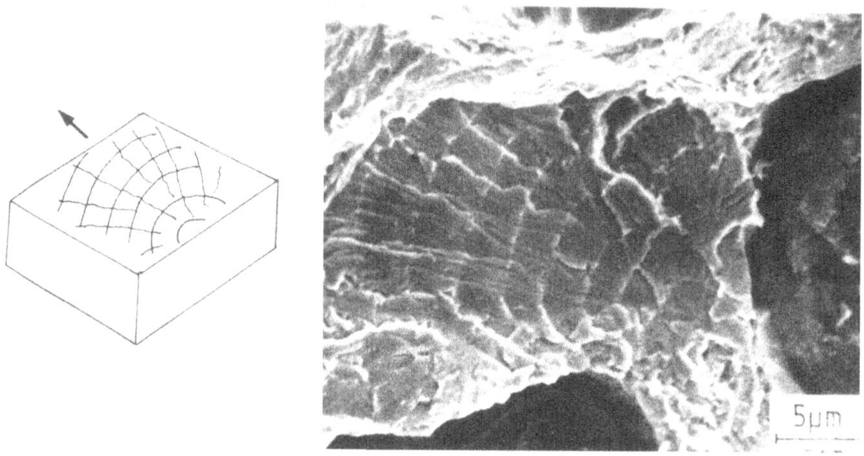

Abb. 11. Spröder Schwingungsbruch; REMA: GGG-50 perlit.-ferrit

Ermüdungsrissbildung kann bei Spannungen, welche niedriger als die Streckgrenze sind, einsetzen. Freie Oberflächen sind die bevorzugten Rissausgangspunkte. Gleitvorgänge bewirken die Bildung von etwa unter 45° zur Zugrichtung geneigten Extrusionen und Intrusionen, wobei letztere Kerbwirkung haben und die Rissbildung entlang von Gleitebenen einleiten. Dies ist in Abb. 12 durch das Woodsche Modell dargestellt.

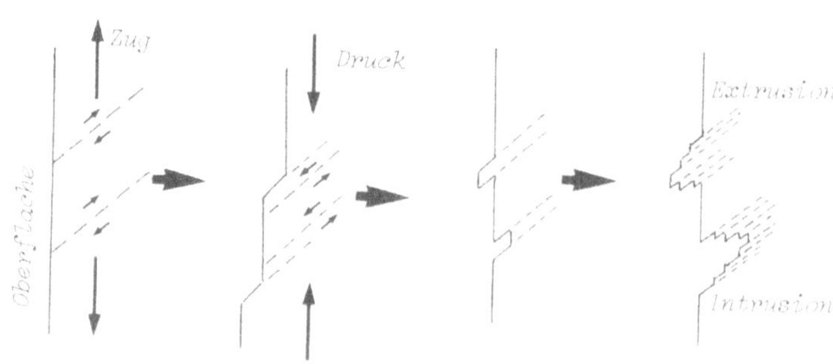

Abb. 12. Woodsches Modell für Ermüdungsrisseinleitung

Im Stadium I der Rissausbreitung sind die Risse weiterhin unter 45° zur Richtung der Zugbeanspruchung geneigt. Das Riss-Stadium I ist meist auf einen Bereich von ein bis zwei Körnern beschränkt. Dieser ist bei nachträglicher Untersuchung der Bruchfläche feststellbar als schmaler Anfangsbereich der Bruches, der leicht als mechanische Beschädigung fehlgedeutet werden kann. Danach erfolgt die Rissausbreitung senkrecht zur Zugspannungsrichtung im Stadium II.

Für den Mechanismus des Risswachstums wurden verschiedene Modellvorstellungen vorgeschlagen. Das Lairdsche Modell erklärt das Risswachstum durch einen Mechanismus, wie er in Abb. 13 dargestellt ist. Während der Zugphase bewirkt plastische Verformung einerseits eine Rissverlängerung, andererseits eine Abstumpfung der Rissspitze. Während der Druckphase wird der Riss

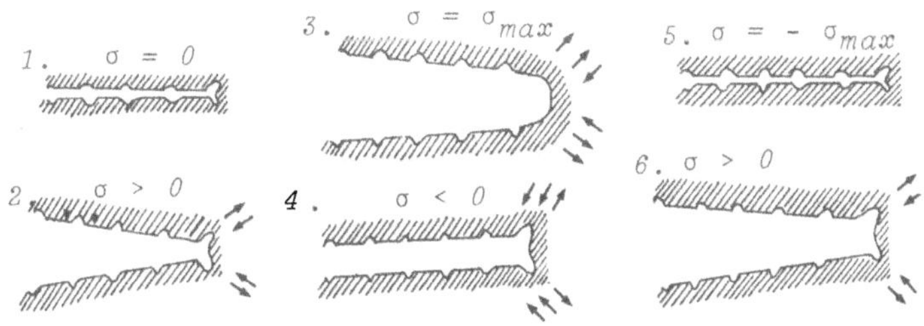

Abb. 13. Lairdsches Modell für die Ermüdungsrissausbreitung

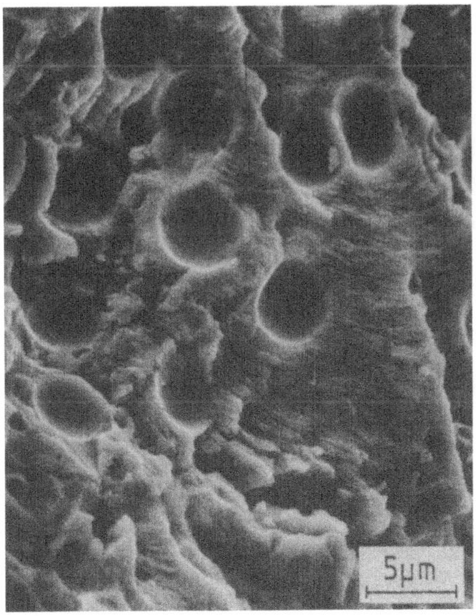

Abb. 14. Eindrücke von harten Teilchen auf Schwingungsbruchflächen

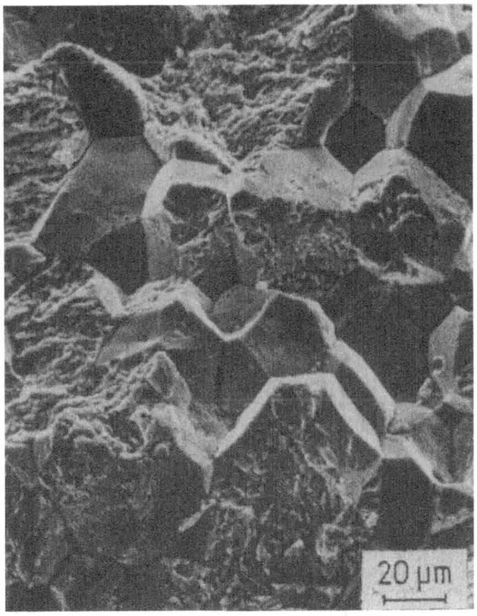

Abb. 15. Interkristalliner-transkristalliner Ermüdungsbruch

wieder zugespitzt, was die nachfolgende Rissverlängerung während der Zugphase begünstigt. Mit diesem Modell wird die Erscheinung der Schwingungsstreifen verständlicher.

Gelegentlich werden in Ermüdungsbruchflächen Vertiefungen, wie in Abb. 14 zu sehen ist, gefunden. Sie entstehen durch aus der Bruchoberfläche herausragende (auch losgelöste), harte Teilchen, die infolge der Gegeneinanderbewegung der beiden Bruchflächen beim Schliessen des Risses ihre Eindrücke hinterlassen.

Schwingbeanspruchung kann auch zu interkristalliner Rissausbreitung führen, welche insbesondere in korrosiver Umgebung bevorzugt ist (Abb. 15).

3. Kriechbruch

Bei Kriechbeanspruchung spielen neben der Belastung Diffusionsvorgänge bei der Entstehung des Bruches eine Rolle. Dem Rissbeginn geht eine Porenbildung voraus, die bevorzugt an Korngrenzen zu finden ist.

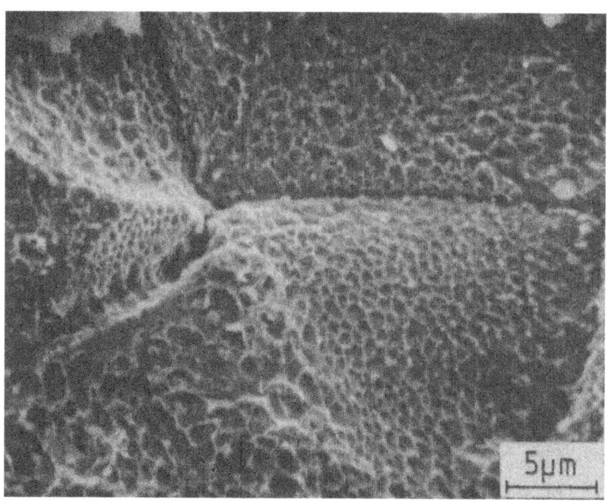

Abb. 16. Kriechbruch; REMA: CrNi 18/8

Kriechbrüche werden daher sowohl trans- als auch interkristallin häufig in Verbindung mit Porenbildung gefunden. Abb. 16 zeigt eine REMA eines Kriechbruches mit Porenbildung. Auf Grund der hohen Temperatur bei Kriechrissausbreitung sind die Bruchflächen in der Regel durch Oberflächenreaktionen stark angegriffen, und daher ist die Bruchbeurteilung erschwert.

4. Schadensanalyse

Bei Schadensanalysen sollen die Faktoren nachträglich festgestellt werden, die zum Bruch von Bauteilen geführt haben, um gleiche oder ähnliche Schäden in Zukunft zu vermeiden.

Die Bruchursache bzw. deren Auslösung sind vielfältig; es kommt daher darauf an, alle noch so kleinen Merkmale zu erkennen und sie in die Schadensanalyse mit einzubeziehen. Meist werden nach einer makroskopischen Beurteilung der Bruchflächen mikrofraktographische und metallurgische Untersuchungen angestellt. Leider treten die mikroskopischen Bruchformen nicht immer in der wie bisher besprochenen reinen Gestalt auf, sondern es handelt sich vielfach um Mischbrüche, die sich auch noch mit dem Rißfortschritt ändern können.

Zur Festlegung der Schadensursache sind meist mehrere Beurteilungsverfahren heranzuziehen, aus deren Ergebnis dann auf die wahrscheinlichste Schadensursache geschlossen werden kann.
In Form eines Flußdiagrammes (Abb. 17) soll dies gezeigt werden. Das Diagramm stellt keinen Anspruch auf Vollständigkeit und soll nur die Vielfalt der Schadensursachen aufzeigen.

Von den in der praktischen Schadensanalyse bekannten Fällen sind überwiegend Schwingbrüche die Ursache für Anlagen- und Maschinenschäden. Es ist daher zur Erleichterung der makroskopischen Schadensanalyse eine schematische Darstellung von Ermüdungsbruchflächen von verschiedenen Komponenten und Beanspruchungsbedingungen dargestellt (Abb. 18 und 19). Abweichungen davon sind jedoch möglich für verschiedene Prüfbedingungen und verschiedene Werkstoffe. Für eine detaillierte mikroskopische Schadensanalyse wird auf die im Fachhandel erhältlichen REM-Bildatlanten hingewiesen (siehe Literaturangaben).

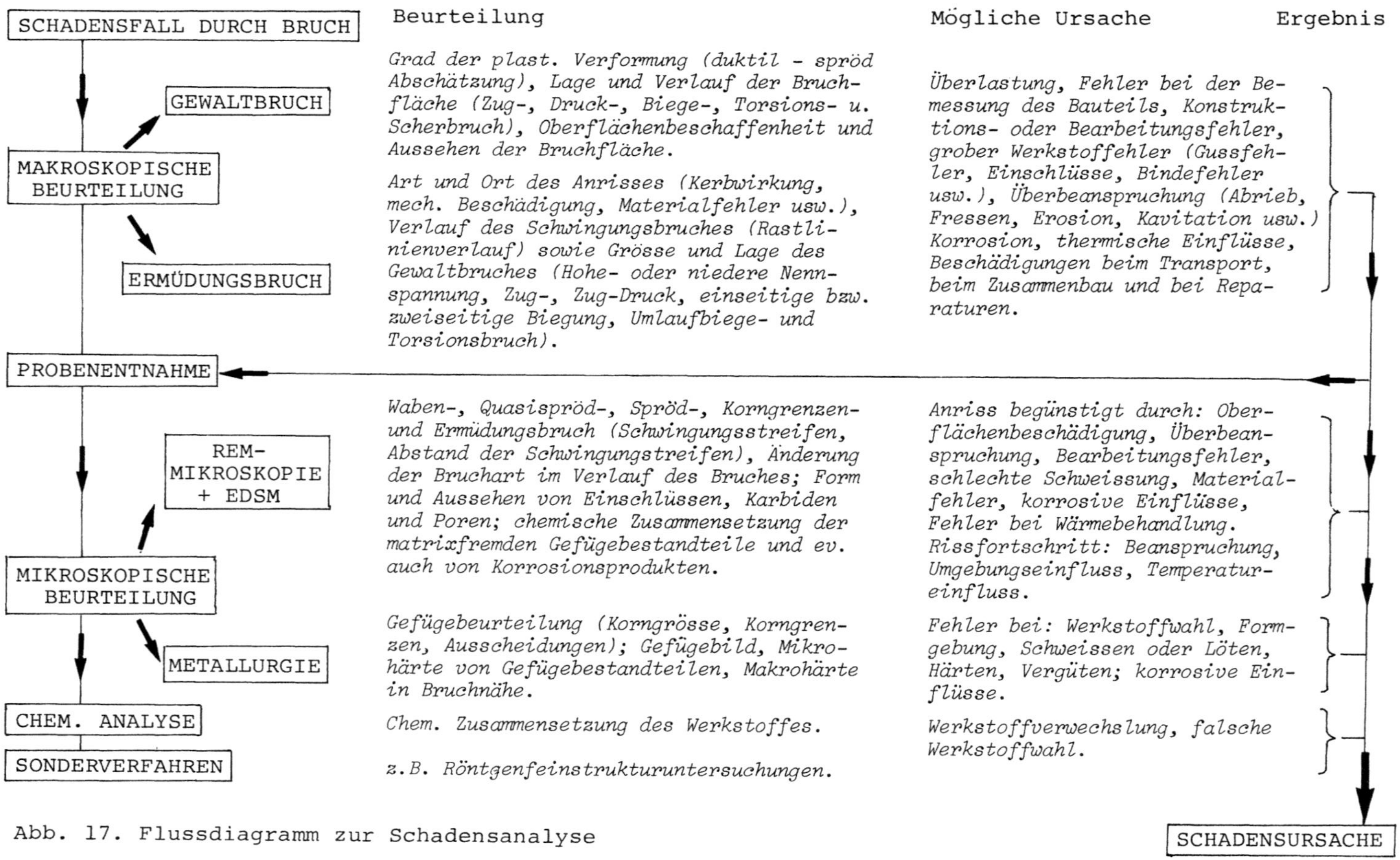

Abb. 17. Flussdiagramm zur Schadensanalyse

MAKROSKOPISCHE BRUCHERERSCHEINUNGEN AN DAUERBRUCHEN

Abb. 18. (nach Metals Handbook)

MAKROSKOPISCHE BRUCHERSCHEINUNGEN AN DAUERBRÜCHEN
BEI TORSIONSWECHSELBEANSPRUCHUNG

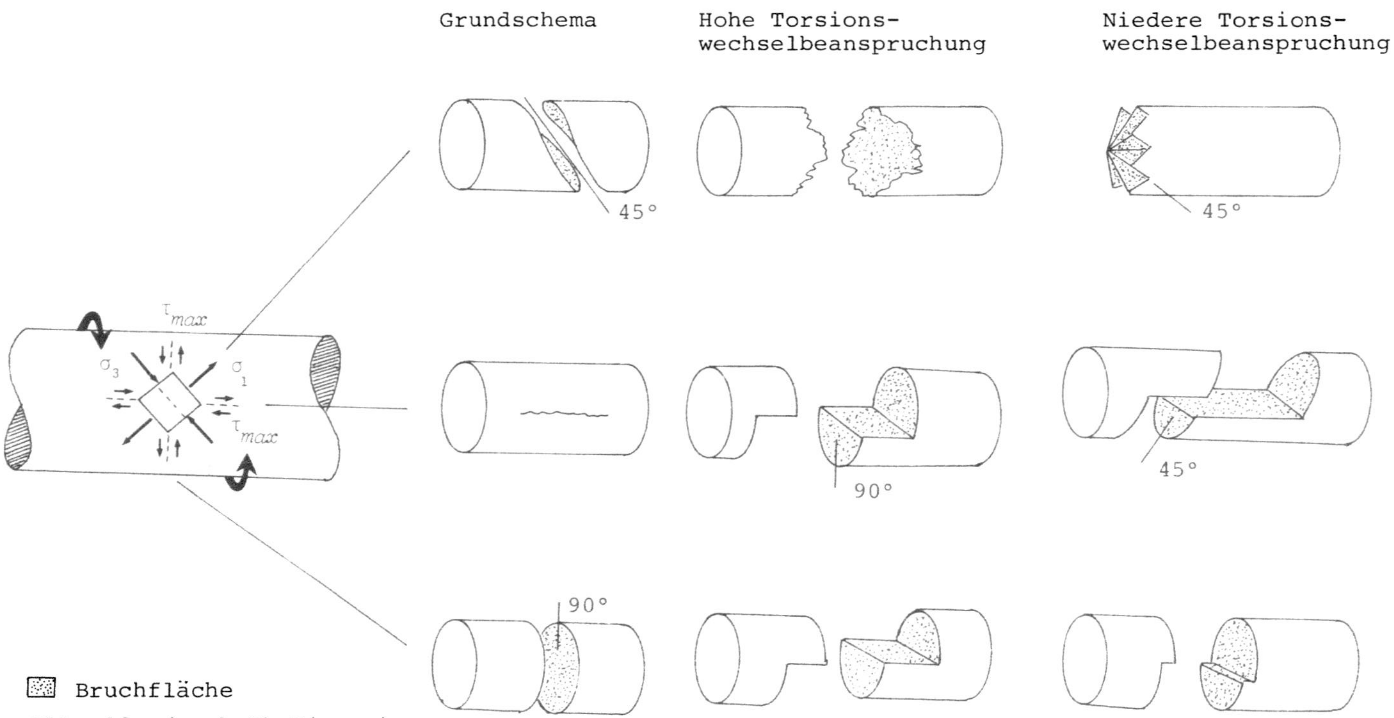

Abb. 19. (nach Ch.Lipson)

Bildernachweis:

Mitsche R., Jeglisch F., Stanzl S., Scheidl H.: Anwendung des Rasterelektronenmikroskopes bei Eisen- und Stahlwerkstoffen. Radex-Rundschau,Heft 3/4 1979, 575 - 890.

Literatur zur Schadensanalyse:

Engel - Klingele: Rasterelektronenmikroskopische Untersuchungen von Metallschaden. Gerling Institut, Köln 1974.

Pohl E.: Das Gesicht des Bruches metallischer Werkstoffe. Band I/II, Allianz Versicherungs-AG München und Berlin, 1956.

Pohl E.: Das Gesicht des Bruches metallischer Werkstoffe. Band III, Alianz Versicherungs-AG München und Berlin, 1960.

American Society for Metals: Metals Handbook, Vol. 9, Fractography and Atlas of Fractographs; Ohio 1974.

American Society for Metals: Metals Handbook, Vol. 10, Failure Analysis and Prevention; Ohio 1975.

Dr.Dipl.Ing. Elmar Tschegg
Institut für Angewandte Physik
Technische Universität Wien
Karlsplatz 13
A-1040 Wien, Österreich

DIE ANWENDUNG DER METHODE DER FINITEN ELEMENTE IN DER BRUCH - MECHANIK

HERBERT LINSBAUER

1. Einleitung

Die theoretische Behandlung von allgemeinen Rißproblemen läßt sich nicht direkt durchführen, sondern erfordert die Entwicklung und den Einsatz von geeigneten Näherungsverfahren. Eines dieser Näherungsverfahren zeichnet sich gegenüber anderen Lösungsmethoden wie Differenzenverfahren, Kollokation und Alternierendes Verfahren durch die einfache und direkte Anwendbarkeit auf zwei-und dreidimensionale Probleme mit komplizierten Geometrieverhältnissen, verwickelten Randbedingungen und Belastungssystemen sowie mit allgemeineren Materialgesetzen aus. Geometrische und physikalische Nichtlinearitäten sowie dynamische Phänomene lassen sich mit Hilfe der Methode der Finiten Elemente besser erfassen.

Im Rahmen der Bruchmechanik beschränkten sich die ersten FEM - Untersuchungen auf die Anwendung von einfachsten Elementtypen. Äußerst feine Netzteilungen im Bereich der Rißspitze sind zur Erzielung von brauchbaren Ergebnissen erforderlich. Eine Erhöhung der Genauigkeit wird durch speziell für die Bruchmechanik entwickelte Elemente erreicht, welche in der Lage sind, die an der Rißspitze auftretende Singularität zu beschreiben. Die Anwendung von auf Energiesätzen beruhenden Berechnungsmethoden führt zu einer beträchtlichen Reduktion des numerischen Aufwandes bezüglich der Anzahl der Elemente und damit direkt zu einer Einsparung bei den Computerkosten.

2. Das Spannungs- und Verschiebungsfeld in der unmittelbaren Nähe der Rißspitze

Mit den Bezeichnungen von Abb. 1 lauten die Beziehungen für die

Spannungen und Verschiebungen im Nahbereich der Rißspitze:

$$\sigma_{ij} = \frac{1}{\sqrt{2\pi r}} \sum_{k=I}^{III} K_k \, f_{ij}^k(\theta) \qquad (1)$$

$$u_i = \sqrt{\frac{r}{2\pi}} \, \frac{1}{2E} \sum_{k=I}^{III} K_k \, g_i^k(\nu,\theta) \,, \qquad (2)$$

wobei K_k = Spannungsintensitätsfaktor (mode k), E = Elastizitätsmodul und ν = Querdehnungszahl.

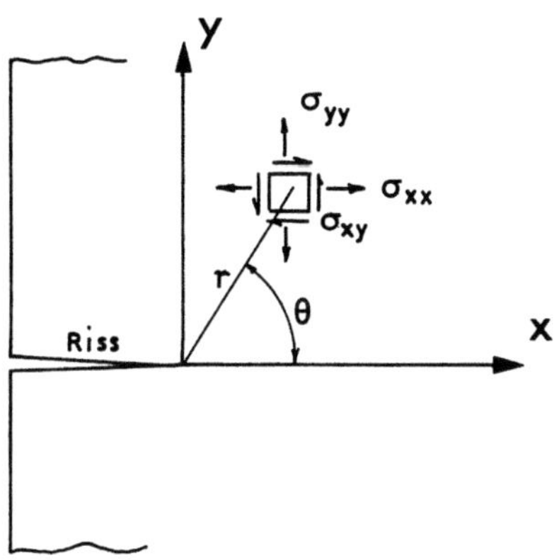

Abb. 1. Koordinatensysteme und Spannungskomponenten im Bereich der Rißspitze.

Die Funktionen $f_{ij}^k(\theta)$ und $g_i^k(\nu,\theta)$ sind im Abschnitt "Grundlagen der Bruchmechanik"(H.P.Rossmanith) in Tabelle I angegeben. Die Intensität der $r^{-1/2}$-Singularität des linear elastischen Spannungsfeldes ist durch die Parameter K_k - die sogenannten Spannungsintensitätsfaktoren - für die drei grundlegenden Rißbeanspruchungsarten definiert.

Bei elastisch-plastischem Materialverhalten gilt nach Hutchinson /1/ :

$$\sigma_{ij} = M_{ij}^{n/(n+1)} \, r^{-n/(n+1)} \, m_{ij}(\theta) \qquad (3)$$

$$\varepsilon_{ij} = N_{ij}^{1/(n+1)} \, r^{-1/(n+1)} \, n_{ij}(\nu,\theta) \qquad (4)$$

$$0 \leq n \leq 1$$

wobei n den Verfestigungskoeffizienten darstellt. Durch Spezialisierung gewinnt man aus den Gln. (3) und (4) für n = 1 die "elastische" Singularität (Spannungen $r^{-1/2}$, Verzerrungen $r^{1/2}$) und für n = 0 die "plastische" Singularität (Verzerrungen r^{-1}).

3. Die Anwendung verschiedener Elementtypen in der Bruchmechanik

Die historische Entwicklung geht von der Verwendung konventioneller Elemente aus und führt zu speziellen Bruchmechanikelementen, die zur Beschreibung der Rißspitzensingularitäten entwickelt wurden.

3.1. Konventionelle Elemente

Die Verwendung konventioneller Elemente in der Bruchmechanik bedingt eine extrem feine Netzteilung in der Rißspitzenumgebung. Der Bereich für die Ermittlung der Spannungsintensitätsfaktoren aus den Gln. (1) und (2) ist durch zwei Bedingungen begrenzt:

- unmittelbar an der Rißspitze gelegene Elemente liefern ungenaue Ergebnisse, da die Rißspitzensingularitäten nicht beschrieben werden
- für weiter entfernt angeordnete Elemente gelten die Beziehungen der Gln. (1) und (2) nicht mehr.

Eine sehr einfache aber brauchbare ingenieurmäßige Auswertemethode besteht darin, die Werte für K aus den Spannungen und Verschiebungen entlang eines Radialstrahles zu ermitteln. Der lineare Teil der so erhaltenen Kurve wird gegen r = 0 extrapoliert (Abb. 2).

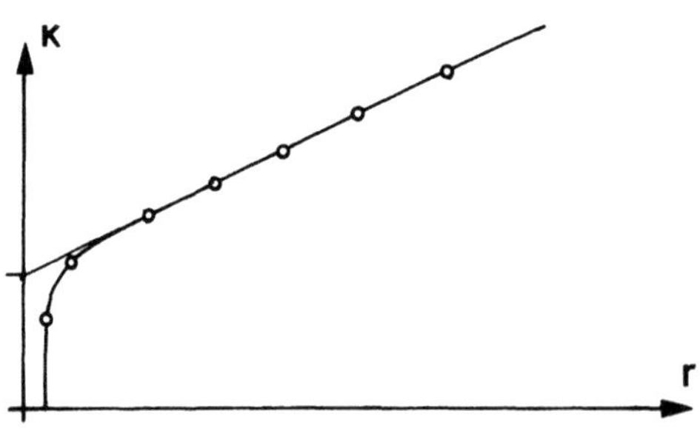

Abb. 2. Ermittlung des K-Wertes durch Extrapolation entlang eines Radialstrahles zur Rißspitze

Der Vorteil der konventionellen Elemente beruht darin, daß jedes Programmsystem ohne zusätzliche aufwendige Manipulationen Verwendung finden kann, während die äußerst feinen Netzteilungen im Bereich der Rißspitze mit der damit verbundenen großen Anzahl von Elementen einen wesentlichen Nachteil darstellen.

3.2. Spezielle Bruchmechanikelemente

Finite Elemente, welche die besonderen Spannungszustände in bruchmechanischen Problemen darstellen sollen, müßen den Singularitätsterm im Verschiebungsansatz aufweisen. Dabei kann das Element die Rißspitze entweder beinhalten (Abb. 3), oder eine Kette von Elementen wird rosettenförmig um die Rißspitze angeordnet (Abb. 4).

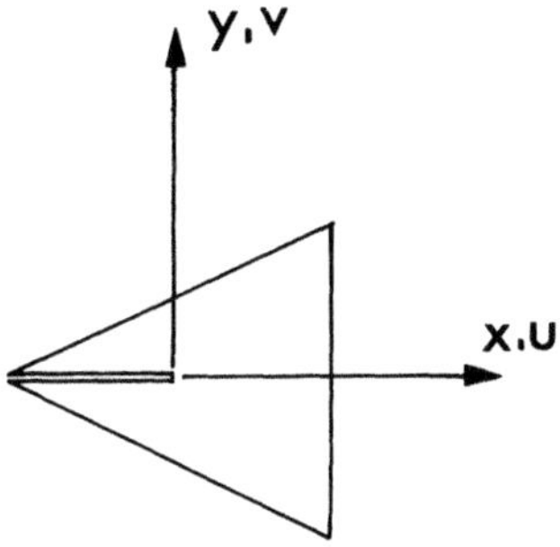

Abb. 3. Rißspitze innerhalb des Singularitätselementes

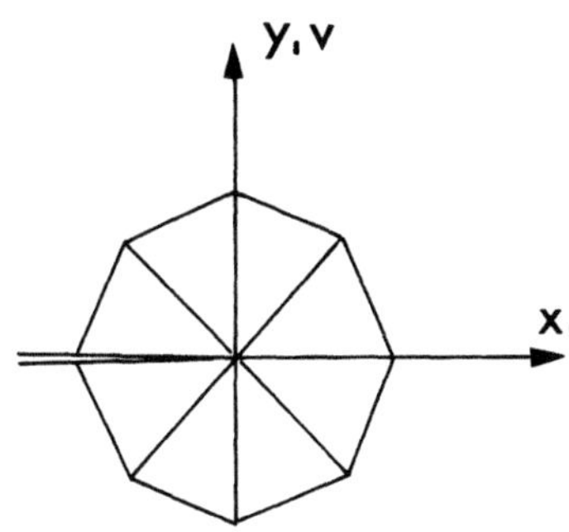

Abb. 4. Rißspitze von Singularitätselementen umgeben

Für Elemente der ersten Art verwendet Byskov /2/ Verschiebungsansätze mit (komplexen) Mußchelischwili'schen Verschiebungsfunktionen, während Wilson /3/ von Williams'schen Funktionen ausgeht. Durch Hinzufügung weiterer Glieder zum Verschiebungsansatz kann der Auswertebereich um die Rißspitze ausgedehnt werden. Diese "Bruchmechanikelemente" besitzen eine große Anzahl von Freiheitsgraden, wodurch sich Kontinuitätsprobleme bei der Koppelung mit konventionellen Nachbarelementen ergeben.

Aus der Fülle möglicher, gleichwertiger Elementtypen, die um die Rißspitze angeordnet werden können, zählt das von Barsoum /4/ und davon unabhängig von Henshell /5/ entwickelte isoparametrische Viertelpunktselement zu den am meisten verwendeten Elementtypen.

Barsoum erkannte, daß die bei der Transformation der physikalischen Koordinaten durch Verschieben der Seitenknoten in den rißspitzennahen Viertelpunkt induzierten Singularitäten vom Typ der in der linear-elastischen Bruchmechanik auftretenden Spannungssingularität sind. Wenn entsprechende isoparametrische Elementtypen im jeweiligen Programmsystem eingebaut sind, dann ist dieses Bruchmechanikelement sehr einfach anzuwenden.

Der Prozess der Verschiebung und Verschmelzung der Knoten ist in Abb. 5a bis 5c dargestellt, wobei vom achtknotigen ebenen isoparametrischen Element ausgegangen wird.

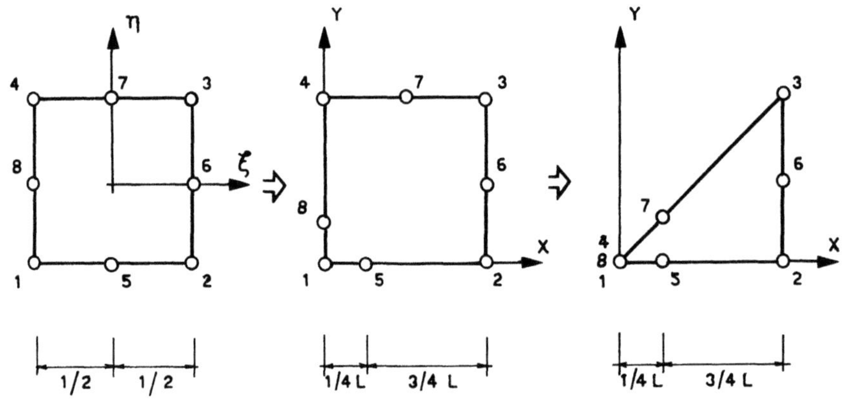

a) Stammelement b) Viereckiges VE c) Dreieckiges VE

Abb. 5. Verschiebung und Verschmelzung der Knotenpunkte des achtknotigen Elementes

Das "neue" Element in der Abb. 5c erfüllt die geforderten Bedingungen der Stetigkeit in den Verschiebungen, Stetigkeit zu Nachbarelementen des Typs in Abb. 5a und besitzt die Eigenschaft konstanter Verzerrungsverteilung. Gegenüber dem dreieckigen Viertelpunktselement (VE) weist das viereckige Viertelpunktselement gewisse Nachteile auf:

- im viereckigen VE tritt die Singularität $r^{-1/2}$ nur entlang der Ränder auf, während sie im dreieckigen VE entlang jedes von der Rißspitze ausgehenden Fahrstrahles induziert wird
- die Verzerrungsenergie besitzt an der Rißspitze eine Singularität, welche bei der Verschmelzung zum dreieckigen VE eliminiert wird.

Analoge Knotenverschiebungen mit daraus ableitbarem Singularitätsverhalten können für das zwanzigknotige prismatische Element (Abb. 6) für räumliche Rißprobleme und das achtknotige Schalenelement (Abb. 7) für Rißprobleme in Schalen durchgeführt werden.

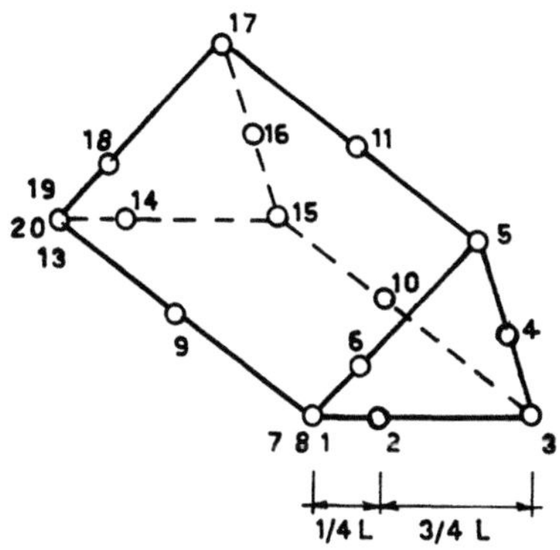

Abb. 6. Prismatisches VE für räumliche Bruchprobleme

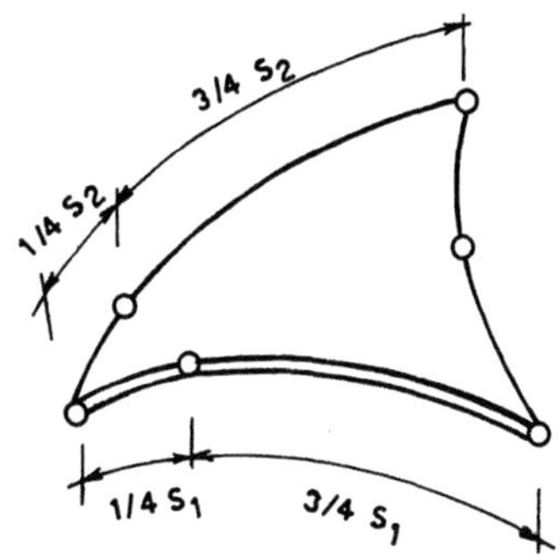

Abb. 7. Gekrümmtes VE für rißbehaftete Schalen

Zur Ermittlung der Spannungsintensitätsfaktoren werden zweckmäßigerweise die am Viertelpunktselement in den Integrationspunkten erhaltenen Spannungswerte bzw. die Verschiebungen der Knotenpunkte herangezogen. Die Beziehungen für den bezüglich des Zentralrisses normierten Spannungsintensitätsfaktors lauten nach Harrop /6/ :

$$\frac{K}{\sigma\sqrt{\pi a}} = \frac{\sigma_{ij,1} - \sigma_{ij,2}}{\sigma\, f_{ij}(\theta)} \; \frac{\sqrt{r_1\, r_2}}{\sqrt{r_2} - \sqrt{r_1}} \sqrt{\frac{2}{a}} \qquad (5)$$

$$\frac{K}{\sigma\sqrt{\pi a}} = \frac{E}{\sigma} \; \frac{\sqrt{2}}{g_i(\nu,\theta)} \; \frac{4u_{i,1} - u_{i,2} - 3u_{i,o}}{a\sqrt{L/a}} \; , \qquad (6)$$

wobei σ eine charakteristische Spannung, σ_{ij} die Spannungswerte in den Integrationspunkten, r den Abstand der auf einem Radialstrahl liegenden Integrationspunkte von der Rißspitze, u_i die Knotenpunktsverschiebungen einer Seite des Dreiecksviertelpunktselementes (u_o - Rißspitze, u_1 - Viertelpunkt, u_2 - Endpunkt), L die Seitenlänge und a die Rißlänge bedeuten.

3.3. Spezielle Anwendung

Die Anwendung der Methode der Finiten Elemente wird hier am Beispiel einer durch eine Trennfuge geschwächten (gerissenen) Gewichtsstaumauer demonstriert. Dieses Problem wurde parallel dazu mit Kollokation und photoelastischem Experiment untersucht und die Ergebnisse verglichen /7/. Das Berechnungsmodell greift auf eine trapezförmige Scheibe mit Kantenriß variabler Länge zurück. Aufgrund des in der linear-elastischen Bruchmechanik (LEBM) geltenden Superpositionsprinzips für die K-Wertbestimmung konnte die allgemeine Belastung durch Rißuferbelastungen ersetzt werden. Für das Staumauerproblem ist die Blockanordnung für den Netzgenerator in Abb. 8 dargestellt.

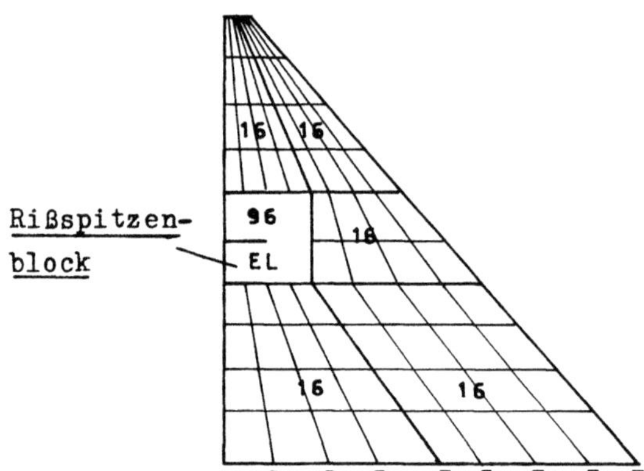

Abb. 8. Blockanordnung für den Netzgenerator

Der Rißspitzenblock enthält sechsundneunzig achtknotige isoparametrische Elemente, von denen sechzehn dreieckige Viertelpunktselemente rosettenförmig um die Rißspitze angeordnet sind. Die Auswertung erfolgte aus den Knotenpunktsverschiebungen der Rißspitzenelemente nach Gl. (6). Die Ergebnisse sind für den Fall gleichförmig verteilter Rißnormalbelastung in Form von Korrekturfunktionen Y(a/b,n) in Abb. 9 aufgetragen und zeigen eine Erhöhung des SIF mit zunehmender luftseitiger Mauerneigung /7/. Die Ergebnisse stimmen für den Fall n = 0 mit der von Brown und Srawley /8/ mittels Kollokationsverfahren berechneten Korrekturfunktion überein. Die größte Abweichung beträgt 0.73 % für den Fall a/b = 0.1.

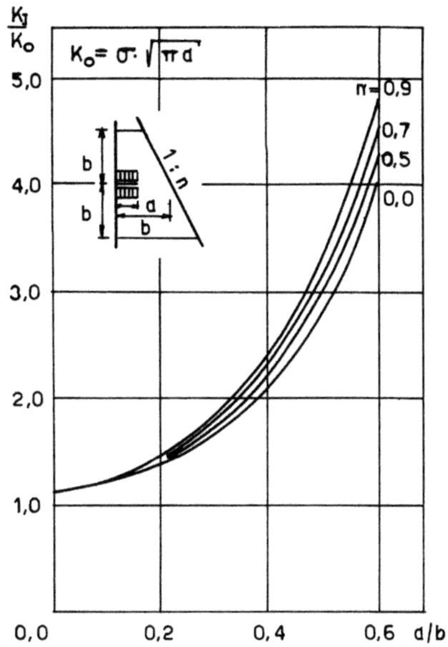

Abb. 9. Relation $K_I/K_0 = Y(a/b,n)$ versus a/b. Trapezförmiger Streifen mit Randriß und gleichförmig verteilter Rißnormalbelastung

4. Elasto-plastische Rißprobleme

Die plastische r^{-1}-Singularität für die Verzerrungen wird im dreieckigen Viertelpunktselement durch Freigabe des Zusammenhanges der verschmolzenen Knoten jedes einzelnen Rißspitzenelementes erhalten. Die Ausgangskoordinaten der gelösten und verschmolzenen Knoten sind identisch, die Verschiebung der "gelösten" Knoten kann unabhängig voneinander erfolgen. Unter der Annahme elasto-plastischen, nichtverfestigenden Werkstoffverhaltens und der Vorgabe eines Fließkriteriums kann folgende Stufenmethode angewendet werden:

- elastische Berechnung des Problems unter monotoner Laststeigerung so lange, bis an einem der Integrationspunkte das Fließkriterium erfüllt ist
- vollplastische Untersuchung nach erfolgter Freigabe der verschmolzenen Knotenpunkte aller Rißspitzenelemente. Die plastische Zone darf im Sinne der LEBM eine bestimmte Ausdehnung nicht überschreiten und muß streng um die Rißspitze lokalisiert sein.

5. Energetische Methoden

Energetische Methoden zur Ermittlung bruchmechanischer Kennwerte zeichnen sich gegenüber anderen FEM-Verfahren durch Reduktion des numerischen Aufwandes hinsichtlich der Anzahl der Elemente im Rißspitzenbereich und der Auswerteprozedur aus.

5.1. Linienintegrale

Die in der Bruchmechanik wichtigen, die Rißspitze umschließenden wegunabhängigen Linienintegrale liefern einen direkten Zusammenhang zwischen energetischen Größen und bruchmechanischen Kennwerten. Aus der allgemeinen Darstellung dieses Integrals nach Knowles - Sternberg /9/

$$J_k = \int_C \left(U\, n_k - T_i \frac{\partial u_i}{\partial x_k}\right) ds \qquad (7)$$

ergibt sich für k = 1 das von Rice /10/ gefundene wegunabhängige Linienintegral

$$J_1 = \int_C \left(U\, n_1 - T_i \frac{\partial u_i}{\partial x_1}\right) ds \;, \qquad (8)$$

wobei U die Verzerrungsenergiedichte, n_k den Richtungskosinus der Randnormalen, T_i die Komponenten des Belastungsvektors entlang der Integrationskontur und u_i die Komponenten des Verschiebungsvektors darstellen. Die Beziehungen zwischen dem J - Integral und den bruchmechanischen Kenngrößen des Spannungsfeldes für gemischte Beanspruchungsart (mixed mode) lauten :

$$J_1 = \frac{1}{E'}\left(K_I^2 + K_{II}^2\right) \qquad (9)$$

$$E' = E \quad \text{(ebener Spannungszustand = ESZ)}$$

$$E' = E/(1-\nu^2) \quad \text{(ebener Verzerrungszustand = EVZ)} \qquad (10)$$

$$J_2 = - \frac{(1+\nu)(1+\kappa)}{2\,E} K_I\, K_{II} \qquad (11)$$

mit $\kappa = (3-\nu)/(1+\nu)$ (ESZ) und $\kappa = 3-4\nu$ (EVZ).

Durch Ermittlung der Integrale J_1 und J_2 ist unter gewissen Voraussetzungen (J_2 kann wegabhängig werden /11/) eine Möglichkeit zur Trennung der Spannungsintensitätsfaktoren gegeben. Erweiterte Linienintegrale für allgemeinere Beanspruchungsbedingungen (Temperaturbeanspruchung, dreidimensionale Bereiche) finden sich in der einschlägigen Literatur /12/.

Der Abschnitt entlang der Rißufer zwischen Rißspitze und Schnittpunkt des Integrationsweges ist in der ursprünglichen Herleitung des J-Integrales als lastfrei angenommen. Diese Einschränkung kann jedoch durch ein Zusatzglied nach Karlsson-Bäcklund /13/ aufgehoben werden. Die Genauigkeit der J-Integralmethode ist unabhängig von der Verfeinerung der Netzteilung im Bereich der Rißspitze.

5.2. Verfahren der Energievariation

Energetische Methoden basieren auf der Änderung der potentiellen Energie zufolge einer Änderung der Rißlänge um einen inkrementellen Anteil. Die Irwin'sche Beziehung zwischen der Rißausbreitungskraft $\mathcal{G}$ und dem Spannungsintensitätsfaktor lauten :

$$\mathcal{G} = - \frac{d\pi}{dL} = \frac{1}{E'}(K_I^2 + K_{II}^2) , \qquad (12)$$

wobei π die potentielle Energie bedeutet. Für den linear - elastischen Fall ist das Rice'sche Linienintegral mit der Irwin'schen Rißausbreitungskraft (Energiefreisetzungsrate) identisch. Bei der FEM-Ermittlung der Energieänderung sid zwei oder mehrere Berechnungsstufen durchzuführen, wobei durch Aufspalten von rißspitzennahen Knoten die Rißlänge vergrößert wird. Der Nachteil dieser Methode besteht in der mehrmaligen (mindestens zweimaligen) Durchrechnung der Struktur, was doppelte Computerzeit und besonders im dreidimensionalen Fall erhöhten Speicherbedarf erfordert.

Parks /14/ und Hellen /15/ haben deshalb ein Verfahren entwickelt, das die genannten Nachteile vermeidet. Die Berechnung der Energiefreisetzungsrate $\partial\pi/\partial L$ mit einer einzigen FE - Netzkonfiguration geschieht nach Parks auf folgende Weise :

Durch Starrverschiebung aller Knoten innerhalb von B und auf der den Bereich B umschließenden Kontur Γ_0 um einen infinitesimalen Betrag ΔL in x-Richtung bei gleichzeitigem Fixieren der Kontur Γ_1 , ändert sich die Steifigkeitsmatrix K nur in den von den Polygonzügen Γ_1 und Γ_0 eingeschlossenen Netzbereich (Abb. 10a und 10b).

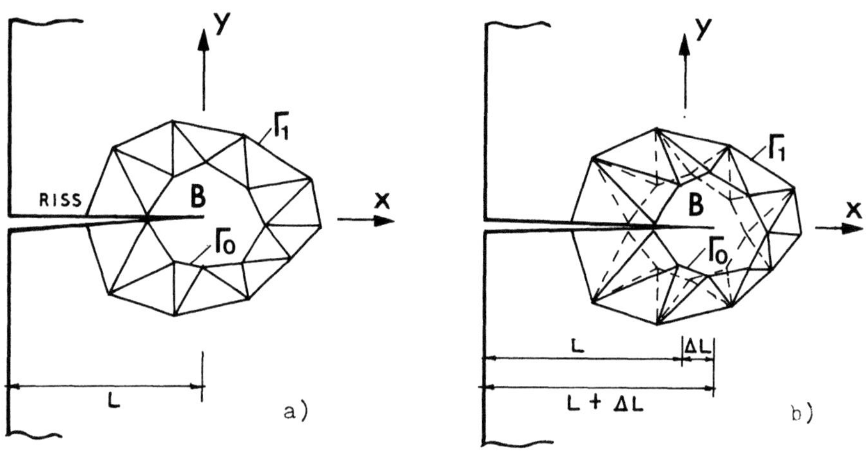

Abb. 10. Netzverschiebung im Bereich der Rißspitze

Die potentielle Energie π läßt sich in Matrizenschreibweise wie folgt angeben :

$$\pi = 1/2\ \underline{u}^t\ \underline{Ku} - \underline{u}^t\ \underline{P} \quad , \qquad (13)$$

wobei u den Verschiebungsvektor und P den Vektor der Belastung darstellen und das hochgestellte t die Matrizentransponierung symbolisiert. Die Differentiation nach der Rißlänge ergibt:

$$-\frac{\partial\pi}{\partial L} = -\frac{\partial\underline{u}^t}{\partial L}(\underline{Ku} - \underline{P}) - \frac{1}{2}\underline{u}^t\frac{\partial\underline{K}}{\partial L}\underline{u} + \underline{u}^t\frac{\partial\underline{P}}{\partial L} \qquad (14)$$

Setzt man im betrachteten Netzbereich unbelastete Rißufer voraus und berücksichtigt die Gleichgewichtsbedingung für das globale System

$$\underline{K}\,\underline{u} = \underline{P} \quad , \tag{15}$$

so ergibt sich die folgende einfache Darstellung für die Energieänderung :

$$-\frac{\partial \pi}{\partial L} = -\frac{1}{2}\underline{u}^t \frac{\partial \underline{K}}{\partial L}\underline{u} = -\frac{1}{2}\underline{u}^t \sum_{i=1}^{N_c} \frac{\partial \underline{K}_i^e}{\partial \underline{u}}\underline{u} \tag{16}$$

Hier bedeuten $\underline{K}_i^e$ die Elementsteifigkeitsmatrix eines Elementes zwischen den Konturen Γ_1 und Γ_0 und N_c die Anzahl dieser Elemente. Die Kontur Γ_0 kann bis zur Rißspitze zusammengezogen werden, wobei sich dann die obige Summation auf die um die Rißspitze angeordneten Elemente beschränkt. Analog zum J-Integral ist das hier beschriebene Verfahren nicht an eine Verfeinerung der Netzteilung im Bereich der Rißspitze gebunden und eine Einsparung an Computerkosten wird i.A. erzielt.

6. Abschließende Bemerkung

Im letzten Jahrzehnt wurde die Methode der Finiten Elemente äußerst intensiv und auch erfolgreich zur Lösung komplizierter bruchmechanischer Probleme herangezogen. Aus der Vielzahl der entwickelten Verfahren konnten im vorliegenden Überblick nur die grundlegenden Methoden vorgestellt werden und für weitergehende und detaillierte Behandlung wird auf das umfangreiche Schrifttum /16/ verwiesen.

Literatur

1. Hutchinson, J.W.: Singular Behavior at the End of a Tensile Crack in a Hardening Material. J. of the Mechanics and Phys. 16, 13-31 (1968).
2. Byskov, E.: The Calculation of Stress Intensity Factors Using the Finite Element Method with Cracked Elements. Int. J. Fracture Mech. 6, (1970)
3. Wilson, W.K.: Finite Element Methods for Elastic Bodies Containing Cracks, in Mechanics of Fracture (Sih, G. C., Hrsg.), Noordhoff (1973).
4. Barsoum, R.S.: On the Use of Isoparametric Finite Elements in Linear Fracture Mechanics, Int. J.for Num. Meth. in

Engrg. 10, (1976).
5. Henshell, R.D. and Shaw, K.G.: Crack Tip Elements are Unnecessary, Int. J. for Num. Meth. in Engrg. 9, (1975).
6. Harrop, L.P.: Linear Elastic Stress Intensity Factors Using a Distorted Isoparametric Finite Element in Numerical Methods in Fracture Mechanics (A.R. Luxmoore und D.R.J. Owen, Hrsg.), Swansea (1978).
7. Linsbauer, H.: Beurteilung von Rißbildungen mit Hilfe der Bruchmechanik - angewandt auf Gewichtssperren, Diss. TU-Wien (1981).
8. Brown, W.F., Srawley, J.E.: Current Status of Plane Crack Toughness Testing, ASTM - STP. 41o, (1967).
9. Knowles, J.K. and Sternberg, E.: On a Class of Conservation Laws in Linearised and Finite Elastostatics, Arch. Rat. Mech. and Analysis. 44, (1972).
10. Rice, J.R.: A Path-Independent Integral and the Approximate Analysis of Strain Concentration by Notches and Cracks, Trans. ASME, J.Appl. Mech. 35, (1968).
11. Labbens, R.: Introduction à la Mécanique de la Rupture, Editions Pluralis France (1980).
12. Hellen, T.K. and Blackburn, W.S.: The Calculation of Stress Intensity Factors in Two- and Three-Dimensions Using Finite Elements in Computational Fracture Mechanics (E. Rybicki and S. Benzley, Hrsg.), ASME Spec.Publ., (1975).
13. Karlsson, A. and Bäcklund, J.: J-Integral at Loaded Crack Surfaces, Int. Journ of Fracture. 14, (1978).
14. Parks, D.M.: A Stiffness Derivative Finite Element Technique for Determination of Elastic Crack Tip Stress Intensity Factors, Int. J. Fracture. 10, (1974).
15. Hellen, T.K.: On the Method of Virtual Crack Extensions, Int. J. for Num. Meth. in Engrg. 9, (1975).
16. Gallagher, R.H.: A Review of Finite Element Techniques in Fracture Mechanics in Numerical Methods in Fracture Mechanics, (A.R. Luxmoore und D.R.J. Owen, Hrsg.), Swansea,(1978).

Dr.Dipl.Ing. Herbert Linsbauer
Institut für Konstruktiven Wasserbau
Technische Universität Wien
Karlsplatz 13
A-1040 Wien, Österreich

ANWENDUNG OPTISCHER METHODEN ZUR BESTIMMUNG VON SPANNUNGSINTENSITÄTSFAKTOREN

HANS-PETER ROSSMANITH

Einleitung

Bei vielen praktischen Bruchmechanikproblemen sind die Geometrie und Lastfälle derart kompliziert, daß sich die Probleme einer genauen mathematischen Analyse entziehen und sich nur unter einschneidenden Bedingungen lösen lassen. Wie weit durch diese Beschränkungen das Modellproblem vom Realproblem abstrahiert wird, ist ein Problem für sich und läßt sich oft schwer abschätzen. Deshalb müssen in speziellen Situationen experimentelle Methoden zur Bestimmung des Spannungsintensitätsfaktors und zur Verifizierung analytischer Formeln und Resultate eingesetzt werden. Unter den optischen Methoden sollen auch solche Verfahren in Betracht gezogen werden, die entweder in Reflexion oder im nichtsichtbaren Bereich des Spektrums arbeiten und somit für Metalle und andere lichtundurchlässige Werkstoffe verwendet werden können. Im Vordergrund der Betrachtungen stehen jedoch die im Durchlicht arbeitenden Verfahren, die Aussagen über den Spannungs-und Deformationszustand der Oberfläche und des Inneren einer belasteten gerissenen Probe ermöglichen. Hier sollen erprobte Verfahren der Interferenz-, Spannungs- und Schattenoptik kurz beschrieben und Methoden zur Datenanalyse an Hand von praktischen Beispielen vorgestellt werden. Die Ergebnisse der Untersuchungen an transparenten Modellmaterialien haben im allgemeinen generelle Gültigkeit und können damit auf metallische und andere Werkstoffe übertragen werden, sofern die Materialien gewissen mikrostrukturellen Ähnlichkeitsbedingungen genügen.

1. Photoelastische Methoden

1.1. Ebene statische Spannungsoptik

Die Verwendung photoelastischer Methoden in der Bruchmechanik geht auf Post, Wells und Irwin zurück /1,2/.

Das Prinzip einer spannungsoptischen Meßanordnung ist in Abb.1 dargestellt (ebenes Polariskop) /3/.

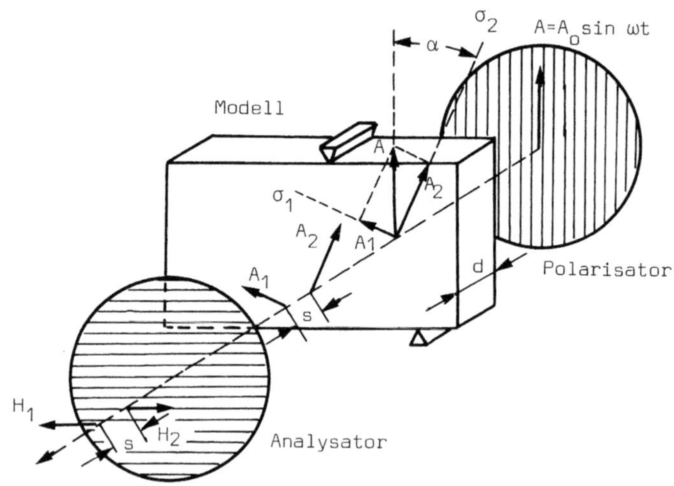

Abb.1 Zerlegung eines linear polarisierten Lichtstrahls und Prinzip der spannungsoptischen Meßanordnung (nach Ref./3/)

In der gekreuzten (gezeichneten) Anordnung von Polarisator und Analysator ergibt sich beim Lichtdurchgang durch das unbelastete Modell ein bildschirm- oder photoplattenseitiges Dunkelfeld. Wird das aus spannungsoptisch aktivem Material hergestellte Modell belastet, so stellt sich temporäre (spannungsinduzierte) Doppelbrechung des Materials ein und die Polarisationsebene des Lichtstrahles wird in Übereinstimmung mit der Richtung der Hauptnormalspannungen gedreht.

Die Lichtintensitätsverteilung hinter einem gekreuzt zum Polarisator stehenden Analysator bei Durchstrahlung des Objektes mit den Hauptspannungen σ_1 und σ_2 (im ebenen Polariskop) ist gegeben durch /4/:

$$I = I_0 \sin^2 2\alpha \sin^2 \pi N \qquad (1)$$

mit

$$N = h\,(\sigma_1 - \sigma_2)/\,f_\sigma \qquad (2)$$

Dabei ist I_0 die einfallende Lichtintensität, α der Winkel der einen Hauptnormalspannungsrichtung gegen die Polarisationsrichtung, h die (konstante) Probendicke und f_σ die isochromatische Konstante (in den Einheiten kp/cm pro Ordnung gemessen).

Auslöschung, d.h. $I_\perp = 0$, tritt ein, wenn:

a) $N = 0,+1,+2,..$ (System von Isochromaten)
oder wenn

b) $\alpha = n\pi/2$, d.h. wenn eine der Hauptnormalspannungsrichtungen mit der Orientierungsrichtung des Polarisators zusammenfällt (System von Isoklinen).

Mit monochromatischem Licht gilt bei

a) gekreuzten Polarisatoren: Auslöschungen ($I_\perp$ =0) ergeben sich für ganzzahliges N=n
(dunkle Isochromaten: $N=0,\pm1,\pm2,..$; helle Isochromaten: $N=\pm\frac{1}{2},\pm1\frac{1}{2},..$)

b) parallele Polarisatoren : Auslöschungen ($I_{/\!/}$ =0) ergeben sich für halbzahliges N=n+1/2
(dunkle Isochromaten: $N=\pm\frac{1}{2},\pm1\frac{1}{2},...$; helle Isochromaten: $N=0,\pm1,\pm2,..$)

Bei Verwendung von farbigem Licht ist die Auslöschung jeweils nur für eine bestimmte Wellenlänge erfüllt und die Isochromaten zeigen dann die Komplementärfarben. Für die Verwendbarkeit eines spannungsoptischen Werkstoffes ist das Verhältnis der elastischen Verformbarkeit zur elastooptischen Empfindlichkeit (die Gütezahl) maßgebend (siehe Tabelle I).

Tabelle I: Mittelwerte für charakteristische Werkstoffgrößen /5/

Material	Elast.modul (MNm^{-2})	f_σ (N/mm.Ord)	Gütezahl (Ord./mm)
Tafelglas	75 000	214	370
Zelluloid	2 000	54	30
VP 1527	4 000	24	170
CR 39	2 000	15	130
Araldit B	3 200	11	290
Hysol 8705	3,1	0,2	15
Gelatine	0,1	0,04	2,5

1.2. Ebene dynamische Spannungsoptik

Noch vorteilhafter als in der statischen Bruchmechanik erweisen sich die optischen Methoden für die Bestimmung des Spannungsintensitätsfaktors in der dynamischen Bruchmechanik. In den letzten zwei Jahrzehnten wurde die Hochfrequenzkinematographie intensiv zur Erforschung und zum Studium der dynamischen Spannungsfelder um schnellaufende Rißspitzen verwendet. Schwierige physikalische Prozesse wie z.B. Rißarrest und Rißverzweigung konnten den experimentellen und theoretischen Untersuchungen damit zugänglich gemacht werden.

Von der Seite der Bruchmechanik ist die primäre Anforderung an ein Hochfrequenzbildaufzeichnungsverfahren die klare und scharfe Aufzeichnung und Wiedergabe der dynamischen Liniensysteme (z.B. Isochromatensysteme). Heute verwenden die meisten Forscher Hochgeschwindigkeitskameras vom Cranz-Schardin Typ. Die Abb.2 zeigt die optische Anordnung einer typischen Cranz-Schardin-Kamera. Die räumliche Anordnung von 16-24 auf etwa 15 kV geladener Funkenstrecken erzeugt eine Serie von zeitlich gesteuerten extrem kurzen Lichtimpulsen, welche "Momentankonfigurationen" des schnellablaufenden dynamischen Prozesses auf einem hochempfindlichen ruhenden Planfilm festhalten. Die "Bildfrequenz" variiert zwischen 3o ooo - 8oo ooo Bilder/Sekunde /6/ bei einer Belichtungszeit von ca 25o ns.

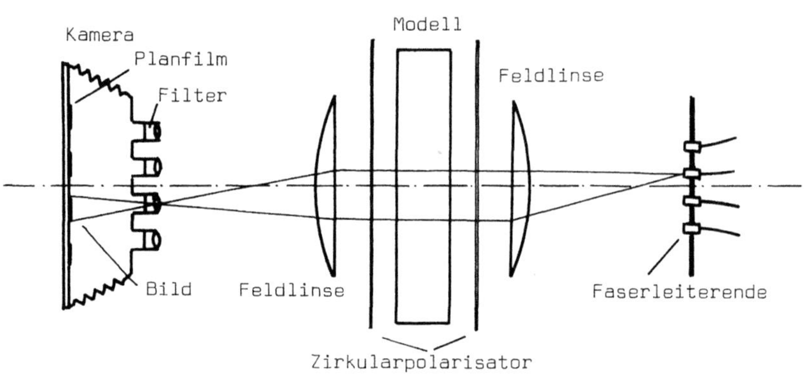

Abb.2 Dynamische Spannungsoptik mittels Hochgeschwindigkeitskinematographie

Ein typisches Ergebnis, eine Serie von dynamischen Isochromatenfeldern für einen schnellaufenden Riß in einer Flachprobe mit einfachem Kantenriß, ist in Abb.3 gezeigt. Der Bruchvorgang zwischen Rißinitiation (frame 1,t=21 µs) bis zum vollständigen Trennen der Platte (frame 16,t=441 µs) ist in 16 Einzelbildern eingefangen. Die Vergrößerung (frame 3,t=66 µs) zeigt das

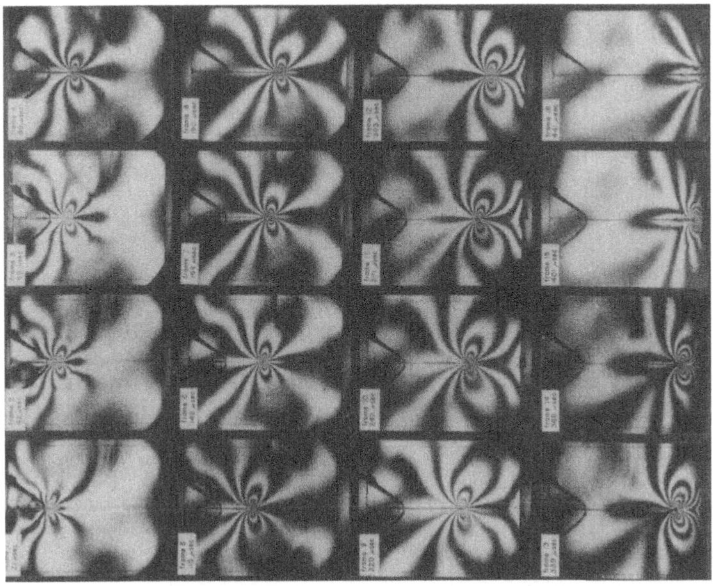

Abb.3 Serie von dynamischen Isochromatenfeldern für einen schnellaufenden Riß in einer Einfachkantenriß-Zugprobe (SEN)

Abb.4 Charakteristisches "Schmetterlings"-Isochromatenmuster um eine schnelllaufende mode-1 Rißspitze (Detail aus Abb.3)

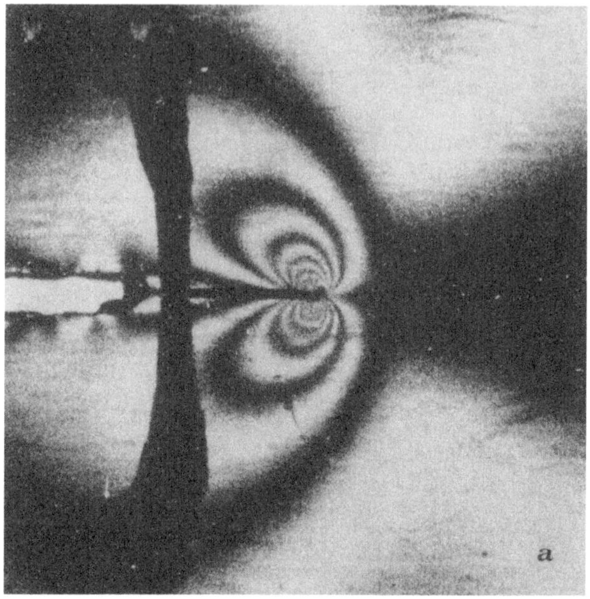

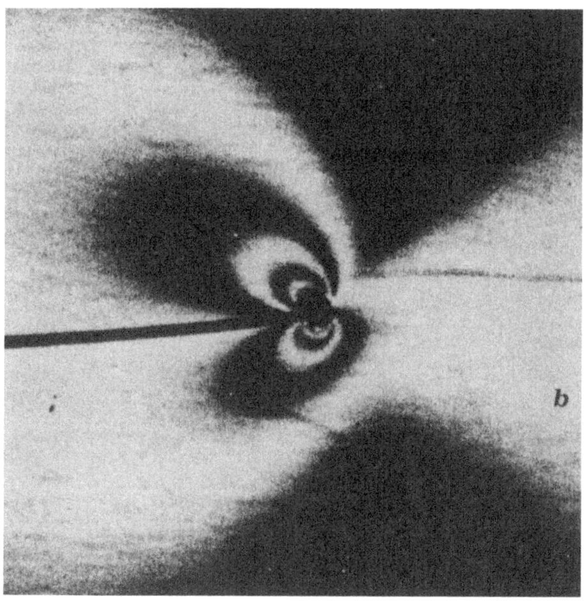

Abb.5 Isochromatenfelder um laufende Rißspitzen in einer Doppelbalkenbiegeprobe (DCB); a) dynamisch mode-1 , b) dynamisch global mixed-mode.

charakteristische Isochromatenmuster ("Schmetterlingsmuster") um eine schnelllaufende mode-1 Rißspitze /7/. Isochromatenfelder um laufende Rißspitzen in einer Doppelbalkenbiegeprobe sind für stabile (a) und instabile (b) dynamische Bruchausbreitung in den Abbildungen 5a und 5b gezeigt /8/.

1.3. Bestimmung des Spannungsintensitätsfaktors aus Isochromaten

1.3.1. Die 2-Parameter Methode

Mit den Ausdrücken für das lokale Spannungsfeld um eine Rißspitze in mixed-mode Beanspruchung (siehe den Abschnitt " Grundlagen der Ingenieur-Bruchmechanik")

Mode-1

$$\sigma_x = \frac{K_1}{\sqrt{2\pi r}} \cos\frac{\theta}{2} \left(1-\sin\frac{\theta}{2}\sin\frac{3\theta}{2}\right) + \sigma_{ox}$$

$$\sigma_y = \frac{K_1}{\sqrt{2\pi r}} \cos\frac{\theta}{2} \left(1+\sin\frac{\theta}{2}\sin\frac{3\theta}{2}\right)$$

$$\sigma_{xy} = \frac{K_1}{\sqrt{2\pi r}} \sin\frac{\theta}{2} \cos\frac{\theta}{2} \cos\frac{3\theta}{2}$$

Mode-2

$$\sigma_x = \frac{-K_2}{\sqrt{2\pi r}} \sin\frac{\theta}{2} \left(2+\cos\frac{\theta}{2} \cos\frac{3\theta}{2}\right)$$

$$\sigma_y = \frac{K_2}{\sqrt{2\pi r}} \sin\frac{\theta}{2} \cos\frac{\theta}{2} \cos\frac{3\theta}{2} \qquad (3)$$

$$\sigma_{xy} = \frac{K_2}{\sqrt{2\pi r}} \cos\frac{\theta}{2} \left(1-\sin\frac{\theta}{2} \sin\frac{3\theta}{2}\right)$$

ergibt sich für eine mixed-mode Isochromate der Ordnung N folgende Bestimmungsgleichung:

$$(Nf_\sigma/h)^2 = \frac{1}{2\pi r} \left((K_1\sin\theta + 2K_2\cos\theta)^2 + (K_2\sin\theta)^2\right) -$$

$$- \frac{2\ \sigma_{ox}}{\sqrt{2\pi r}} \sin\frac{\theta}{2} \left(K_1\sin\theta\ (1+2\cos\theta) + K_2(1+2\cos^2\theta + \cos\theta)\right) + \sigma_{ox}^2 \qquad (4)$$

welche sich für einen symmetrischen mode-1 Riß auf die Form

$$(Nf_\sigma/h)^2 = K_1^2 \sin^2 2\theta \,/(2\pi r) - 2\sigma_{ox} K_1 \sin 2\theta \sin\frac{3\theta}{2} \,/\sqrt{2\pi r} + \sigma_{ox}^2 \qquad (5)$$

reduziert. Dabei ist σ_{ox} ein zum Riß parallel wirkendes homogenes reguläres Spannungsfeld.

Irwin /2/ zeigte, daß sich der Spannungsintensitätsfaktor K_1 für mode-1 Fälle unter Berücksichtigung der Extremaleigenschaft des Apogäums einer Isochromatenschleife des Rißspitzenisochromatenmusters nach Abb.6 einfach berechnen läßt:

$$K_1 = N\, f_\sigma\, h^{-1} \sqrt{(2\pi r_m)}\ H(\theta_m;c=0) \quad . \qquad (6)$$

Voraussetzung für den Einsatz der Methode ist die genaue Messung der Größen r_m und θ_m, und überdies dürfen keine regulären Gradientenspannungsfelder im Meßgebiet vorherrschen (z.B. bei temperaturbeanspruchten Kantenrissen). In der Praxis werden die Messungen an mehreren Isochromaten mit den Ordnungen

N,N+1,N+2,.. durchgeführt und der wahre Spannungsintensitätsfaktor K_w durch Extrapolation nach $r_m \to 0$ ermittelt. Dabei dürfen jedoch sehr große und sehr kleine Isochromaten nicht zur Messung verwendet werden, da bei großen Isochromaten, die sich weit in die Probe erstrecken, die Nahfeldgleichungen für das Spannungsfeld nicht mehr gelten (und deshalb mit Korrekturfaktoren gerechnet werden muß /9,1o/) und kleine Isochromaten durch die nichtlineare Bruchzone um die Rißspitze beeinflußt sind /11/.

Für den mit konstanter Geschwindigkeit laufenden mode-1 Riß sind dynamische Korrekturwerte für den Spannungsintensitätsfaktor von Rossmanith und Irwin /9,10/ berechnet worden:

$$K_{1,dyn} = N\, f_{\sigma,dyn}\, h^{-1} \sqrt{(2\pi r_m)}\; H(\theta_m, c) \quad . \qquad (7)$$

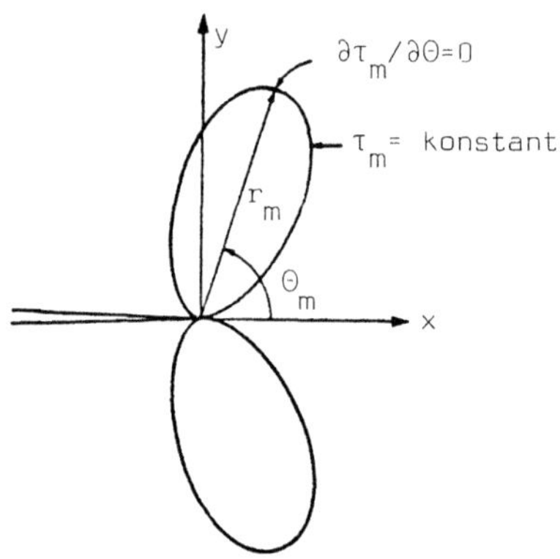

Abb.6 Meßgrößen für die Datenerfassung zur K-Wertbestimmung aus Isochromaten

Die dynamischen normalisierten Spannungsintensitätsfaktoren $H(\theta_m, c)$ für den laufenden und statischen Riß sind der Abb.7 (Kurven 1-5) zu entnehmen. Numerische Ergebnisse für bestimmte Neigungswinkel θ_m findet man auch in der Tabelle II.

Nach der Irwin'schen Methode werden die Apogäumsdistanz r_m und der Neigungswinkel θ_m einer Isochromate der Ordnung N gemessen und der K-Faktor mit Hilfe des normalisierten Spannungsintensitätsfaktors nach Abb.7 ermittelt. Die Methode weist im Bereich $78^o < \theta_m < 134^o$ eine Genauigkeit von rund 3% auf.

Verwendet man im dynamischen Fall die statischen Auswerteformeln, so macht man einen Fehler, der in der Abb.8 graphisch aufgetragen ist.

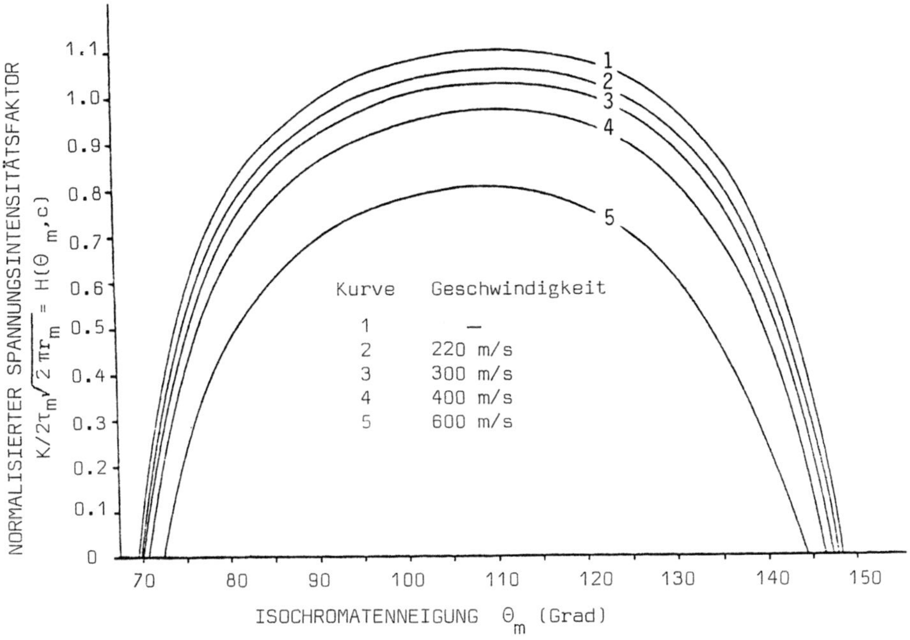

Abb.7 Normalisierter Spannungsintensitätsfaktor versus Neigungswinkel der Isochromate in Abhängigkeit von der Rißgeschwindigkeit

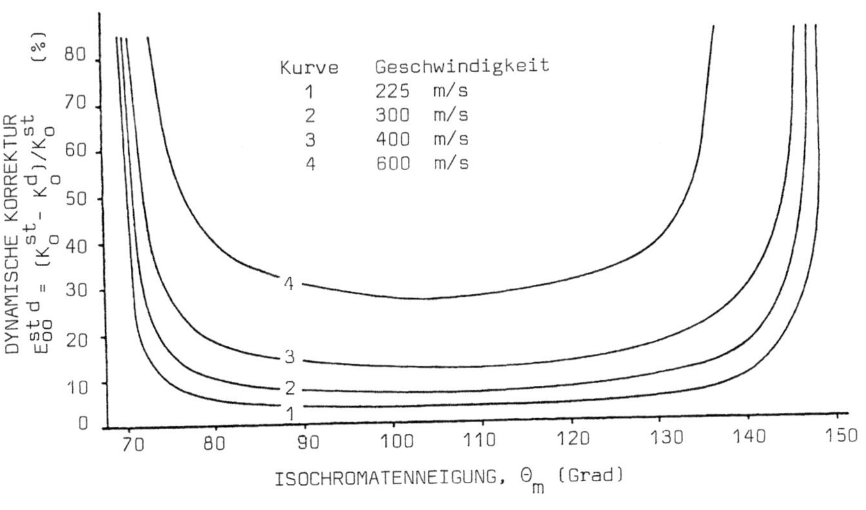

Abb.8 Fehler in % für die Verwendung statischer Auswerteformeln bei dynamischen Rißproblemen

Tabelle II: Numerische Ergebnisse für $H(\theta_m,c) = K_1/(2\tau_m\sqrt{2\pi r_m})$

c/c_2	$\theta_m=75^0$	85^0	90^0	100^0	110^0	120^0	130^0	140^0
0.00	0.5796	0.9259	1.0000	1.0769	1.1014	1.0776	0.9685	0.6593
0.05	0.5758	0.9227	0.9968	1.0739	1.0984	1.0744	0.9648	0.6549
0.10	0.5648	0.9133	0.9878	1.0652	1.0896	1.0651	0.9543	0.6423
0.15	0.5462	0.8974	0.9725	1.0504	1.0748	1.0494	0.9364	0.6210
0.20	0.5204	0.8752	0.9510	1.0297	1.0540	1.0272	0.9112	0.5910
0.25	0.4945	0.8528	0.9293	1.0088	1.0330	1.0048	0.8857	0.5607
0.30	0.4557	0.8190	0.8965	0.9771	1.0010	0.9706	0.8468	0.5149
0.35	0.4198	0.7874	0.8656	0.9472	0.9708	0.9382	0.8099	0.4719

1.3.2. Die Vielpunkt-Methode

Anstelle der mehrfachen Anwendung der Irwin'schen Methode lassen sich nach einem von Sanford und Dally /12/ entwickelten Verfahren Informationen von über das gesamte Isochromatenbild verstreuten Datenpunkten simultan auswerten. Die Ausgangsgleichung (4) für einen Riß unter gemischter Beanspruchung (Zug und

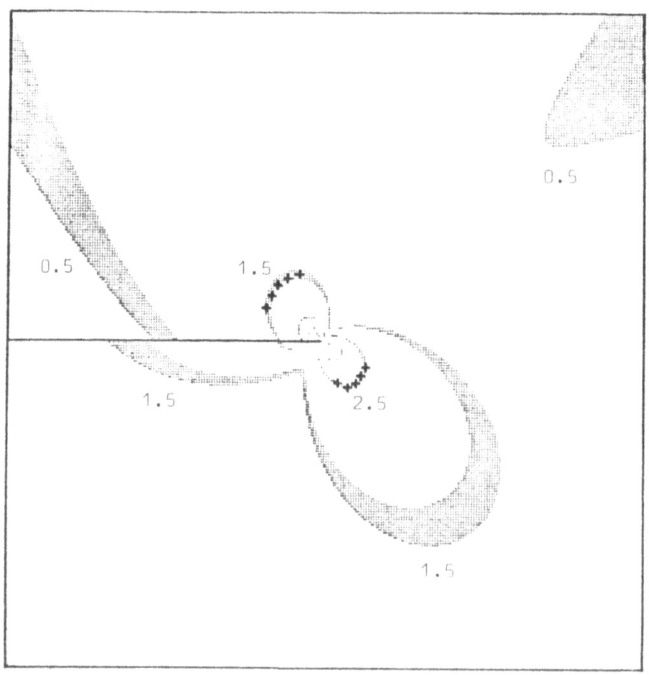

Abb.9 Verteilung der Datenpunkte auf dem Isochromatenbild für einen ruhenden Riß bei gemischter Beanspruchungsart (nach Ref./12/)

Schub) stellt eine nichtlineare Gleichung in den Variablen K_1,K_2 und σ_{ox} dar, die mit Hilfe der Newton-Raphson-Methode gelöst wird. Durch sukzessive Approximation werden die Variablen K_1,K_2 und σ_{ox} von gewissen Anfangsschätzwerten ausgehend ermittelt. Ein einfaches auf der Methode der kleinsten Quadrate beruhendes Computerprogramm dient der Anpassung der Lösungsfunktionen an die eingegebenen Datenpunkte. Die Konvergenz des Verfahrens ist gesichert und 5 bis 10 Iterationsschritte sind zur Bestimmung hinreichend genauer Werte für K_1,K_2 und σ_{ox} ausreichend. Das Problem kann auf einem kleinen Tischcomputer aufbereitet und gelöst werden. Die Anzahl der einzugebenden Datenpunkte hängt von der Problemstellung und von der Komplexität des Isochromatenbildes ab. Im allgemeinen genügen 20 Datenpunkte (d.h. 20 Messungen von r_m und θ_m) von vier verschiedenen Isochromatenschleifen (zwei über und zwei unter dem Rißufer). In besonderen Fällen kommt man natürlich mit weniger Datenpunkten aus. Die Abb.9 zeigt die Wahl der Datenpunkte für einen Riß unter gemischter Beanspruchungsart nach Ref./12/. Beachte, daß Datenpunkte auf zwei Isochromaten von verschiedener Ordnung gewählt wurden.

1.4. Räumliche Spannungsoptik

Bei räumlichen Rißproblemen bieten sich im wesentlichen zwei Verfahren zur Spannungs-und Deformationsbestimmung an:

a) Streulichtverfahren (scattered light photoelasticity)
b) Einfrierverfahren (stress freezing photoelasticity)

Bei der ersten Methode ist die Interpretation der Spannungslinien im allgemeinen nicht möglich, während die zweite Methode aus ihrer Natur heraus nur für statische Probleme verwendbar ist.

Das Einfrierverfahren ist eine weit verbreitete Methode zur Ermittlung dreidimensionaler Spannungsverteilungen und der dazugehörenden Spannungsüberhöhungen (bzw. Spannungsintensitätsfaktoren). Das Modell wird in einem Wärmeofen unter Belastung langsam auf eine für das jeweilige Modellmaterial artspezifische kritische Temperatur gebracht und dann unter Belastung bei sorgfältiger Kontrolle der Abkühlungsgeschwindigkeit auf Raumtemperatur abgekühlt (ca. 5^0 je Stunde Abkühlrate). Danach werden mit der Bandsäge dünne Schichten aus dem Modell mit den "eingefrorenen Spannungen" herausgeschnitten. Bei genügender Sorgfalt beeinflußt dieser Schneideprozeß die eingefrorene Spannungsverteilung nicht mehr. Die Oberflächen der Schichten werden dann entsprechend bearbeitet, um die Schichten optischen Untersuchungen zugänglich zu machen (Abb.10).

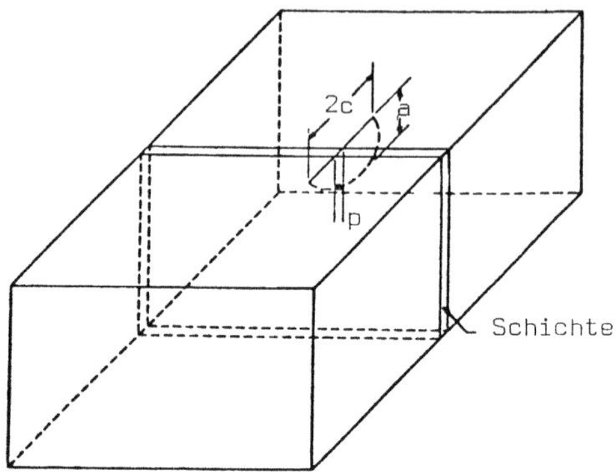

Abb.10 Lage der Schichte am Beispiel eines Oberflächenrisses in einer Platte

Nach dieser Methode sind besonders von C.W.Smith und Mitarbeitern /13/ Spannungsintensitätsfaktorverläufe für zahlreiche wesentliche praktische Probleme experimentell bestimmt worden (z.B. Plattenbiegeprobleme mit Oberflächenriß, Stutzenriß in Kühlrohranschlüssen,..).

Beispiel: Bei der reinen Biegung einer Platte mit halbelliptischem Oberflächenriß auf der Zugseite (Abb.11) gilt nach Ref./13/ für die Zugspannung an der Plattenoberfläche $\sigma_b = M_0 h/(2I)$ mit dem Trägheitsmoment $I = h^3.1/12$.

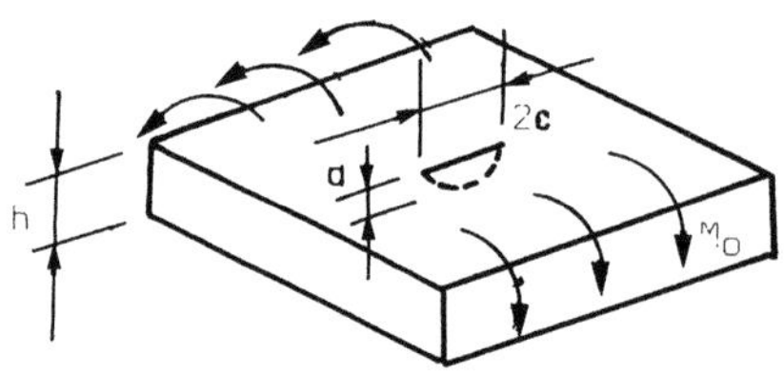

Abb.11 Halbelliptischer Oberflächenfehler in einer Platte unter Biegung

Unter Zuhilfenahme der Irwin'schen Formel für den K-Verlauf entlang der Ellipsenkontur (siehe den Abschnitt "Grundlagen der Ingenieur-Bruchmechanik")

$$\Phi = \int_0^{\pi/2} \{ 1 - (1 - (a/c)^2) \sin^2\psi \}^{1/2} d\psi \tag{8}$$

ergibt sich für den Spannungsintensitätsfaktor

$$K_1 = \sigma_b \sqrt{\pi a} \;\; F \;\; \Phi^{-1} \quad . \tag{9}$$

Der Korrekturfaktor F ist der Abb.12 zu entnehmen.

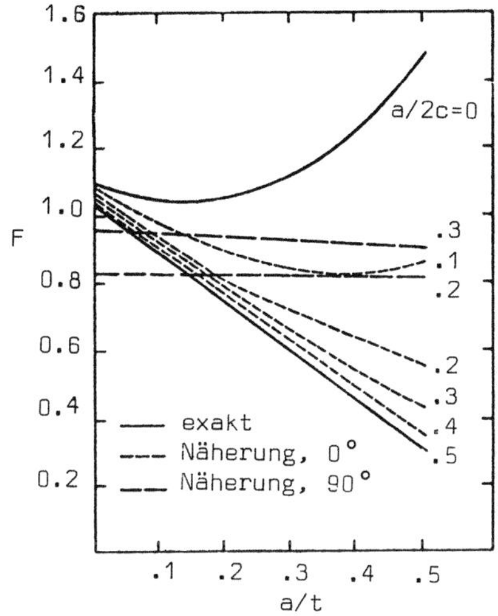

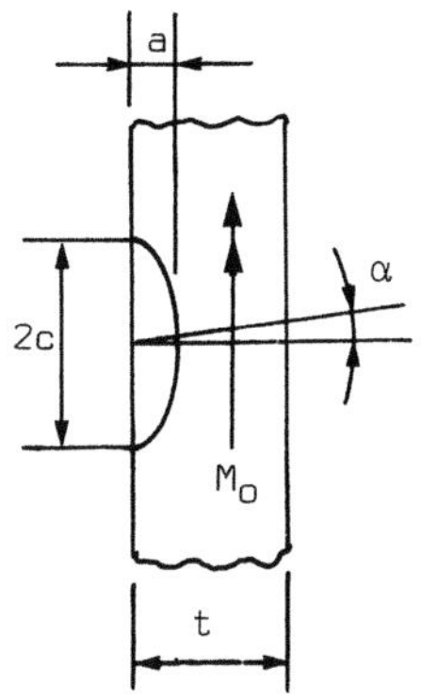

Abb.12 Korrekturfaktor F für einen halbelliptischen Oberflächenfehler unter Biegung bei α=0 und α=90^0 (nach Ref./13/)

Beispiel: Die Kompaktzugprobe ist die derzeit bevorzugte Standardprobe in der Bruchmechanik. Zur experimentellen Bestimmung der kritischen K_{Ic}-Werte für verschiedene Metalle wird im allgemeinen die Standardprobe nach Abb.13 verwendet.

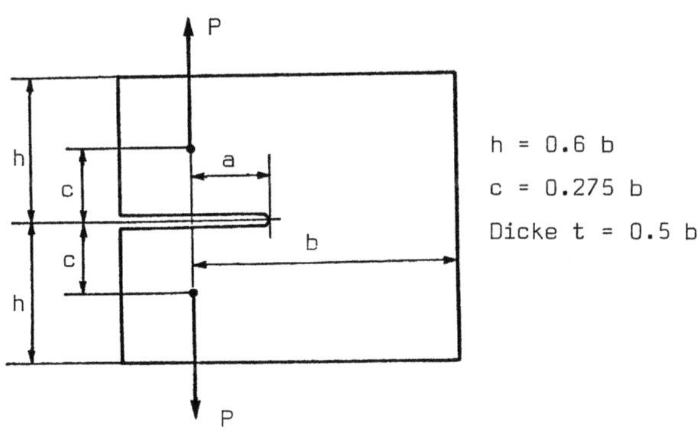

Abb.13 Kompaktzugprobe (MCT): Standardprobe zur K_{Ic}-Ermittlung

Für den Rißlängenbereich $0.3 < a/b < 0.7$ ist der Spannungsintensitätsfaktor (t = Probendicke)

$$K_1 = \frac{P\sqrt{\pi a}}{bt}\left(16.7-104.7\,\frac{a}{b} + 369.9\left(\frac{a}{b}\right)^2 - 573.8\left(\frac{a}{b}\right)^3 + 385.8\left(\frac{a}{b}\right)^4\right). \qquad (10)$$

Die experimentellen Ergebnisse zeigen, daß der Spannungsintensitätsfaktor der Zentralschichte größer ist als der über die Probendicke gemittelte Wert /13/ (Abb.14).

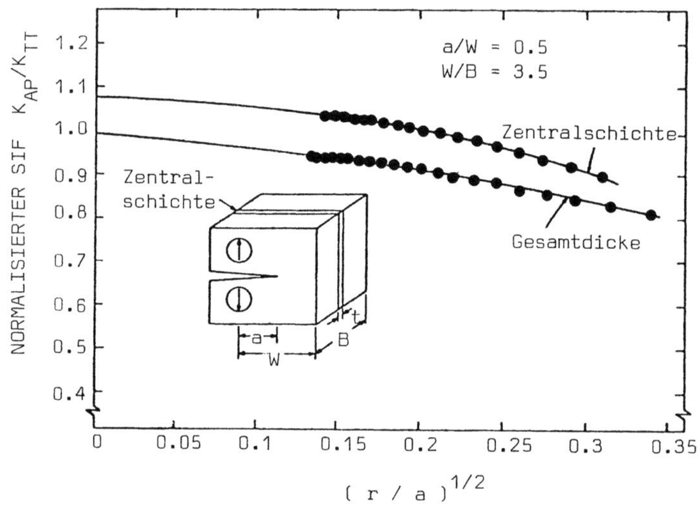

Abb.14 Normalisierter Spannungsintensitätsfaktor für eine Kompaktzugprobe

Dabei bedeuten $K_{AP} = 2\,\tau_m \sqrt{2\pi r_m}$ und K_{TT} ist der durch die Dicke gemessene Spannungsintensitätsfaktor der eingefrorenen Probe.

1.5. Spannungsoptisches Oberflächenschichtverfahren

Bei nichttransparenten Materialien (Fels,Beton,..) kann zur Bestimmung des Spannungsintensitätsfaktors das Oberflächenschichtverfahren herangezogen werden. Das Prinzip ist in der Abb.15 dargestellt /5/. Dabei bedeuten: H = die zu untersuchende Hauptausführung, M = spannungsoptische Schichte der Dicke d, Li = Lichtquelle, Po = Polarisator und An = Analysator.

Auf die gut reflektierend gemachte Oberfläche des zu untersuchenden Bauteils wird eine spannungsoptisch empfindliche Schicht aufgetragen oder aufgeklebt (Lacke, Folien, Schichten,..). Dann wird in Reflexionsanordnung die Stärke der spannungsinduzierten Doppelbrechung gemessen. Aufgrund der unterschiedlichen elastischen Eigenschaften von Bauteil und Photoschichte lautet die fundamentale Beziehung zwischen gemessener Isochromatenordnung N und der Hauptnormalspannungsdifferenz an der Oberfläche des Bauteiles:

$$(\sigma_1 - \sigma_2)_B = \frac{E_B}{E_M}\,\frac{1+\nu_M}{1+\nu_B}\,f_{\sigma_M}\,\frac{N}{2d} \quad . \qquad (11)$$

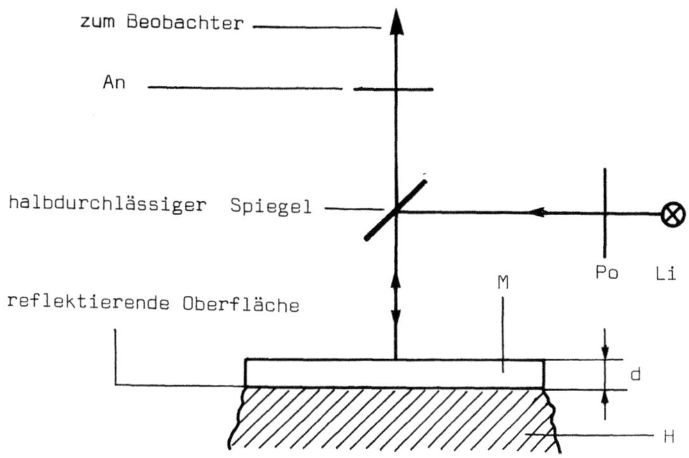

Abb.15 Prinzip der Anordnung beim spannungsoptischen Oberflächenschichtverfahren (nach Ref./5/)

Es bedeuten: E=Elastizitätsmodul, ν=Poisson-Zahl, f_σ =spannungsoptische Konstante, d=Schichtdicke am Meßort. Die Indizes B und M weisen auf den Bauteil und das Modell hin.

Der Spannungsintensitätsfaktor kann dann nach der Extrapolationsformel

$$K_1 = \lim_{r \to 0} \{ \frac{E}{1-\nu^2} \{ \varepsilon_y(r,0) + \nu \, \varepsilon_x(r,0) \} \sqrt{2\pi r} \} \quad (12)$$

bestimmt werden.

1.6. Methode der Isoklinen

Isoklinen sind Linien gleicher Neigung der Hauptnormalspannungen in bezug auf die x-Achse (Polarisationsrichtung), d.h. es gilt

$$\mathrm{tg}\, 2\alpha = 2 \tau_{xy}/(\sigma_y - \sigma_x) = \text{konstant} . \quad (13)$$

Mit Hilfe der Gleichungen (3) ergibt sich

$$\mathrm{tg}\, 2\alpha = \frac{\sin\theta \cos(3\theta/2)}{\sin\theta \sin(3\theta/2) - \alpha^*} \quad (14)$$

mit

$$\alpha^* = \sigma_{ox} \sqrt{2\pi r} / K_1 \quad (15)$$

und σ_{ox} nach Glg.(3).

Es zeigt sich, daß im allgemeinen Fall bei beliebiger Isoklinenneigung α der K-Wert (und der σ_{ox}-Wert) aus den Isoklinen (einer oder mehreren) allein nicht berechnet werden kann. Die Verwendung einer Isokline und einer Isochromate ist für praktische Zwecke oft zielführend.

Für die $\alpha=0^0$ Isokline ergibt sich $\tau_{xy}=0$ und mit /14/

$$\sigma_{1,2} = \frac{1}{2}(\sigma_x + \sigma_y) \pm \sqrt{(\sigma_y - \sigma_x)^2/4 + \tau_{xy}^2} = \sigma_{x,y} \tag{16}$$

folgt

$$\sigma_y - \sigma_x = \sigma_1 - \sigma_2 \ . \tag{17}$$

Die Relation $\tau_{xy}=0$ wird in dem von der Singularität dominierten Gebiet von $\theta = 0$ und $\theta = + \pi/3$ erfüllt. Mit den Gleichungen (3) ergibt sich

$$\begin{aligned} Nf_\sigma/2h &= \sigma_1 - \sigma_2 = \sigma_y - \sigma_x = \frac{K_1}{\sqrt{2\pi r}} \sin\theta \sin(3\theta/2)\Big|_{\theta=\pi/3} - \sigma_{ox} \\ &= \frac{K_1}{\sqrt{2\pi r}} \frac{\sqrt{3}}{2} - \sigma_{ox} \ . \end{aligned} \tag{18}$$

1.7. K-Wertberechnung aus Äquidensiten

Auch Äquidensiten lassen sich zur Bestimmung des Spannungsintensitätsfaktors heranziehen. Eine Äquidensite ist eine Kurve gleicher Lichtintensität, bzw. gleicher Schwärzung auf der photographischen Platte.

Die Intensitätsverteilung nach dem Analysator eines linearen Dunkelfeldpolariskops lautet:

$$I_D = I_o \sin^2(2\alpha) \sin^2(\pi N) = \text{constant.} \tag{19}$$

Die Äquidensitenverteilung ($\alpha=10^0$) für einen mode-1 Zentralriß ist in der Abb.16 gezeigt.

Bei Materialien mit geringer photoelastischer Empfindlichkeit (z.B. Plexiglas) ergeben sich nur Bruchteile von Isochromatenordnungen. Dann kann der $\sin(\pi N)$ durch das Argument (πN) ersetzt werden.

Mit der elastizitätstheoretischen Beziehung

$$\tau_{xy} = \tau_m \sin(2\alpha) \ , \tag{20}$$

der spannungsoptischen Hauptgleichung /3,4/

$$\tau_m = \frac{1}{2}(\sigma_1 - \sigma_2) = Nf_\sigma /2h \tag{21}$$

und der Relation

$$\tau_{xy} = \frac{K_1}{\sqrt{2\pi r}} \frac{1}{2} \sin\theta \cos(3\theta/2) \tag{22}$$

ergibt sich

$$K_1 = \frac{Nf_\sigma}{h}\sqrt{2\pi r_p}\;\frac{\sin(2\alpha)}{\sin\theta_p\,\cos(3\theta_p/2)}\ , \tag{23}$$

wobei r_p und θ_p die Polarkoordinaten eines Punktes $P(r_p, \theta_p)$ auf der Äquidensite sind. Verbesserte Approximationen für K_1 erhält man bei Berücksichtigung höherer Glieder in der Reihenentwicklung von $\sin\pi N$.

Bei bekanntem Drehwinkel α wird die Konstante N durch einen Eichversuch für ein fixes α bestimmt. Der rechte Rand in der Abb.16 zeigt die Lage des Intensitätsniveaus an.

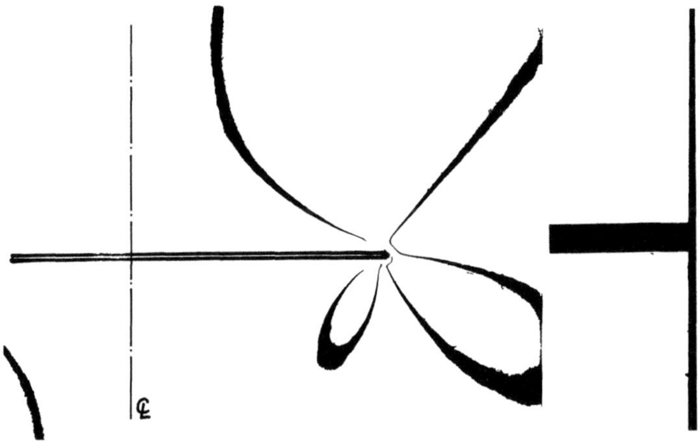

Abb.16 Äquidensitenverteilung um eine mode-1 Rißspitze ($\alpha=10^0$)

Zur Bestimmung der Größen K_1,K_2 und σ_{ox} für ein mixed-mode Rißproblem kann die unter Abschnitt 1.3.2. besprochene Vielpunktmethode herangezogen werden.

1.8. Bestimmung des K-Wertes aus Isopachen

Bei den Interferenzverfahren wird die Änderung der optischen Dicke der Probe zufolge Belastung durch das Auftreten von Interferenzstreifen direkt sichtbar gemacht. Handelt es sich bei den interferenzoptisch untersuchten Proben um ein spannungsoptisch isotropes Material (z.B. Plexiglas), so ist die optische Wegänderung gegeben durch

$$\Delta s = \frac{d}{2}\, C\, (\sigma_1 + \sigma_2)\ . \tag{24}$$

Die Linien gleicher optischer Weglänge, d.h. gleicher Dickenänderung sind die Isopachen, die durch

$$\sigma_1 + \sigma_2 = M\, I/d \tag{25}$$

gegeben sind. Dabei bedeuten: $M = \Delta s/\lambda$ die Ordnung der Isopache, I = Isopachenwert in kp/cm^2; er ist jene Hauptspannungssumme in kp/cm^2, die zur Erzeugung der Änderung der Isopachenordnung um eins in einer 1 cm dicken Probe erforderlich ist (z.B. $I=-5{,}8$ kp/cm.Ordnung bei $\lambda=5893$ Å).

Die Abb.17 zeigt ein Isopachenfeld um eine ruhende Rißspitze in einer Kompaktzugprobe aus dem Polyester Homalite loo.

Das Isopachenverfahren wird auch in teilweiser oder vollständiger Reflexionsanordnung angewendet.

Bei beliebigem Spannungsfeld σ_{ox} und bei gemischter Beanspruchungsart (mixed-mode) kann zur Ermittlung von K_1, K_2 und σ_{ox} auch bei Isopachenfeldern die überbestimmte Vielpunktsmethode vorteilhaft eingesetzt werden.

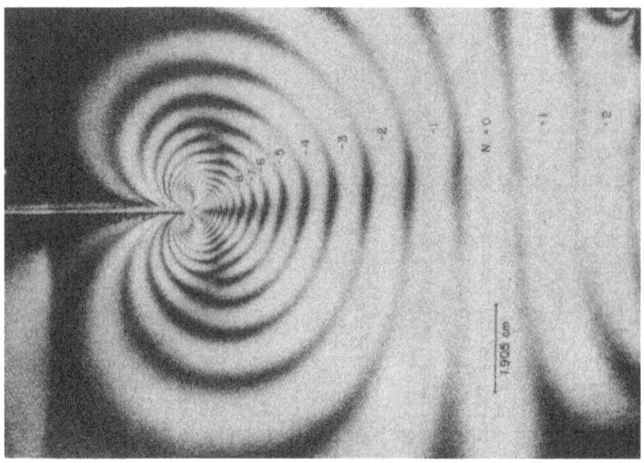

Abb.17 Isopachenfeld um eine ruhende Rißspitze in einer Kompaktzugprobe

2. Moiré-Verfahren

Ein häufig angewendetes Oberflächenverfahren ist das Moiré-Verfahren. Mit Hilfe eines photoempfindlichen Lackes und anschließender Ätzung wird auf der ebenen (metallischen) Probe ein Strich-oder Punktgitter (10 bis 1000 Linien pro cm) aufgebracht. Überlagert man dem deformierten Probengitter ein unbelastetes Referenzgitter, so entstehen durch Interferenz Felder von Moiré-Linien, das sind Linien entlang deren jeweils eine Verschiebungskomponente (u oder v) konstant ist /4,15/(Abb.18).

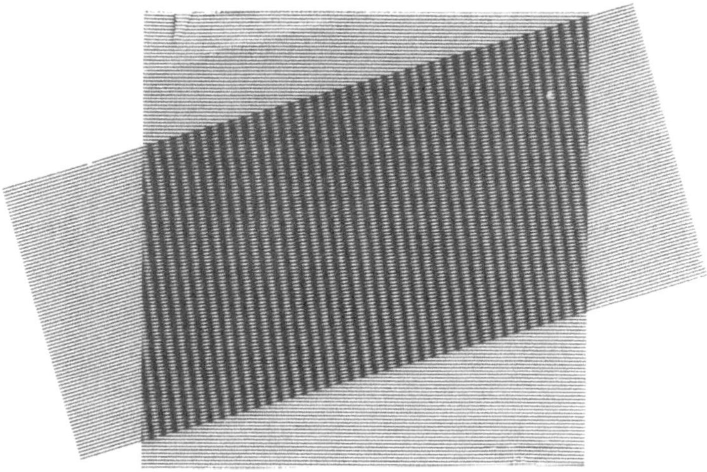

Abb.18 Erzeugung eines linearen Moiré-Musters durch Rotation von Liniengittern

Aus den Gleichungen für die mode-1 Verschiebungen (EVZ) um die Rißspitze (σ_{ox}=0)

$$\begin{aligned} u &= 2(1+\nu)\,\frac{K_1}{E}\sqrt{\frac{r}{2\pi}}\;\cos\frac{\theta}{2}\left(1-2\nu+\sin^2\frac{\theta}{2}\right) \\ v &= 2(1+\nu)\,\frac{K_1}{E}\sqrt{\frac{r}{2\pi}}\;\sin\frac{\theta}{2}\left(1-2\nu+\sin^2\frac{\theta}{2}\right) \end{aligned} \tag{26}$$

folgt für den mode-1 Spannungsintensitätsfaktor K_1 ($\theta = \pi/2$)

$$K_1 = \frac{E\,w\,2\sqrt{\pi}}{(1+\nu)(3-4\nu)\sqrt{r}} = \frac{E\,n_w\,\varepsilon_w\,2\sqrt{\pi}}{(1+\nu)(3-4\nu)\sqrt{r}} \tag{27}$$

für Liniensysteme $w = u$ (Abb.19a) und $w = v$ (Abb.19b).

Besonders einfache Formeln ergeben sich beim System u=const. für $\theta=0$:

$$K_1 = \frac{E\,u\,\sqrt{2\pi}}{2(1-2\nu)(1+\nu)\sqrt{r}} \tag{28}$$

und beim System v=const. für $\theta=\pi$:

$$K_1 = \frac{E\,v\,\sqrt{2\pi}}{4(1-\nu^2)\sqrt{r}} \quad . \tag{29}$$

Hier bedeuten n_u und n_v die Ordnungen der Moiré-Linien; ε_u und ε_v sind Konstanten, die durch eine Eichmessung bestimmt werden.

Die Abb.20 zeigt ein Moiré-Linienmuster mit gekreuzten Gittern verschiedener Ganghöhe (nach D.Post /4/) um eine abgestumpfte Rißspitze. Analytisch erzeugte

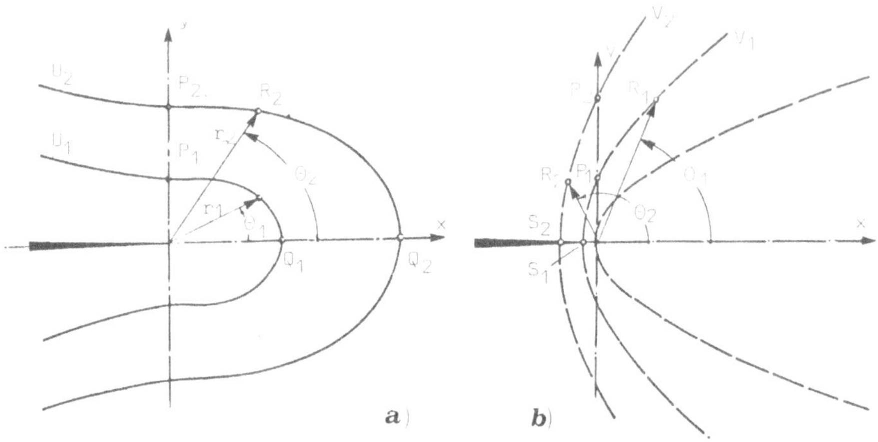

Abb.19 Moiré-Liniensysteme um eine mode-1 Rißspitze
a) System u=const. und b) System v=const.

Moiré-Bilder für eine Rißspitze unter gemischter Beanspruchung sind aus den Abb.21 ersichtlich/16/. Abb.21a zeigt die symmetrische mode-1 Form; die Abb. 21b und 21c zeigen mixed-mode Moiré-Bilder mit zunehmendem mode-2 Anteil; Abb.21d entspricht reinem mode-2.

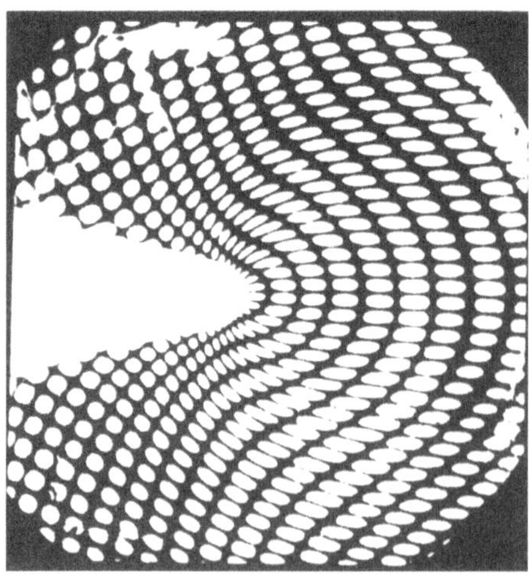

Abb.20 Moiré-Muster um eine abgestumpfte Rißspitze in einer Kompaktzugprobe (nach D.Post /4/)

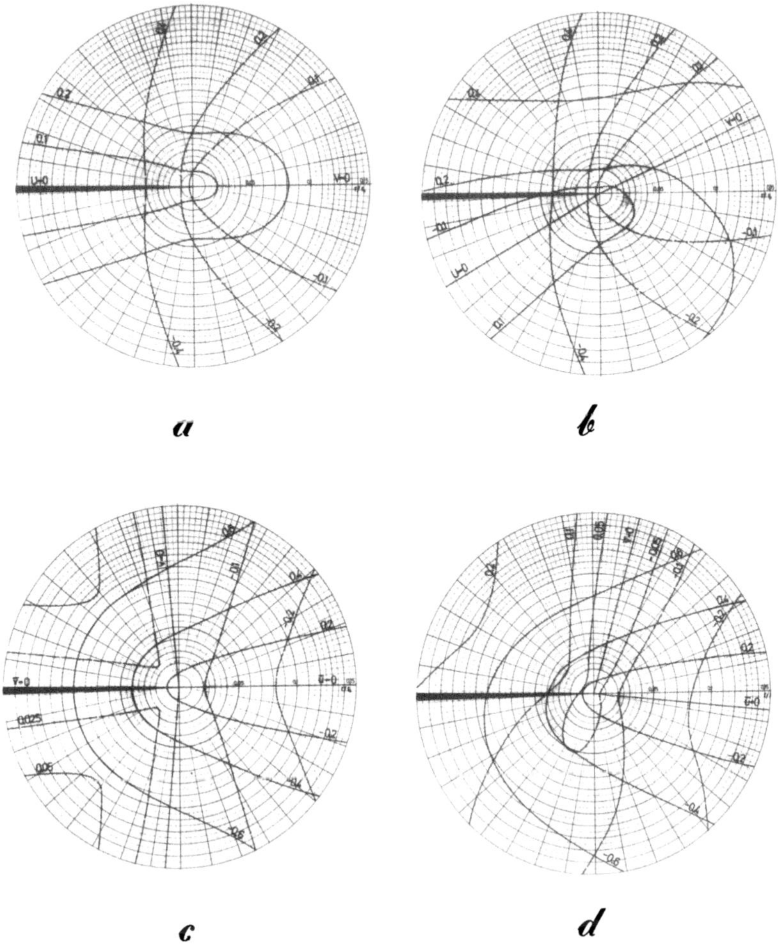

Abb.21 Analytisch erzeugte Moiré-Muster um eine ruhende Rißspitze für verschiedene Beanspruchungsarten:

a) mode-1 (K_2=0)

b) mixed-mode (K_2/K_1=0,25)

c) mixed-mode (K_2/K_1= 4)

d) mode-2 (K_1=0)

3. Kaustik - Methode

Die 1962 von Manogg am Institute für Werkstoffmechanik (Freiburg,BRD) entwickelte - und später von Theocaris verallgemeinerte - Methode der Kaustik oder Schattenoptik ist für qualitative Bruchmechanikuntersuchungen sehr gut geeignet; überdies ist der experimentelle Aufwand für statische Probleme relativ gering. Dabei kann die Methode der Kaustik für transparente Materialien im Durchlichtverfahren und für nichttransparente Werkstoffe im Reflexionsverfahren verwendet werden.

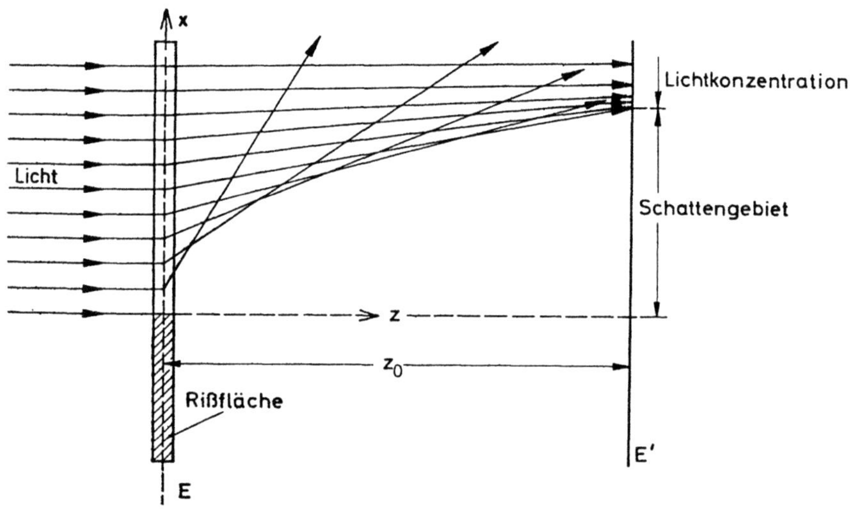

Abb.22 Die Lichtablenkung in der Umgebung eines Zentralrisses in einer unter Zugspannung stehenden Platte

Die Abb.22 zeigt das Prinzip der Änderung der Lichtablenkung beim Durchgang durch eine Probe unter dem Einfluß mechanischer Spannungen. Dazu wird die Helligkeitsverteilung (Schattengebiet) auf einem in einer bestimmten Entfernung z_0 vom Objekt aufgestellten Schirm registiert. Die genaue Durchrechnung der Ablenkung der Lichtstrahlen aufgrund der Spannungserhöhung an der Rißspitze mit Hilfe der Gleichungen (3) ergibt, daß die Schattenfläche in der Referenzebene von einer hellen Schattengrenzkurve - der Kaustik - umgeben ist.

Für ein optisch inaktives isotropes Material lautet der Zusammenhang zwischen dem lateralen Durchmesser D der Kaustik und dem Spannungsintensitätsfaktor K_1

$$K_1 = M\,D^{5/2} \tag{30}$$

mit

$$M = 2\sqrt{2\pi}\ \{3\, m^{3/2} f^{5/2} |c|\, d\, z_0\}^{-1} . \qquad (31)$$

Es bedeuten: d= Probendicke, z_0= Abstand zwischen Schirm und Probenmittelfläche, m= geometrischer Maßstabsfaktor, f,c= elastooptische Konstanten (z.B. für Araldit B im Durchlichtverfahren und bei ebenem Spannungszustand gilt: c= $-0{,}97.10^{-10}$ m^2/N und f = 3,32).

Für gemischte Beanspruchungsfälle lassen sich entsprechende Auswerteformeln für K_1 und K_2 herleiten. Die Abb.23 zeigt eine im Durchlichtverfahren aufgenommene Kaustik für einen mixed-mode beanspruchten Riß (Lastrichtung ist um ca. 60^0 zur horizontalen Achse geneigt).

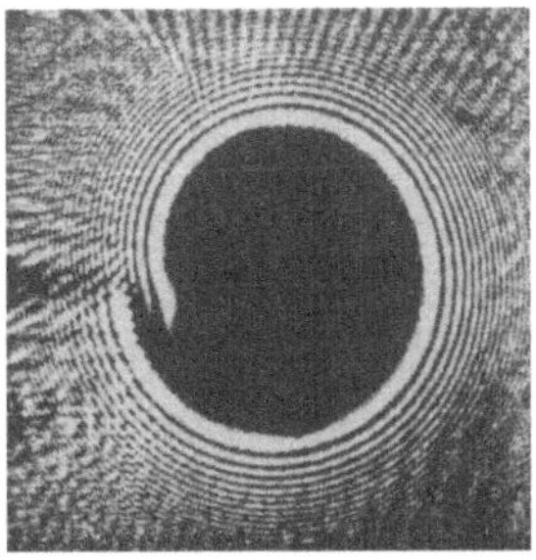

Abb.23 Mixed-mode Kaustik um eine Rißspitze im schrägen Zugspannungsfeld

Für weitergehende Ausführungen über die Methode der Kaustiken und deren Anwendung bei schnellaufenden Rissen sei auf den Beitrag "Bruchdynamik laufender und arretierender Risse" von J.F.Kalthoff verwiesen.

Beispiel:

Die Methode der Kaustik kann vorteilhaft bei der Untersuchung des Kerbschlagbiegeversuchs eingesetzt werden. Neben den endlich breiten Stäben mit Innen- oder Außenriß verwendet man in der Werkstoffprüfung häufig Biegestäbe mit einseitigem Außenriß für bruchmechanische Untersuchungen.

Bei der sogenannten Dreipunktbiegeprobe (Abb.24a) ist der Spannungsintensitätsfaktor gegeben durch

$$K_1 = \sigma \sqrt{\pi a}\ Y(a/d) \qquad (32)$$

mit $\sigma = 6M/d^2t$ und $M = Fl/4$ (t= Probendicke). Für ein Verhältnis $l/d = 8$ ist die Korrekturfunktion $Y(a/d)$:

$$Y(a/d) = 1{,}107 - 2{,}12\,\frac{a}{d} + 7{,}71\left(\frac{a}{d}\right)^2 - 13{,}55\left(\frac{a}{d}\right)^3 + 14{,}25\left(\frac{a}{d}\right)^4 . \qquad (33)$$

Für die Vierpunktbiegeprobe (Abb.24b) gilt entsprechend:

$$Y(a/d) = 1{,}22 - 1{,}39\,\frac{a}{d} + 7{,}32\left(\frac{a}{d}\right)^2 - 13{,}07\left(\frac{a}{d}\right)^3 + 13{,}99\left(\frac{a}{d}\right)^4 . \qquad (34)$$

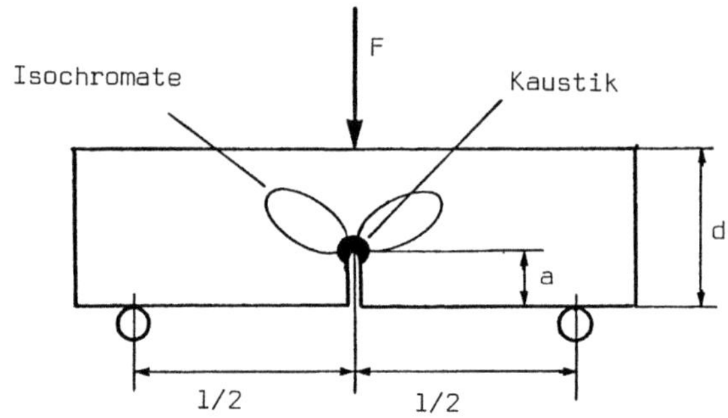

Abb. 24a Größeneinfluß von Isochromaten und Kaustik in einer Dreipunktbiegeprobe

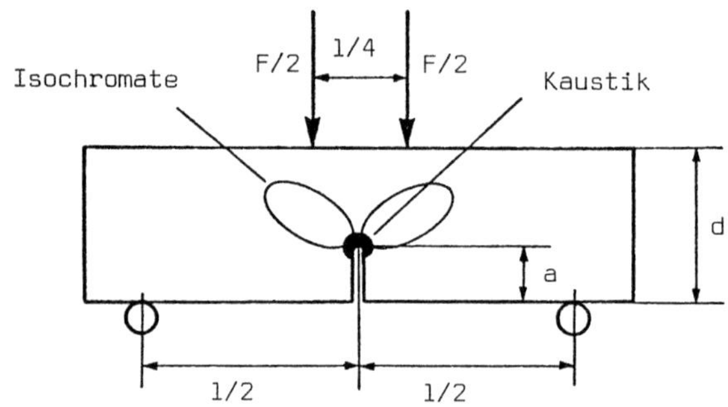

Abb.24b Größeneinfluß von Isochromaten und Kaustik in einer Vierpunktbiegeprobe

Die Schattenoptik erweist sich als besonders empfehlenswert zur Bestimmung von Spannungsintensitätsfaktoren in Drei-und Vierpunktbiegeproben. Da die Schattenkurve selbst bei Bruchlast auf die unmittelbare Umgebung der Rißspitze beschränkt bleibt ist der störende Einfluß der Berandung der Probe weitgehend ausgeschaltet. Isochromaten und Isopachen hingegen würden sich weit über die Probenfläche erstrecken und dem Einfluß der Berandung auf die Form der Isochromate und damit auf den Wert des Spannungsintensitätsfaktors könnte nur sehr erschwert Rechnung getragen werden.

Literatur

/1/ Wells, A.A. und D.Post: The dynamic stress distribution surrounding a running crack - A photoelastic analysis, Proc.SESA 16(1),69-93(1958)

/2/ Irwin G.R.: Discussion of Reference 1, Proc.SESA 16(1),93-96(1958)

/3/ Föppl L. und E.Mönch: Praktische Spannungsoptik, Springer-Verlag, Berlin (1972)

/4/ Dally,J.W.: Experimental Stress Analysis, 2.Auflage, McGraw-Hill(1978)

/5/ Kerkhof, F.(Hsgb.): Einführungskursus in die Bruchmechanik; Abschnitt M: H.Blauel, Anwendung optischer Verfahren in der Bruchmechanik, IWM Freiburg,BRD (1969)

/6/ Dally, J.W.: Developments in Photoelastic Analysis of Dynamic Fracture; IUTAM-Symposium on "Optical Methods of Mechanics of Solids", Poitiers, France(1979)

/7/ Irwin, G.R. et al.: On the determination of the å-K relationship for birefringent polymers. Exp.Mech.,19(4),121-128(1979)

/8/ Rossmanith, H.P.: Fringe Loop Dynamics and Crack Branching; IUTAM-Symposium on "Optical Methods of Mechanics of Solids", Poitiers, France (1979)

/9/ Rossmanith, H.P. und G.R.Irwin: Analysis of Dynamic Isochromatic Crack Tip Stress Patterns, University of Maryland, Department of Mechanical Engineering Report,(1979)

/10/ Rossmanith, H.P.: The dynamic three-parameter method for determination of stress intensity factors from dynamic isochromatic crack-tip stress patterns, J.Appl.Mech., 47,795-800(1980)

/11/ Rossmanith, H.P. und R.Chona: A survey of recent developments in the evaluation of stress intensity factors from isochromatic crack-tip fringe patterns. Proc.ICF V, Cannes, France, Vol.5,2507-2516(1981)

/12/ Sanford, R.J. und Dally J.W.: A general method for determining mixed-mode stress intensity factors from isochromatic fringe patterns. Eng. Fract.Mech.11,621-633(1979)

/13/ Smith, C.W.: Use of Three-Dimensional Photoelasticity and Progress in Related Areas; in: Experimental Techniques in Fracture Mechanics, Vol. II (Ed.A.S.Kobayashi), SESA Monograph Nr.2, Iowa State Univ.Press(1975)

/14/ Redner, A.S.: Experimental determination of stress intensity factors - A review of photoelastic approaches. Int.Conf.Fract.Mech. and Techn., Proc.Vol.I, Hong-Kong(1977)

/15/ Theocaris, P.S.: Moiré-Fringes in Strain Analysis, Pergamon Press, New York (1969)

/16/ Rossmanith, H.P.: K-Determination from crack-tip moiré-fringe patterns,

Proc.Int.Conf. on Analytical and Experimental Fracture Mechanics,Rome, Italy(1980)

/17/ Kalthoff, J.F.: Zur Ausbreitung und Arretierung schnell-laufender Risse, VDI-Bericht 18,4, Düsseldorf (1978)

Doz.Dr.Mag. Hans-Peter Rossmanith
Institut für Mechanik
Technische Universität Wien
Karlsplatz 13
A-1040 Wien, Österreich

BRUCHDYNAMIK LAUFENDER UND ARRETIERENDER RISSE

JÖRG F. KALTHOFF

Symbolliste für Spannungsintensitätsfaktoren und Bruchzähigkeiten

K	Spannungsintensitätsfaktor allgemein
K_I^{stat}	Spannungsintensitätsfaktor für ruhenden Riß oder nach einer statischen Analyse bestimmter Spannungsintensitätsfaktor für laufenden Riß
K_I^{dyn}	nach einer dynamischen Analyse bestimmter Spannungsintensitätsfaktor für laufenden Riß
K_{Ic}	Rißinitiierungszähigkeit
K_{Ia}, K_{Ia}^{stat}	nach einer statischen Analyse bestimmte Rißarrestzähigkeit
K_{Ia}^{dyn}, K_{IDm}, K_{Im}	nach einer dynamischen Analyse bestimmte Rißarrestzähigkeit
K_{ID}	dynamische Bruchzähigkeit für laufenden Riß
K_{Id}	Rißinitiierungszähigkeit bei Schlagbelastung

1. Einleitung

1.1 Zweck von Rißarrestuntersuchungen

a) Vollständige Sicherheit gegen Rißausbreitung kann nach dem bruchmechanischen Rißinitiierungskonzept (K_{Ic}, J_{Ic}, CTOD usw.) nicht erreicht werden, denn:

- durch menschliches Versagen können Anrisse bei Inspektionsverfahren übersehen werden, oder

- von lokal versprödeten Stellen im Material oder durch lokale Überlasten (Stoßbelastung, Thermoschock) können Risse initiiert werden, die unter normalen Betriebsbedingungen nicht auftreten würden.

Die hinreichend frühe Arretierung solcher Risse zur Aufrechterhaltung gewisser Minimalfunktionen von Komponenten stellt zusätzliche Sicherheitsreserven dar.

b) Rißarrestzähigkeiten K_{Ia} zusammen mit Schlagbruchzähigkeiten K_{Id} bilden (wegen der hohen Belastungsgeschwindigkeiten) sichere untere Grenzwerte (Referenzkurve $K_{IR}(T)$), die zur konservativen Auslegung gegen Rißinitiierung bei Bauteilen mit hohen Sicherheitsanforderungen verwendet werden.

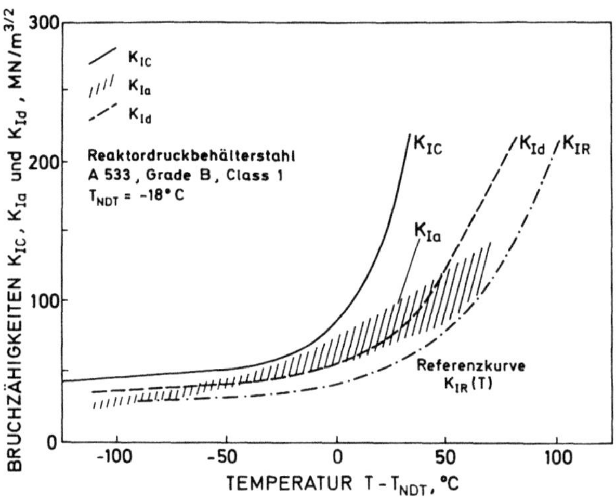

Abb. 1: Die Rißarrestzähigkeit K_{Ia} für einen Reaktordruckbehälterstahl im Vergleich zu der Riß(initiierungs)zähigkeit K_{Ic} und der Schlagbruchzähigkeit K_{Id} bei verschiedenen Temperaturen. (Nach Hahn)

1.2 Maßnahmen zur Rißinitiierung

Rißinitiierung tritt ein, wenn der Spannungsintensitätsfaktor K bzw. die Energiefreisetzungsrate G den Materialwiderstand R (K_{Ic} bzw. G_{Ic}) überschreitet. Umgekehrt läßt sich Arretierung eines instabil verlaufenden Risses erreichen, wenn

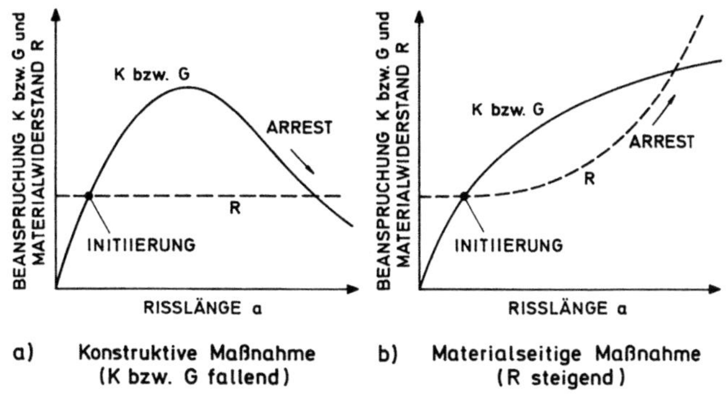

Abb. 2: Maßnahmen zur Rißarretierung

a) der Riß in ein Gebiet abnehmender Spannungen geführt wird (Reduktion von K bzw. G, s. Abb. 2a), oder
b) der Riß in ein Gebiet zunehmenden Materialwiderstandes geführt wird (Erhöhung von K_{Ic} bzw. G_{Ic}, s. Abb. 2b),

so daß der jeweilige Schwellwert für Rißausbreitung unterschritten wird.

Beispiel zu a): Versteifungselemente (Stiffener), wie sie im Flugzeug- bzw. Schiffbau eingesetzt werden, bewirken durch Vergrößerung des lasttragenden Querschnitts eine lokale Herabsetzung des Spannungsintensitätsfaktors (s. Abb. 3). Weiteres Beispiel: Thermospannungsfelder, z.B. bei Kernnotkühlung.

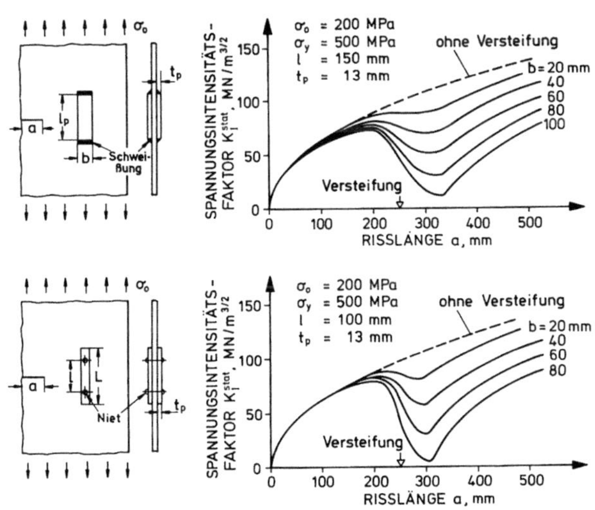

Abb. 3: Reduzierung des Spannungsintensitätsfaktors durch Versteifungselemente. (Nach Yoshiki et al. und Bluhm)

Beispiel zu b): Arrestzonen aus Werkstoffen hoher Zähigkeit (s. Abb. 4) werden z.B. im Schiffbau an besonders gefährdeten Stellen (Außenbordoberkanten, Schiffsboden) verwendet. Weiteres Beispiel: Wärmeeinflußzone bei Schweißnähten - Grundwerkstoff.

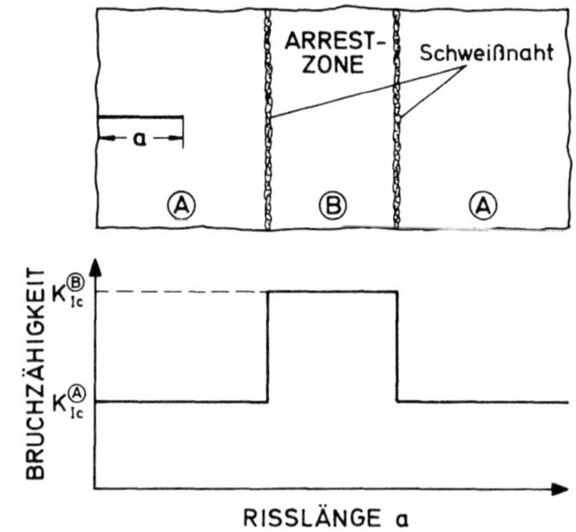

Abb. 4: Erhöhung der Bruchzähigkeit durch Arrestzone

Rißarrest wird jedoch nicht durch Umkehrung der Rißinitiierungsbedingung ($K_I > K_{Ic}$) beschrieben, da durch die Vorgeschichte des laufenden Risses sowohl der Spannungsintensitätsfaktor als auch der Materialwiderstand beeinflußt werden können. Die Vorgänge sind im einzelnen sehr viel komplizierter als bei der Rißinitiierung und weniger gut verstanden.

2. Das Verhalten schnell laufender Risse

2.1 Das Spannungsfeld an der Spitze eines laufenden Risses

Bezüglich zweier Koordinatensysteme r_1, φ_1 und r_2, φ_2 (Yoffee - s. Abb. 5) die durch Verzerrung eines von der Rißspitze mitgeführten Koordinatensystems $\bar{x}, \bar{y}$ bzw $\bar{r}, \bar{\varphi}$ hervorgehen,

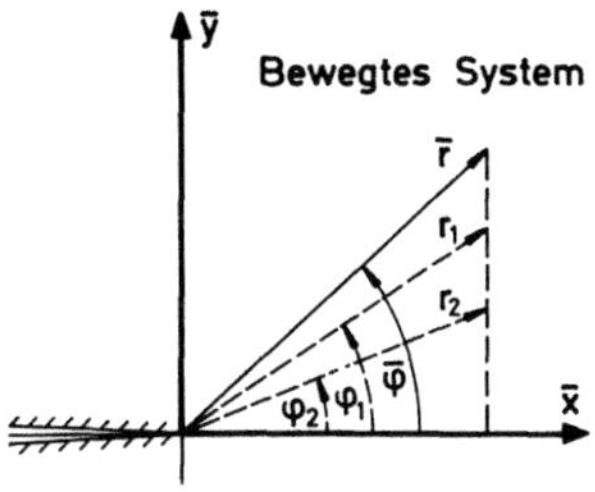

Abb. 5: Koordinatensysteme

wobei
$$\bar{x} = r_1 \cos\varphi_1 = r_2 \cos\varphi_2$$
$$\bar{y} = \frac{r_1}{\alpha_1} \sin\varphi_1 = \frac{r_2}{\alpha_2} \sin\varphi_2 \qquad (1)$$
bzw.
$$\mathrm{tg}\varphi_1 = \alpha_1 \frac{\bar{y}}{\bar{x}} \quad \mathrm{tg}\varphi_2 = \alpha_2 \frac{\bar{y}}{\bar{x}}$$
$$r_1 = \bar{x}^2 + \alpha_1 \bar{y}^2 \quad r_2 = \bar{x}^2 + \alpha_2 \bar{y}^2$$
mit
$$\alpha_1^2 = 1 - \frac{v^2}{c_1^2} \quad \alpha_2^2 = 1 - \frac{v^2}{c_2^2} \qquad (2)$$

und
$$c_1 = \sqrt{\frac{E}{\rho}}\sqrt{\frac{1-\nu}{(1+\nu)(1-2\nu)}} \quad \text{Longitudinalwellengeschwindigkeit}$$
$$c_2 = \sqrt{\frac{E}{\rho}}\sqrt{\frac{1}{2(1+\nu)}} \quad \text{Transversalwellengeschwindigkeit} \qquad (3)$$

läßt sich das dynamische Spannungsfeld an der Spitze eines mit der Geschwindigkeit v laufenden Risses darstellen durch die Formeln (Achenbach, Erdogan, Freund, Gross, Rice):

$$\sigma_{xx} = \frac{K_I^{dyn}}{\sqrt{2\pi}} \frac{1+\alpha_2^2}{4\alpha_1\alpha_2-(1+\alpha_2^2)^2} \left\{ (1+2\alpha_1^2-\alpha_2^2) \frac{\cos\frac{\varphi_1}{2}}{\sqrt{r_1}} - \frac{4\alpha_1\alpha_2}{1+\alpha_2^2} \cdot \frac{\cos\frac{\varphi_2}{2}}{\sqrt{r_2}} \right\}$$

$$\sigma_{xy} = \frac{K_I^{dyn}}{\sqrt{2\pi}} \frac{1+\alpha_2^2}{4\alpha_1\alpha_2-(1+\alpha_2^2)^2} \left\{ 2\alpha_1 \left(\frac{\sin\frac{\varphi_1}{2}}{\sqrt{r_1}} - \frac{\sin\frac{\varphi_2}{2}}{\sqrt{r_2}} \right) \right\} \qquad (4)$$

$$\sigma_{yy} = \frac{K_I^{dyn}}{\sqrt{2\pi}} \frac{1+\alpha_2^2}{4\alpha_1\alpha_2-(1+\alpha_2^2)^2} \left\{ -(1+\alpha_2^2) \frac{\cos\frac{\varphi_1}{2}}{\sqrt{r_1}} + \frac{4\alpha_1\alpha_2}{1+\alpha_2^2} \cdot \frac{\cos\frac{\varphi_2}{2}}{\sqrt{r_2}} \right\}$$

Als ein wesentliches Ergebnis folgt für steigende Rißgeschwindigkeit eine Abnahme des Spannungsverhältnisses $\sigma_{yy}(\varphi=0)/\sigma_{xx}(\varphi=0)$, das ein Maß für die Mehrachsigkeit des Spannungsfeldes darstellt (Freund).

Der dynamische Spannungsintensitätsfaktor K_I^{dyn} hängt außer von Geometrie und Belastung der Probe zusätzlich von der Rißgeschwindigkeit v ab. Für einen halbunendlich langen Riß, der sich mit der Geschwindigkeit v in einer unendlichen Platte unter Zug ausbreitet, berechnet Freund den dynamischen Spannungsintensitätsfaktor zu

$$K_I^{dyn} = K_I^{stat} \cdot k(v) \tag{5}$$

mit k(v) nach Abb. 6.

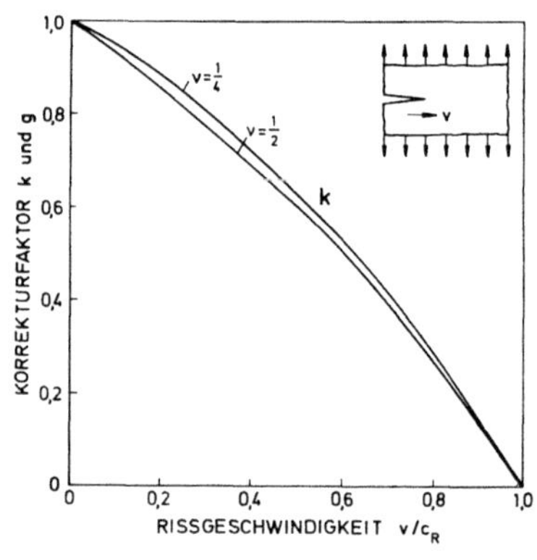

Abb. 6: Geschwindigkeitskorrekturfaktor k(v). (Nach Freund)

Der dynamische Spannungsintensitätsfaktor K_I^{dyn} ist demnach stets kleiner als der entsprechende statische Spannungsintensitätsfaktor K_I^{stat} (Abstrahlung von Wellenfeldern in die Probe) und erreicht für die Rayleighwellengeschwindigkeit c_R den Wert Null. Diese Geschwindigkeit ist die theoretisch maximal mögliche Bruchhöchstgeschwindigkeit. Beziehung (5) ist nicht mehr gültig für endliche Proben, wenn die an den Probenberandungen reflektierten Wellen erneut mit dem Riß wechselwirken (siehe Kapitel 5).

2.2 Die dynamische Bruchzähigkeit K_{ID} eines laufenden Risses

Die Bruchzähigkeit eines laufenden Risses, bezeichnet als K_{ID}, wird durch komplizierte und teilweise gegenläufige Effekte beeinflußt: Mit wachsender Rißgeschwindigkeit nimmt die Belastungsgeschwindigkeit in Rißspitzennähe zu, die Mehrachsigkeit des Spannungsfeldes wird erniedrigt, und die Wärmeumsetzung wird gesteigert. Ein Beispiel für den Verlauf der dynamischen Bruchzähigkeit mit der Rißgeschwindigkeit ist für Stähle mit niedrigem Kohlenstoffgehalt in Abb. 7 gegeben. Andere Werkstoffe können andere Verläufe zeigen.

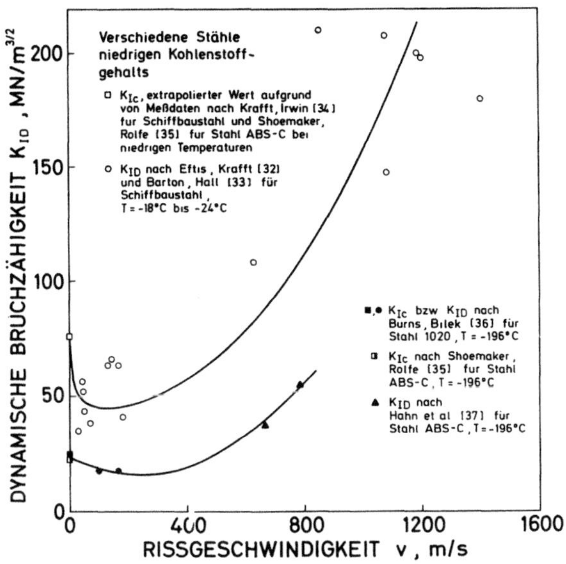

Abb. 7: Dynamische Bruchzähigkeit K_{ID} laufender Risse für verschiedene Stähle niedrigen Kohlenstoffgehalts. (Nach Hahn et al.)

3. Rißarrestproben und deren Belastung

Für Rißarrestexperimente zur quantitativen Bestimmung des Rißarretiervermögens (Rißarrestzähigkeit) von Werkstoffen werden im allgemeinen Proben aus Werkstoffen mit konstanten Materialeigenschaften verwendet und Probentyp und Belastungsart so gewählt, daß sich für den fortschreitenden Riß eine Abnahme des Spannungsintensitätsfaktors einstellt. (Andere Vorgehensweise: Robertsonversuch mit Temperaturgradient.)

3.1 Einige Testproben und Spannungsintensitätsfaktor-Beziehungen

RDCB-Probe:

(Rectangular-Double-Cantilever-Beam)

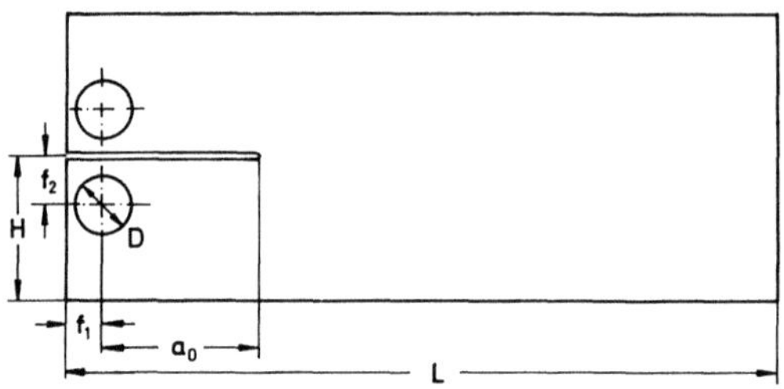

Balkenhöhe	H	(63,5 mm)	Position der Bohrung	f_1	(16,0 mm)
Probenlänge	L	(321,0 mm)		f_2	(20,3 mm)
Rißlänge	a_0	(67,8 mm)	Durchmesser der Bohrung	D	(25,4 mm)
Probendicke	B	(12,7 mm) (25,4 mm)			

Belastung durch Zugkraft P

$$K_I^{stat} = 2\sqrt{3}\,\frac{Pa}{BH^{3/2}} \cdot Z$$

Belastung durch Aufweitung 2δ

$$K_I^{stat} = \frac{\sqrt{3}}{4}\,\frac{EH^{3/2}2\delta}{a^2} \cdot \frac{Z}{N}$$

mit

$$Z = 1 + 0{,}64\left(\frac{H}{a}\right) \qquad (6)$$

$$N = 1 + 1{,}92\left(\frac{H}{a}\right) + 1{,}22\left(\frac{H}{a}\right)^2 + 0{,}39\left(\frac{H}{a}\right)^3$$

für $a + f_1 < L - 2H$

Abb. 8: Die gerade DCB-Probe (mit typischen Probenabmessungen zur Untersuchung eines höherfesten Stahls - nach Hahn et al.) und Spannungsintensitätsfaktor-Beziehungen

TDCB-Probe:

(Tapered-Double-Cantilever-Beam)

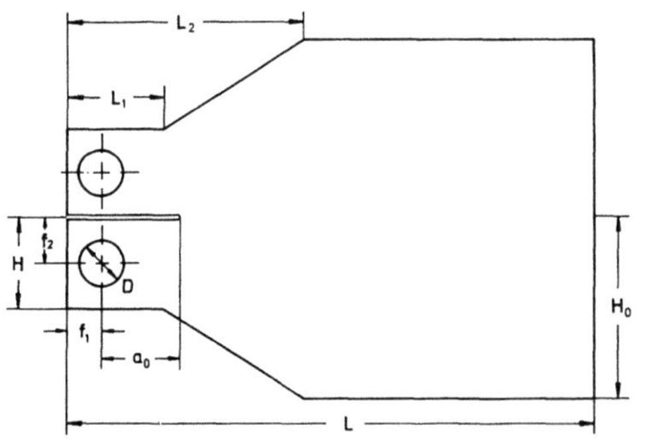

Balkenhöhe	H	(50,8 mm)	Rißlänge	a_0 = 0,8 H	(40,0 mm)
	H_0 = 2 H	(101,6 mm)	Position der Bohrung	f_1 = 0,417 H	(21,2 mm)
Probenlänge	L = 6 H	(304,8 mm)		f_2 = 0,5 H	(25,4 mm)
Bereich der Abschrägung	L_1 = 1,04 H	(52,8 mm)	Durchmesser der Bohrung	D = 0,5 H	(25,4 mm)
	L_2 = 2,7 H	(137,0 mm)	Probendicke	B = H	(50,8 mm)

Belastung durch Zugkraft P

$$K_I^{stat} = 3{,}85\,\frac{P}{B\sqrt{H}} \quad {}^{1)}$$

$$= 4{,}22\,\frac{P}{B\sqrt{H}} \quad {}^{2)} \qquad (7)$$

Belastung durch Aufweitung 2δ

$$K_I^{stat} = 0{,}130\,\frac{E\sqrt{H}\cdot 2\delta}{a} \quad {}^{2)}$$

für $0{,}8 < \frac{a}{H} < 2{,}4$

1) nach Crosley, Ripling

2) nach Hahn, Kanninen

Abb. 9: Die abgeschrägte DCB-Probe (mit typischen Probenabmessungen zur Untersuchung eines Reaktordruckbehälterstahls - nach Crosley, Ripling) und Spannungsintensitätsfaktor-Beziehungen

C-Probe:
(Compact)

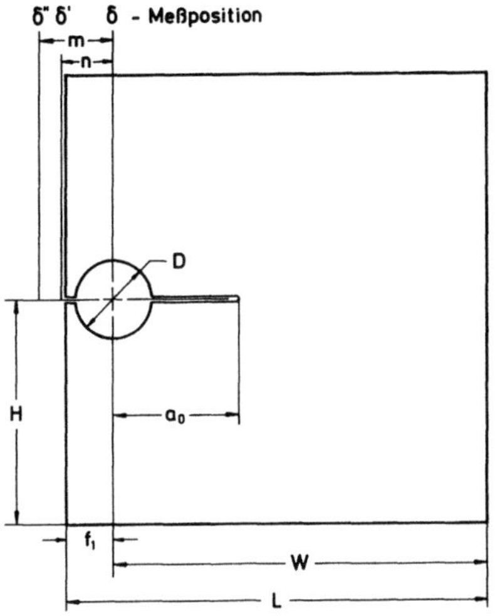

$\frac{a}{W}$		$\frac{K_I^{stat}\sqrt{W}}{E\ 2\delta}$	
.30	.55	.369	.234
.31	.56	.363	.230
.32	.57	.357	.225
.33	.58	.351	.221
.34	.59	.345	.217
.35	.60	.339	.213
.36	.61	.333	.209
.37	.62	.327	.205
.38	.63	.321	.201
.39	.64	.316	.197
.40	.65	.310	.194
.41	.66	.304	.190
.42	.67	.299	.186
.43	.68	.293	.183
.44	.69	.288	.179
.45	.70	.283	.175
.46	.71	.278	.171
.47	.72	.272	.168
.48	.73	.267	.164
.49	.74	.262	.160
.50	.75	.257	.156
.51	.76	.253	.151
.52	.77	.248	.147
.53	.78	.243	.142
.54	.79	.239	.138

(8)

Balkenhöhe $H = 0{,}6\ W$ (125,0 mm)
Probenlänge $L = 1{,}167\ W$ (243,1 mm)
$1{,}20\ W$ (250,0 mm)
Rißlänge $a_0 = 0{,}32\ W$ (66,7 mm)
Probendicke B (50,8 mm)
$B_N = 0{,}4$ bis $0{,}75\ B$

Position der Bohrung $f_1 = 0{,}167\ W$ (34,8 mm)
$0{,}20\ W$ (50,0 mm)
Durchmesser der Bohrung $D = 0{,}25\ W$ (52,1 mm)
Meßposition $\begin{cases} m = 0{,}25\ W & (52{,}1\ mm) \\ n = 0{,}172\ W & (35{,}8\ mm) \end{cases}$

Abb. 10: Die (gewöhnliche bzw. Duplex) C-Probe (nach Crosley, Ripling und Hoagland et al.) und Spannungsintensitätsfaktor-Beziehung

Zur Führung des Risses entlang der Symmetrielinie der Probe werden häufig Seitenkerben verwendet (s. Abb. 11). Für den Spannungsintensitätsfaktor bei

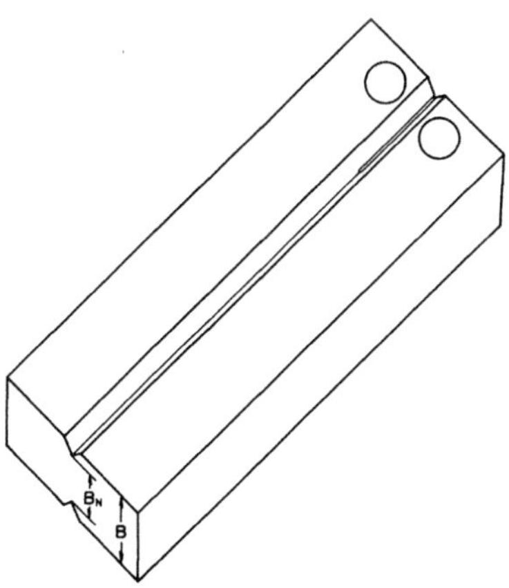

Abb. 11: DCB-Probe mit Seitenkerben

Proben mit Seitenkerben gilt:

$$K^{SK} = K \cdot \frac{B}{B_N} \quad . \tag{9}$$

Zur Definition von B und B_N siehe Abb. 11.

Der Riß wird gestartet von einer nicht scharfen, abgerundeten Rißspitze bei einem Rißinitiierungs-Spannungsintensitätsfaktor $K_{Iq} > K_{Ic}$, um hinreichend elastische Verformungsenergie in der Probe zu speichern und dadurch den Riß auf hohe Geschwindigkeiten zu beschleunigen. Bei duktileren Werkstoffen wird der Riß von einer spröden Schweißraupe im Kerbgrund initiiert oder es werden sogenannte Duplex-Proben mit einem spröden Starterteil (s. Abb. 12) verwendet. Die Minimalprobendimensionen für Rißarrestexperimente

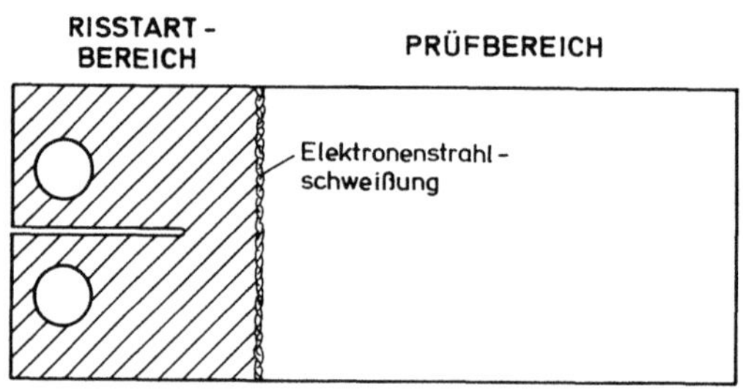

Abb. 12: Duplex-DCB-Probe

können bei Verwendung von Duplexproben erheblich verringert werden (Hahn et al.). Schwierigkeiten treten teilweise beim Durchlaufen des Risses durch die Schweißnaht auf.

3.2 Belastungsart

Abnahme des Spannungsintensitätsfaktors mit wachsender Rißlänge wird im allgemeinen durch verschiebungsgesteuerte Belastung (steife Belastungsvorrichtung) erreicht; am einfachsten realisiert durch longitudinale (Abb. 13a) oder transversale (Abb. 13b) Keilbelastung, die bei der Rißausbreitung eine prak-

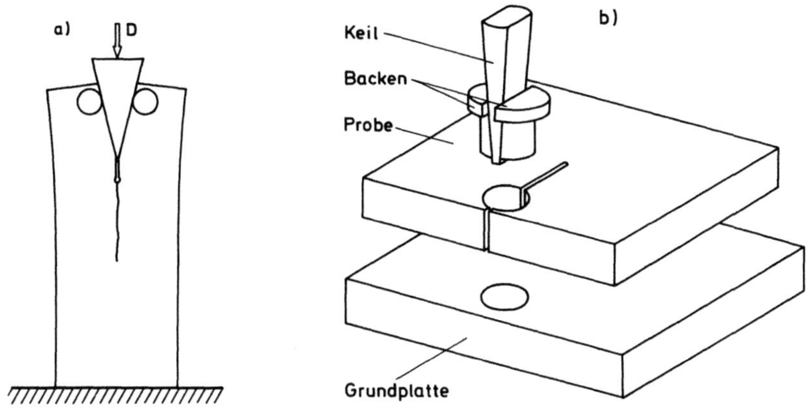

Abb. 13: Keilbelastung - a) longitudinal, b) transversal

tisch konstante Rißaufweitung 2δ gewährleistet. (Bei TDCB-Proben auch Zugbelastung).

4. Statische und dynamische Rißarrestmeßvorschrift

4.1 Statisches Rißarrestkonzept

Es wird angenommen (Crosley, Ripling; Materials Research Laboratory - MRL), daß bei (bzw. eine kurze Zeit nach) der Arretierung ein statischer Spannungszustand an der Rißspitze herrscht. Rißarrest tritt damit ein, wenn der mit fortschreitendem Riß abnehmende Wert des statischen Spannungsintensitätsfaktors K_I^{stat} den Materialwiderstand R (in Abb. 14 zur Vereinfachung: $K_{Ic} = K_{ID} = K_{Ia}$) unterschreitet, d.h. bei a_a^*. Der Rißarrestprozeß wird praktisch als eine zeitliche Umkehrung des Rißinitiierungsprozesses betrachtet. Dementsprechend wird - in Analogie zur Bestimmung der Rißinitiierungszähigkeit K_{Ic} - die Rißarrestzähigkeit K_{Ia} (auch als K_{Ia}^{stat} be-

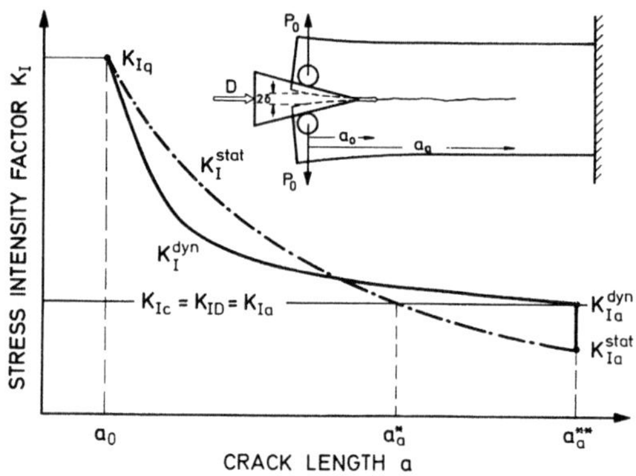

Abb. 14: Rißarrest nach dem statischen und dem dynamischen Konzept

zeichnet) bestimmt aus der kritischen Belastung (δ_a oder P_a) und der kritischen Rißlänge a_a bei Rißarrest unter Verwendung statischer Spannungsintensitätsfaktor-Formeln.

$$K_{Ia} = K_I^{stat}(\delta_a, a_a) \tag{10}$$

4.2 Dynamisches Rißarrest-Konzept

4.2.1 Kritik an dem statischen Rißarrest-Konzept

Da während dieser Rißausbreitung (s. oben) der Spannungsintensitätsfaktor größer ist als der Materialwiderstand ($K_{Ic} = K_{ID} = K_{Ia}$), wird angenommen (Hahn, Kanninen et al.; Battelle Memorial Institute - BMI), daß die daraus resultierende Überschußenergie in kinetische Energie (Wellenfelder in der Probe) umgewandelt wird, die dann später am Ende der Bruchausbreitungsphase zum tatsächlichen dynamischen Spannungsintensitätsfaktor K_I^{dyn} beitragen kann, so daß der Riß auch noch ausbreitungsfähig ist, obwohl K_I^{dyn} bereits kleiner als der Materialwiderstand ist. Der Riß kommt erst dann zur Arretierung, wenn der dynamische Spannungsintensitätsfaktor K_I^{dyn} ($> K_I^{stat}$) den Materialwiderstandswert unterschreitet, d.h. in Abb. 14 bei der Länge a_a^{**}. Nach dieser Vorstellung würde damit die statisch ermittelte Rißarrestzähigkeit K_{Ia}^{stat} die tatsächliche Rißarrestzähigkeit K_{Ia}^{dyn} unterschätzen.

4.2.2. Minimalbruchzähigkeit K_{Im} und Referenzkurven-Konzept

Für reale Werkstoffe mit $K_{ID}(v) \neq const$ (s. Abb. 15) ist Rißarrest durch das Minimum der $K_{ID}(v)$-Kurve bestimmt. Dieser Wert wird als Minimalbruchzähigkeit K_{IDm} oder K_{Im} bezeichnet. Die Bestimmung der Minimalbruchzä-

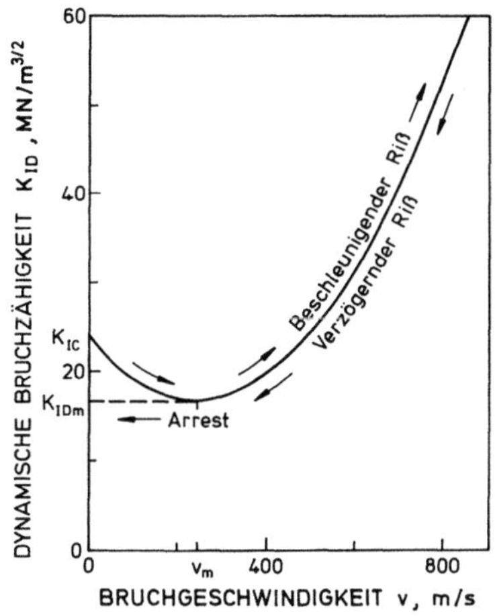

Abb. 15: Zur Definition der Minimalbruchzähigkeit K_{IDm}. (Nach Hahn)

higkeit K_{Im} wird von Hahn et al. durch Beziehungen, die unter Benutzung des Konzepts der Rückgewinnung kinetischer Energie theoretisch-numerisch ermittelt wurden, auf andere Meßgrößen zurückgeführt. Diese Berechnungen von Kanninen et al. lieferten:

1. Die Rißausbreitung während eines Rißarrestexperiments ist im wesentlichen gleichförmig (konstante Rißgeschwindigkeit $\bar{v}$).
2. Für einen Probentyp sind die Arrestrißlänge a_a (normiert auf die Anfangsrißlänge a_0) und die konstante Rißgeschwindigkeit $\bar{v}$ (normiert auf die Stabwellengeschwindigkeit c_0) eindeutige, materialunabhängige Funktionen des vorgegebenen Rißinitiierungs-Spannungsintensitätsfaktors K_{Iq} (bezogen auf denjenigen dynamischen Bruchzähigkeitswert $K_{ID}(\bar{v})$, der bei der sich einstellenden konstanten Geschwindigkeit $\bar{v}$ vorliegt).

Diese Funktionen (in Abb. 16 in anderer Darstellung wiedergegeben) werden Referenzkurven genannt.

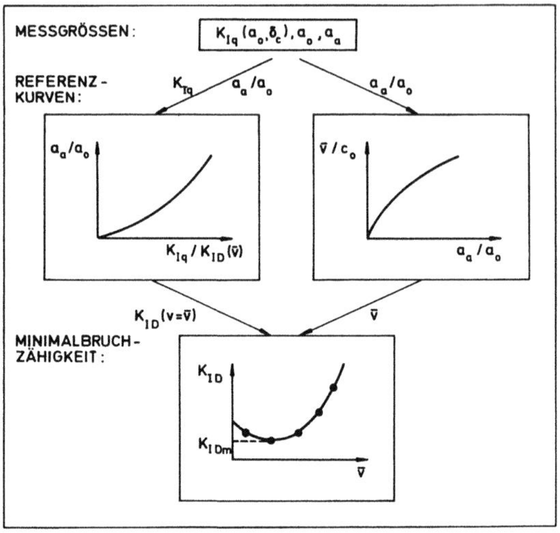

Abb. 16: Zur Bestimmung der Minimalbruchzähigkeit K_{IDm} nach dem dynamischen Rißarrestkonzept

Die Referenzkurven gestatten, aus leicht meßbaren Größen, nämlich dem Rißinitiierungs-Spannungsintensitätsfaktor K_{Iq}, der Anfangsrißlänge a_0 und der Arrestrißlänge a_a den dynamischen Bruchzähigkeitswert $K_{ID}(\bar{v})$ zu ermitteln. Die Minimalbruchzähigkeit ergibt sich als der kleinste Wert mehrerer Messungen bei unterschiedlichen Rißgeschwindigkeiten $\bar{v}$ (s. schematische Darstellung in Abb. 16 - Hoagland et al.). Referenzkurven für die C-Probe sind in Abb. 17 wiedergegeben.

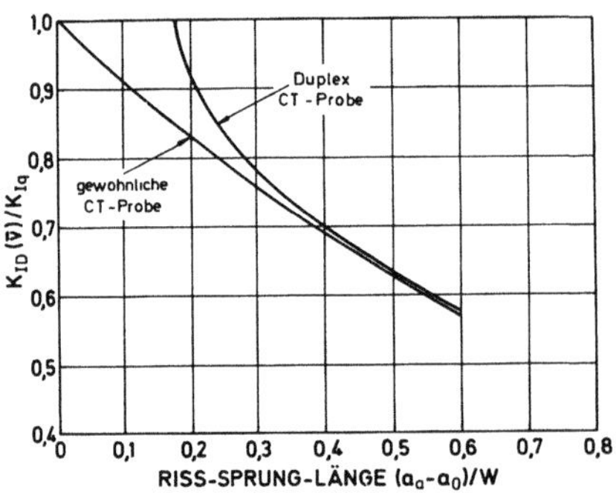

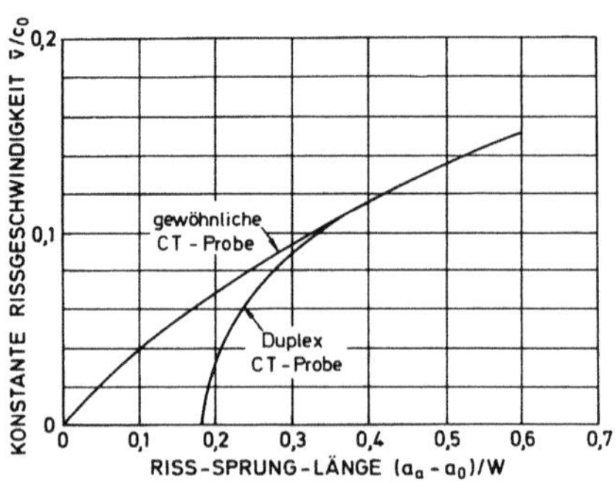

Abb. 17: Referenzkurven zur Bestimmung der konstanten Rißgeschwindigkeit $\bar{v}$ und der dynamischen Bruchzähigkeit $K_{ID}(\bar{v})$. (Nach Hoagland et al.)

Werte der statischen Rißarrestzähigkeit K_{Ia}^{stat} ($=K_{Ia}$) und der Minimalbruchzähigkeit K_{Im} für den amerikanischen Reaktordruckbehälterstahl A 533 B, die im Rahmen eines ASTM-Kooperativprogramms an transversal keilbe-

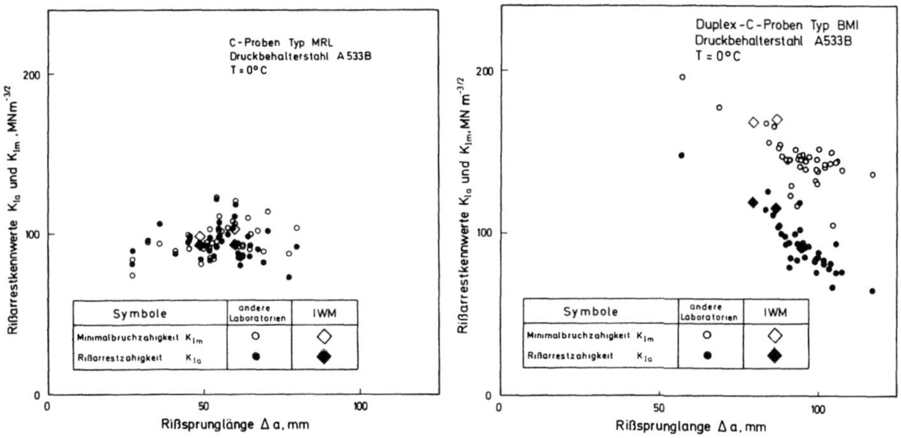

Abb. 18: Rißarrestkennwerte

lasteten C-Proben gewonnen wurden (MRL-Proben mit Schweißung im Kerbgrund und BMI-Duplex-Proben mit Starterteil aus SAE 4340), sind in Abb. 18 wiedergegeben.

5. Modelluntersuchungen zur Mechanik des Rißarrestvorgangs

Im Vergleich zu dem nach statischen Formeln ermittelten statischen Spannungsintensitätsfaktor K_I^{stat} wurde der tatsächlich an der Rißspitze sich einstellende dynamische Spannungsintensitätsfaktor K_I^{dyn} für laufende und anschließend arretierende Risse von Kalthoff et al. gemessen. Dazu wurde das schattenoptische Kaustikenverfahren nach Manogg eingesetzt.

5.1 Das schattenoptische Kaustikenverfahren

Ein Lichtbündel, das eine transparente Probe beleuchtet, wird aufgrund der Spannungskonzentration an der Rißspitze und der sich damit einstellenden Reduzierung der Probendicke und des optischen Brechungsindex derart abgelenkt, daß auf einem Schirm in einer gewissen Entfernung z_0 hinter der Probe ein Schattengebiet entsteht (s. Abb. 19a und c). Bei Anwendung der Kaustikenmethode in Reflexion ergibt sich in dem virtuellen Bildraum hinter der Probe

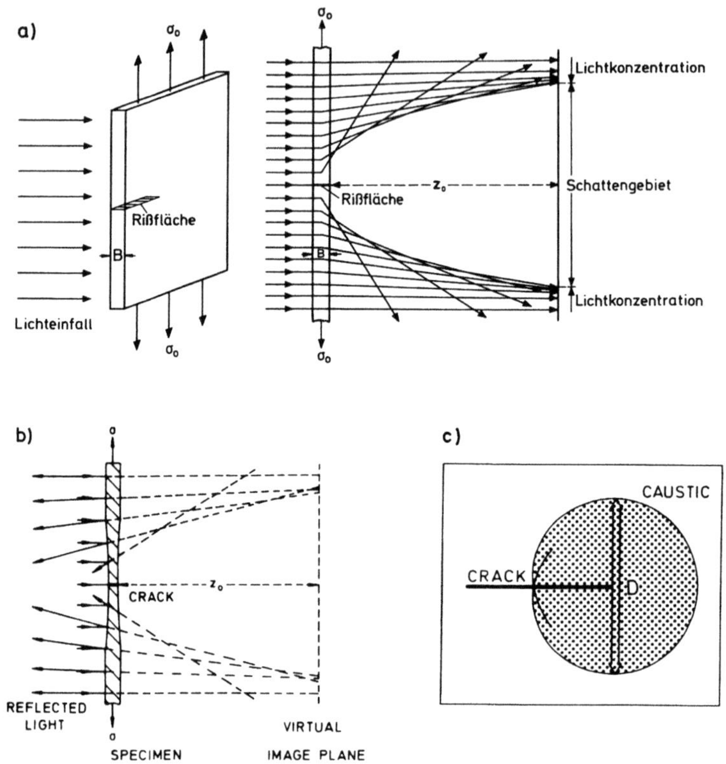

Abb. 19: Das schattenoptische Kaustikenverfahren
a) Prinzip in Transmissionsanordnung,
b) Reflexionsanordnung
c) Schattenfigur

eine prinzipiell ähnliche Lichtkonfiguration wie im Transmissionsfall (s. Abb. 19b). Aus der Spannungsverteilung um die Rißspitze berechnete und experimentell beobachtete Schattenfiguren sind in Abb. 20 für verschiedene Materialien gezeigt. Eine Einfachkaustik ergibt sich für optisch isotrope Materialien; Doppelkaustiken (deren Aufspaltung von der Art des Spannungszustandes abhängt) für optisch anisotrope Materialien.

Der Durchmesser D der Kaustik ist mit dem dynamischen Spannungsintensitäts-

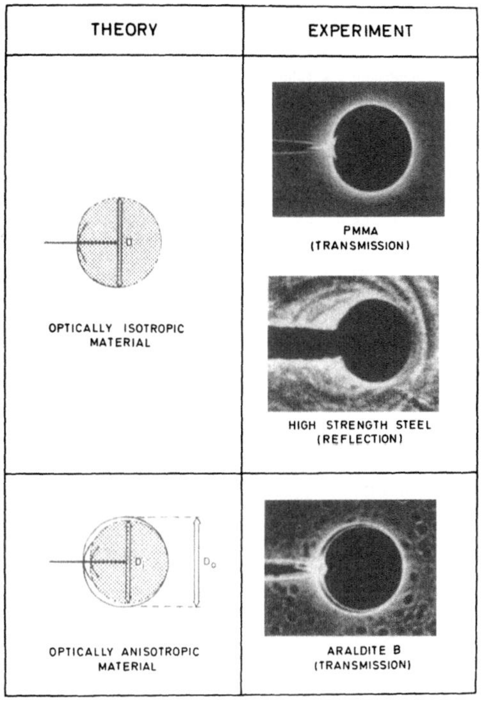

Abb. 20: Schattenfiguren für verschiedene Materialien

faktor K_I^{dyn} eines laufenden Risses korreliert nach der Gleichung (Manogg, Beinert, Kalthoff)

$$K_I^{dyn} = M \cdot F \cdot D^{5/2} \qquad (11)$$

mit

$$M = \frac{2\sqrt{2\pi}}{3 \cdot f_{a,i}^{5/2} \cdot c \cdot B \cdot z_o} \, .$$

wobei
- D = Durchmesser der Schattenfleck-Kaustik
- $f_{a,i}$ = numerischer Faktor bei Auswertung der äußeren/inneren Kaustik
- c = elastooptische Konstante
- B = Probendicke
- z_o = Referenzlänge (= Abstand Probe - Schattenbild)

$$F = \frac{4\alpha_1\alpha_2 - (1+\alpha_2^2)^2}{(\alpha_1^2-\alpha_2^2)(1+\alpha_2^2)}$$ mit α_1 und α_2 nach Gl. (2).

Zahlenwerte der elastischen und schattenoptischen Konstanten für einige Materialien sind in der Tabelle angegeben.

TABELLE 1 : Elastische und schattenoptische Konstanten für verschiedene Materialien

	Elastische Konstanten		Schattenoptische Konstanten					
			bei ebener Spannung			bei ebener Dehnung		
Material	Elastizitäts-modul, MN/m²	Poisson-zahl	c, m²/N	f_a	f_i	c, m²/N	f_a	f_i
DURCHLICHT:								
Optisch anisotrop:								
Araldit B	3660	0 392	0.970×10^{-10}	3.31	3.05	0.580×10^{-10}	3 41	2 99
CR-39	2580	0.443	1.200×10^{-10}	3.25	3 10	0.560×10^{-10}	3.33	3.04
Spiegelglas	73900	0.231	$0 027 \times 10^{-10}$	3.43	2.98	0.017×10^{-10}	3.62	2.97
Optisch isotrop:								
PMMA	3240	0.350	$1 080 \times 10^{-10}$	3.17		0.750×10^{-10}	3.17	
REFLEXION								
Alle Materialien	E	ν	ν/E	3 17		–	–	

Für laufende Risse werden die Schattenfiguren mit einer 24-Funken-Hochgeschwindigkeitskamera nach Cranz-Schardin photographiert.

5.2 Einfluß dynamischer Effekte auf den Rißarrestvorgang

Es wurden Rißarrestexperimente an RDCB-Proben, die aus dem Epoxidharz Aral-

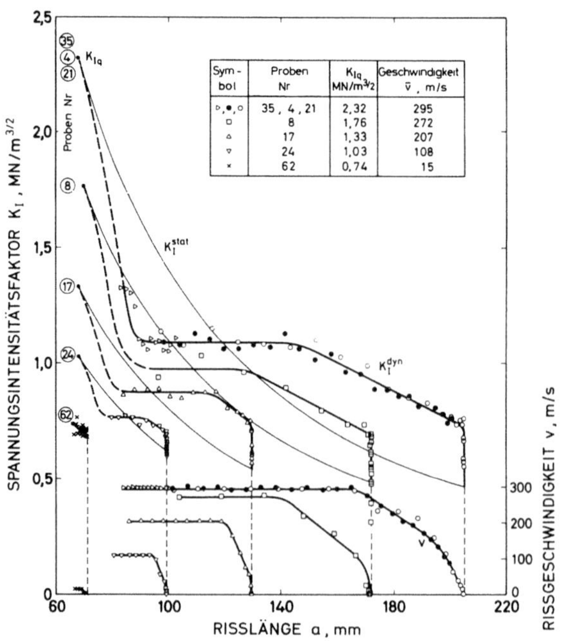

Abb. 21: Spannungsintensitätsfaktoren und Rißgeschwindigkeiten für laufende und anschließend arretierende Risse in RDCB-Proben

dit B hergestellt wurden, durchgeführt. In Abb. 21 sind die schattenoptisch gemessenen dynamischen Spannungsintensitätsfaktoren K_I^{dyn} (Meßpunkte) zusammen mit den statischen Spannungsintensitätsfaktoren K_I^{stat} (dünner gezeichnete Kurven) dargestellt. Wiedergegeben sind die Ergebnisse mehrerer Rißarrestexperimente, die bei verschiedenen Rißinitiierungs-Spannungsintensitätsfaktoren K_{Iq} durchgeführt wurden. Man erkennt:

a) Zu Beginn der Rißausbreitung ist $K_I^{dyn} < K_I^{stat}$ (Aufbau kinetischer Energie); am Ende der Rißausbreitung hingegen ist $K_I^{dyn} > K_I^{stat}$ (Rückgewinnung kinetischer Energie nach Reflexion von Wellen an den endlichen Probenberandungen - s. hierzu Kapitel 2.1).

b) Die Unterschiede zwischen K_I^{dyn} und K_I^{stat} sind umso ausgeprägter, je größer die Rißgeschwindigkeit v ist.

c) Die Rißgeschwindigkeit v ist für den größten Teil des Rißausbreitungsvorgangs konstant; erst kurz vor der Arretierung fällt die Geschwindigkeit stetig auf den Wert Null ab.

Abb. 22 zeigt zu den Spannungsintensitätsfaktor-Kurven die jeweiligen Bruch-

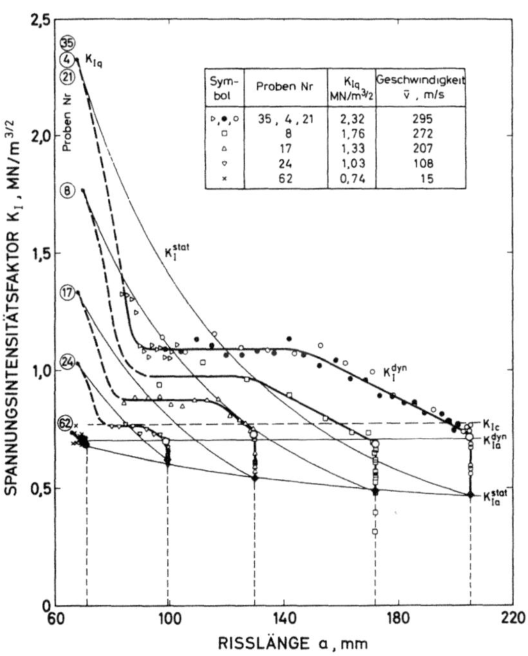

Abb. 22: Spannungsintensitätsfaktoren und Bruchzähigkeitswerte

zähigkeitswerte: die statisch ermittelte Bruchzähigkeit K_{Ia}^{stat} (= K_{Ia}), die dynamisch ermittelte Bruchzähigkeit K_{Ia}^{dyn} (= K_{Im}) und die Rißinitiierungszähigkeit K_{Ic}. Es ergeben sich kleinere Werte für K_{Ia}^{stat} im Vergleich zu K_{Ia}^{dyn}, vor allem bei hohen Rißgeschwindigkeiten, bei denen sich die dynamischen Effekte stärker bemerkbar machen.

Alle Meßergebnisse sind damit in Übereinstimmung mit dem von Hahn, Kanninen et al. angegebenen Prinzip der Rückgewinnung kinetischer Energie und dem daraus abgeleiteten Bruchverhalten (dynamisches Rißarrestkonzept).

Schattenoptische Messungen nach dem Arrestereignis (s. Abb. 23) zeigen, daß der dynamische Spannungsintensitätsfaktor K_I^{dyn} erst nach längeren Zeiten über eine Schwingung mit gedämpfter Amplitude den statischen Spannungsintensitätsfaktor-Wert für Arrest K_{Ia}^{stat} erreicht. Die Anfangsamplitude dieser Schwingung ist gleich der Differenz zwischen der dynamischen und der statisch bestimmten Rißarrestzähigkeit, $K_{Ia}^{dyn} - K_{Ia}^{stat}$, und damit ein Maß

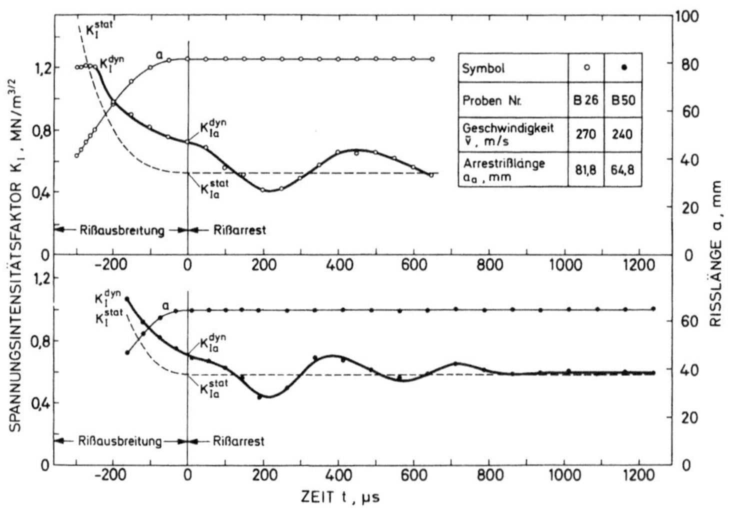

Abb. 23: Spannungsintensitätsfaktoren nach der Rißarretierung

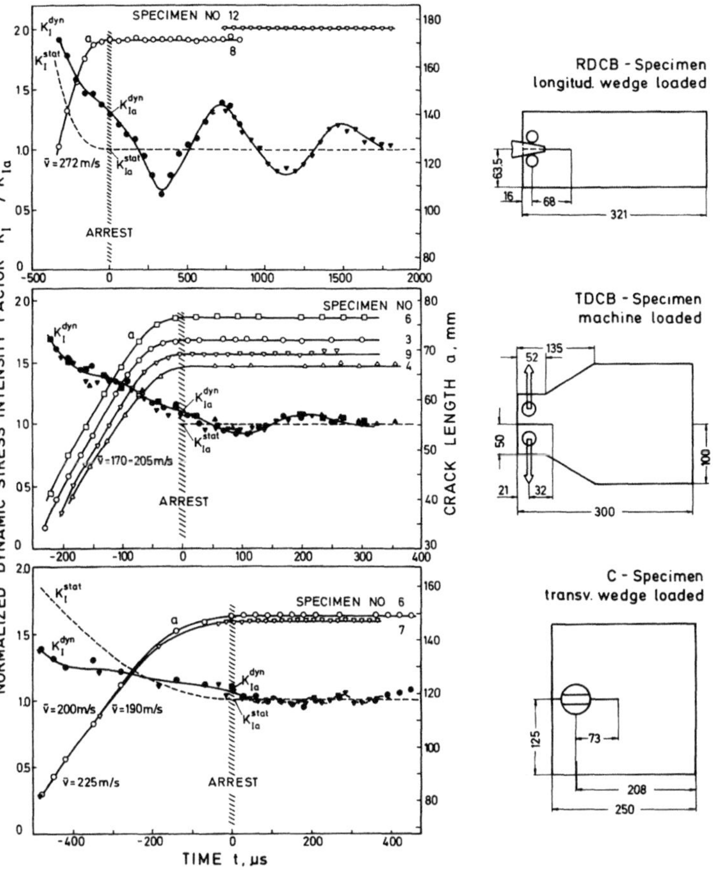

Abb. 24: Spannungsintensitätsfaktoren nach der Arretierung für verschiedene Rißarrestproben

für den Einfluß der Dynamik auf den Rißarrestvorgang in der betrachteten Probe. Messungen dieser K_I^{dyn}-Schwingung nach der Arretierung für die in Kapitel 3.1 beschriebenen Rißarrestproben zeigen (s. Abb. 24) große Amplituden bei RDCB-Proben und deutlich kleinere Amplituden bei TDCB- und insbesondere bei C-Proben. Die stark ausgeprägte Dynamik der RDCB-Probe erklärt sich aus den günstigen Bedingungen für Wellenreflexion (naher Probenrand).

Die beobachteten Erscheinungen für laufende und anschließend arretierende Risse sind in Abb. 25 in schematischer Darstellung zusammengefaßt.

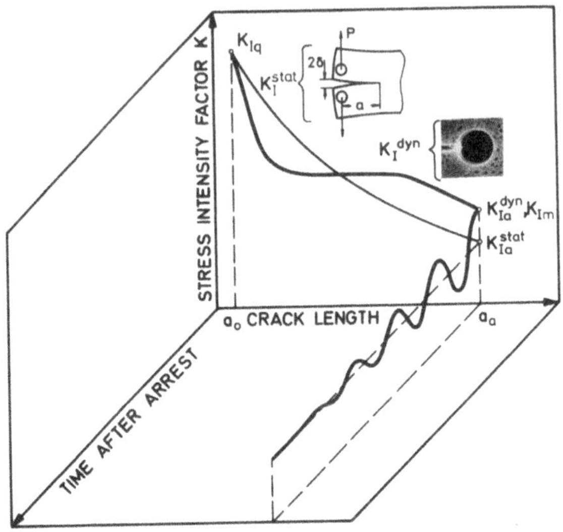

Abb. 25: Spannungsintensitätsfaktoren für laufende und anschließend arretierende Risse (schematisch)

Da Rißarrestversuche an Proben aus dem Modellmaterial Araldit B die Mechanik (Wellenvorgänge) in Stahlproben nur sehr bedingt wiedergeben können (andere Wellengeschwindigkeiten, andere Dämpfungseigenschaften), wurden entsprechende

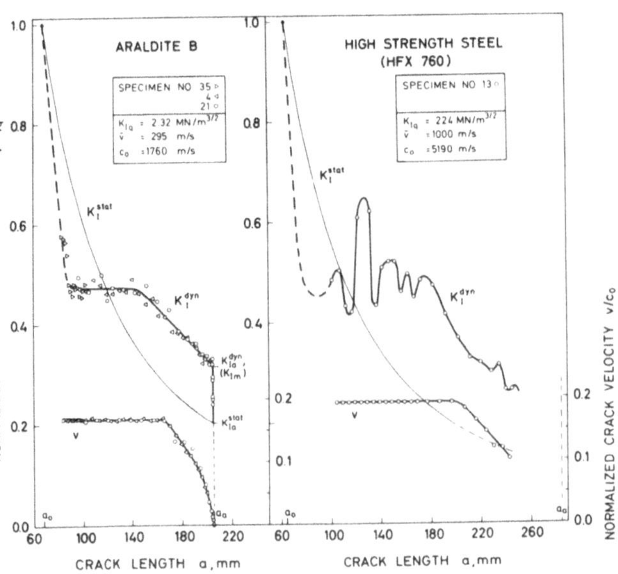

Abb. 26: Spannungsintensitätsfaktoren für laufende und anschließend arretierende Risse in Proben aus hochfestem Stahl und Modellmaterial

schattenoptische Messungen unter Verwendung der Kaustikenmethode in Reflexion an hochglänzend polierten Stahlproben hoher Festigkeit (martensitaushärtender Stahl X2 NiCoMo 18 9 5, Südwestfalen HFX 760) durchgeführt. Die Ergebnisse bestätigen prinzipiell das in den Modellversuchen an Araldit-Proben gefundene Verhalten (s. Abb. 26). Die schattenoptischen Photos laufender Risse in diesen hochfesten Stahlproben (s. Abb. 27) zeigen zusätzlich

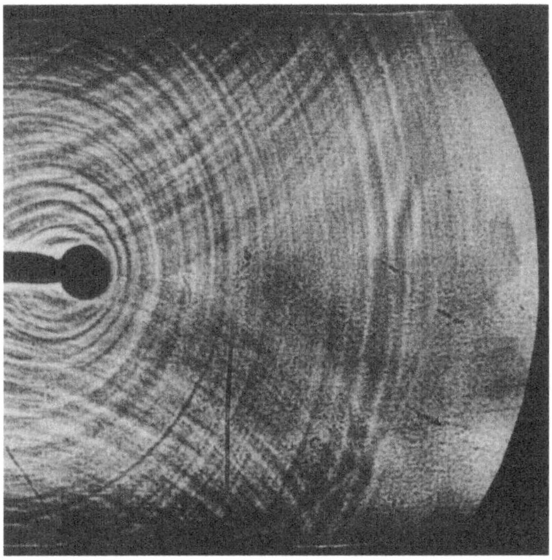

Abb. 27: Schattenoptisches Bild eines laufenden Risses in einer keilbelasteten geraden DCB-Probe aus einem hochfesten Stahl

zu dem Schattenfleck die Erzeugung elastischer Wellen an der Spitze des Risses, deren Reflexion an den endlichen Probenberandungen und die anschließende erneute Wechselwirkung dieser Wellen mit dem Riß. Der Einfluß dynamischer Effekte auf den Rißarrestvorgang in endlichen berandeten Proben wird dadurch sehr anschaulich illustriert.

6. Auswirkungen dynamischer Effekte bei Rißarrestsicherheitsanalysen

Im ASME Code, Section XI, A 5300 sind für das Beispiel eines Innenrisses in der Wand eines Reaktordruckbehälters bei Strahlungsversprödung und Thermospannungsfeldern die Bedingungen für Rißarrest unter Verwendung des statischen Rißarrestkonzepts aufgezeigt (dünner gezeichnete Kurven in Abb. 28).

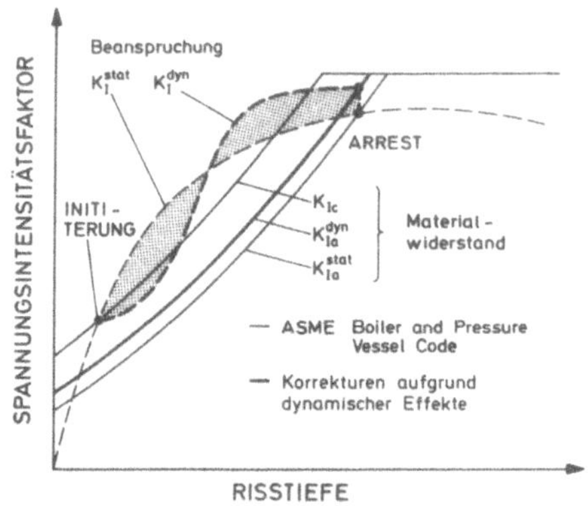

Abb. 28: Initiierungs- und Arrestverhalten eines Risses in der Wand eines Druckbehälters

Die Berücksichtigung dynamischer Effekte auf den Rißarrestvorgang würde die in Abb. 28 ebenfalls eingezeichneten Korrekturen (stärker ausgezogene Kurven) erforderlich machen.

Abb. 29 zeigt, wie sich die nach dem statischen Konzept vorhergesagte Rißarrestlänge verschieben würde, wenn sich die dynamischen Effekte bei der K_{Ia}-Bestimmung an der Laborprobe und der Spannungsintensitätsfaktor-Ermittlung für das Bauteil unterschiedlich auswirken. Wegen der im allgemeinen geringeren Dimensionen der Laborprobe im Vergleich zu den Dimensionen des Bauteils ist anzunehmen, daß der Einfluß dynamischer Effekte auf den K_{Ia}-Wert grösser ist als auf den Spannungsintensitätsfaktor-Verlauf und damit

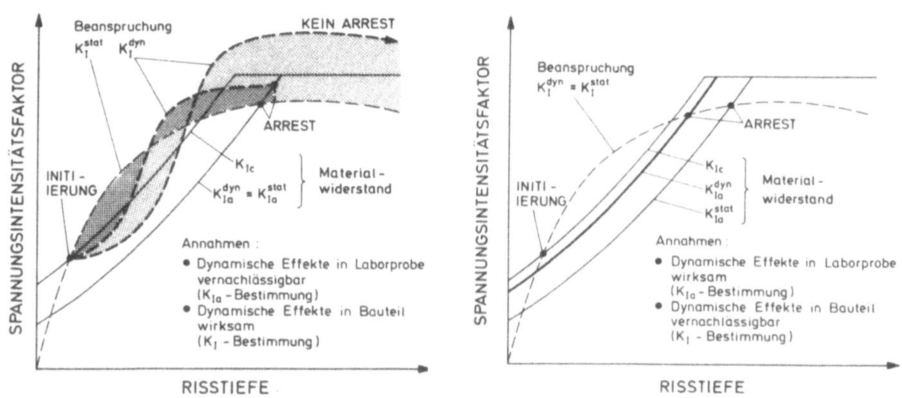

Abb. 29: Auswirkungen dynamischer Effekte auf Rißarrest-Sicherheitsanalysen (am Beispiel eines Druckbehälters)

Rißarrest schon bei kleineren Rißlängen auftreten wird als man nach einer statischen Analyse voraussagen würde. Das statische Rißarrest-Konzept gibt damit das Rißarrestverhalten prinzipiell nicht korrekt wieder, die so gewonnenen Sicherheitsaussagen wären jedoch unter diesen Bedingungen (Fall b) als konservativ anzusehen.

Literatur

Achenbach, J.D.: Dynamic Effects in Brittle Fracture, in Mechanics Today, ed. by Nemat-Nasser, S., Pergamon Press, New York (1973) Bd. 1, S. 1

Achenbach, J.D. und Bazant, Z.P.: Elastodynamic Near-Tip Stress and Displacement Fields for Rapidly Propagating Cracks in Orthotropic Materials. J. App. Mech. Bd. 42 (1975) S. 183

ASME Boiler and Pressure Vessel Code, Section XI, A 5300. The American Society of Mechanical Engineers, New York (1974)

Beinert, J., Kalthoff, J.F. und Maier, M.: Neuere Ergebnisse zur Anwendung des Schattenfleckverfahrens für stehende und schnell laufende Risse. 6. Int. Conf. Exper. Stress Analysis and 1978 SESA Fall Meeting, München (1978)

Bluhm, J.I.: Fracture Arrest, Chapter 1 in Volume V of Fracture, An Advanced Treatise, ed. by Liebowitz, H., Academic Press, New York, London (1969) S. 1

Crosley, P.B. und Ripling, E.J.: Dynamic Fracture Toughness of A 533 Steel. Trans. ASME, J. Bas. Engng., Ser. D. Bd. 91 (1969) S. 525

Crosley, P.B. und Ripling, E.J.: Crack Arrest Toughness of Pressure Vessel Steels, Nucl. Engng. Design, Bd. 17 (1971) S. 32

Crosley, P.B. und Ripling, E.J.: Crack Arrest in an Increasing K-Field. Proc. 2nd Int. Conf. Pressure Vessel Technology, San Antonio, Texas, ASME (1973) S. 995

Crosley, P.B. und Ripling, E.J.: Characteristics of a Run-Arrest Segment of Crack Extension. Fast Fracture and Crack Arrest, ASTM STP 627, American Society for Testing and Materials, Philadelphia (1977) S. 203

Crosley, P.B. und Ripling, E. J.: Guidelines for Measuring K_{Ia} with a Compact Specimen, Appendix A of Prospectus for a Cooperative Test Program on Crack Arrest Toughness Measurement. ASTM E 24.03.04 - Crack Arrest Task Group, American Society for Testing and Materials, Philadelphia (1977)

Crosley, P.B. und Ripling, E.J.: Towards Development of a Standard Test for Measuring K_{Ia}. Fast Fracture and Crack Arrest, ASTM SPT 627, American Society for Testing and Materials, Philadelphia (1977) S. 372

Crosley, P.B. und Ripling E.J.: Comparison of Crack Arrest Methodologies. Crack Arrest Methodology and Applications, ASTM STP 711, American Society for Testing and Materials, Philadelphia (1980) S. 211

Crosley, P.B. und Ripling, E.J.: Significance of Crack Arrest Toughness (K_{Ia}) Testing. Crack Arrest Methodology and Applications, ASTM STP 711, American Society for Testing and Materials, Philadelphia (1980) S. 321

Freund, L.B.: Crack Propagation in an Elastic Solid Subjected to General Loading - 1. Constant Rate of Extension. J. Mech. Phys. Solids, Bd. 20 (1972) S. 129

Freund, L.B.: Dynamic Crack Propagation, in The Mechanics of Fracture, ed. by Erdogan, F., AMD - Bd. 19, The American Society of Mechanical Engineers, New York (1976)

Gross, D.: Beiträge zu den dynamischen Problemen der Bruchmechanik. Habilitationsschrift, Universität Stuttgart (1974)

Gross, D.: Special Theoretical Aspects of Dynamic Fracturing. Advanced Seminar on Fracture Mechanics, Commission of the European Communities Joint Research Center, Ispra, Italy (1975)

Hahn, G.T., Hoagland, R.G., Kanninen, M.F. und Rosenfield, A.R.: Preliminary Study of Fast Fracture and Crack Arrest in the DCB-Test Specimen, in Dynamic Crack Propagation, ed. by Sih, G.C., Lehigh University, Bethlehem, Pa., Noordhoff International Publishing, Leyden (1972) S. 649

Hahn, G.T., Hoagland, R.G., Kanninen, M.F. und Rosenfield, A.R.: The Characterization of Fracture Arrest in Structural Steel. Proc. 2nd Int. Conf. Pressure Vessel Technology, San Antonio, Texas, ASME (1973) S. 981

Hahn, G.T., Gehlen, P.C., Hoagland, R.G., Kanninen, M.F., Popelar, C. und Rosenfield, A.R.: Critical Experiments, Measurements and Analyses to Establish a Crack Arrest Methodology for Nuclear Pressure Vessel Steels - First Annual Progress Report. NRC-Report No. BMI-1937, Battelle Columbus Laboratories, Columbus, Ohio (1975)

Hahn, G.T., Gehlen, P.C., Hoagland, R.G., Kanninen, M.F., Popelar, C. und Rosenfield, A.R.: Critical Experiments, Measurements and Analyses to Establish a Crack Arrest Methodology for Nuclear Pressure Vessel Steels - Second Annual Progress Report. NRC-Report No. BMI-NUREG-1959, Battelle Columbus Laboratories, Columbus, Ohio (1976)

Hahn, G.T., Gehlen, P.C., Hoagland, R.G., Marschall, C.W., Kanninen, M.F., Popelar, C. und Rosenfield, A.R.: Critical Experiments, Measurements and Analyses to Establish a Crack Arrest Methodology for Nuclear Pressure Vessel Steels - Third Annual Progress Report. Report No. BMI-NUREG-1995, Battelle Columbus Laboratories, Columbus, Ohio (1977)

Hahn, G.T., Hoagland, R.G., Rosenfield, A.R. und Barnes, C.R.: A Cooperative Program for Evaluating Crack Arrest Testing Methods. Crack Arrest Methodology and Applications, ASTM STP 711, American Society for Testing and Materials, Philadelphia (1980) S. 248

Hahn, G.T., Hoagland, R.G., Lereim, J., Markworth, A.J. und Rosenfield, A.R.: Fast Fracture Toughness and Crack Arrest Toughness of Reactor Vessel Steel. Crack Arrest Methodology and Applications, ASTM STP 711, American Society for Testing and Materials, Philadelphia (1980) S. 289

Hoagland, R.G., Rosenfield, A.R., Gehlen, P.C. und Hahn, G.T.: A Crack Arrest Measuring Procedure for K_{Im}, K_{ID}, and K_{Ia} Properties. Fast Fracture and Crack Arrest, ASTM STP 627, American Society for Testing and Materials, Philadelphia (1977) S. 177

Hoagland, R.G., Gehlen, P.C., Rosenfield, A.R., Kanninen, M.F. und Hahn, G.T.: Proposed Tentative Method of Test for Fast Fracture Toughness and Crack Arrest, Appendix B of Prospectus for a Cooperative Test Program on Crack Arrest Toughness Measurement. ASTM E 24.03.04 - Crack Arrest Task Group, American Society for Testing and Materials, Philadelphia (1977)

Kalthoff, J.F., Beinert, J. und Winkler, S.: Dynamische Spannungsfaktoren für arretierende Risse. 7. Sitzung des Arbeitskreises Bruchvorgänge im DVM, Aachen (1975) S. 39

Kalthoff, J.F., Winkler, S. und Beinert, J.: Dynamic Stress Intensity Factors for Arresting Cracks in DCB-Specimens. Int. J. Fract. Bd. 12 (1976) S. 317

Kalthoff, J.F., Beinert, J. und Winkler, S.: Einfluß dynamischer Effekte auf die Bestimmung von Rißarrestzähigkeiten und auf die Anwendung von Rißarrestsicherheitsanalysen. 8. Sitzung des Arbeitskreises Bruchvorgänge im DVM, Köln (1976) S. 138

Kalthoff, J.F., Beinert, J. und Winkler, S.: Auswirkungen dynamischer Effekte auf Rißarrest-Sicherheitsanalysen. Reaktortagung 1976 des Deutschen Atomforums e.V., Düsseldorf (1976) S. 806

Kalthoff, J.F., Winkler, S., Beinert, J. und Blauel, J.G.: Untersuchungen zur Rißarretierung aus bruchmechanischer Sicht. IFKM Wissenschaftlicher Bericht V9/77, Institut für Festkörpermechanik, Freiburg (1977)

Kalthoff, J.F., Beinert, J. und Winkler, S.: Measurements of Dynamic Stress Intensity Factors for Fast Running and Arresting Cracks in Double-Cantilever-Beam Specimens, Fast Fracture and Crack Arrest, ASTM STP 627, American Society for Testing and Materials, Philadelphia (1977) S. 161

Kalthoff, J.F., Beinert, J., Winkler, S. und Blauel, J.G.: On the Determination of the Crack Arrest Toughness, 4. Int. Conf. Fracture, Bd. 3, Waterloo, Canada (1977) S. 751

Kalthoff, J.F., Beinert, J., Winkler, S. und Klemm, W.: Experimental Analysis of Dynamic Effects in Different Crack Arrest Test Specimens. Crack Arrest Methodology and Applications, ASTM STP 711, American Society for Testing and Materials, Philadelphia (1980) S. 109

Kanninen, M.F.: A Dynamic Analysis of Unstable Crack Propagation and Arrest in the DCB-Test Specimen, Int. J. Fract. Bd. 10 (1974) S. 415

Kanninen, M.F., Popelar, C. und Gehlen, P.C.: Dynamic Analysis of Crack Arrest on Contoured and Straight-Sided DCB-Test Specimens for Wedge Loading and Machine Loading Conditions. Fast Fracture and Crack Arrest, ASTM STP 627, American Society for Testing and Materials, Philadelphia (1977) S. 19

Manogg, P.: Anwendung der Schattenoptik zur Untersuchung des Zerreißvorgangs von Platten. Dissertation Universität Freiburg (1964)

Rice, J.R.: Mathematical Analysis in the Mechanics of Fracture. Chapter 3 in Volume II of Fracture. An Advanced Treatise, ed. by Liebowitz, H., Academic Press, New York, London (1968) S. 235

Yoffee, E.H.: The Moving Griffith Crack. Phil. Mag. Bd. 42 (1951) S. 739

Yoshiki, M., Kanazawa, T. und Machida, S.: Some Basic Considerations on Crack Arresting Mechanisms in Welded Steel Structures. Faculty of Engineering, Department of Naval Architecture, University of Tokyo, Japan (1965)

Manuskript zusammengestellt aus:

J.F. Kalthoff: "Zur Ausbreitung und Arretierung schnell laufender Risse", Fortschritt-Berichte der VDI-Zeitschriften, Reihe 18, Nr. 4, VDI-Verlag, Düsseldorf

J.F. Kalthoff, J. Beinert, S. Winkler: "Measurements of Dynamic Stress Intensity Factors for Fast Running and Arresting Cracks in Double-Cantilever-Beam Specimens" in "Fast Fracture and Crack Arrest", ASTM STP 627, American Society for Testing and Materials, 1977, pp. 161-176

J.F. Kalthoff, J. Beinert, S. Winkler, W. Klemm: "Experimental Analysis of Dynamic Effects in Different Crack Arrest Test Specimens" in "Crack Arrest Methodology and Applications", ASTM STP 711, American Society for Testing and Materials, 1980, pp. 109-127

Dr.-Ing. Jörg F. Kalthoff
Fraunhofer-Institut für Werkstoffmechanik
Rosastraße 9
D-7800 Freiburg i.Br.
Bundesrepublik Deutschland

MÖGLICHKEITEN UND GRENZEN DER BRUCHMECHANIK

ERWIN SOMMER

1. Einleitung

Die Bruchmechanik /I/ ist ein interdisziplinäres Fachgebiet, das zwischen der Festigkeitstheorie und der Werkstoffkunde angesiedelt ist. Die an die Bruchmechanik geknüpften Erwartungen sind breit gefächert. Zielvorstellungen liegen etwa zwischen dem zweckfreien Wunsch,

- Versagensvorgänge exakt zu beschreiben,

und an der anwendungsorientierten Notwendigkeit,

- Sicherheitsreserven eines Bauteils gegen Versagen zu quantifizieren.

Spezifisch für die Vorgehensweise der Bruchmechanik ist deren Ausgangshypothese:

- ein Versagen wird durch eine Fehlerstelle eingeleitet; die gefährlichste Fehlerstelle ist ein scharfer Riß.

Die resultierende Aufgabenstellung zerfällt in zwei Teilbereiche:

- die Analyse der Beanspruchungen von rißbehafteten Bauteilen bzw. Proben, insbesondere im Rißspitzenumfeld;
- die Erfassung der Werkstoff- bzw. Bauteilreaktion gegen derartige Beanspruchungen.

Im Vergleich zu anderen Verfahren, die den sicheren Betrieb einer Konstruktion durch die Einhaltung definierter Grenzwerte der Festigkeit, der Zähigkeit oder von Übergangstemperaturen garantieren sollen, hat die Bruchmechanik durch die lokale Analyse des Versagensprozesses neue Möglichkeiten eröffnet. Allerdings geht der größere Detaillierungsgrad zu Lasten der Allgemeingültigkeit der Aussage. Den jeweiligen Gültigkeitsbereich durch eine exakte Angabe der Grenzen abzustecken, gehört zu den schwierigsten Aufgaben der Bruchmechanik.

Im folgenden werden anhand von einigen einfachen Beispielen - ohne Anspruch auf Vollständigkeit - derartige "Möglichkeiten und Grenzen" näher untersucht.

2. Möglichkeiten

Die Möglichkeiten der Bruchmechanik sollen am Beispiel eines Druckbehälters mit einem eingeschweißten Stutzen aufgezeigt werden /2/.

Gesucht wird die Antwort auf die Frage nach dem sicheren Einsatzbereich eines derartigen Behälters bei mechanischer Beanspruchung. Als wichtigste Einflußgrößen sind zu betrachten - wenn man korrosive Einflüsse ausklammert -:

- die mechanischen Beanspruchungen durch Innendruck, Eigenspannungen und Reaktionskräfte - statisch, wechselnd oder impulsartig aufgebracht,
- die Temperaturen des Einsatzbereichs.

Aus diesem weiten Feld möglicher Beanspruchungen wird im folgenden nur die langsam aufgebrachte, einsinnige weiterbehandelt. Die phänomenologische Reaktion von Behältern beim Versagen, das durch ansteigenden Innendruck herbeigeführt wurde, soll durch Abb. 1 und Abb. 2 angedeutet werden. Abb. 1 zeigt einen kleinen Behälter (ca. 1 m Ø), der bei -120°C geborsten wurde. Mit der in Abb. 2 im Prinzip wiedergegebenen Auftragung des Berstdrucks von Behältern gleichen Werkstoffs und gleicher Bauart über der Temperatur ist eine erste Eingrenzung des Einsatzbereiches gegeben. Die Übertragung eines solchen Ergebnisses auf Behältertypen aus anderem Werkstoff, anderer Bauart und Größe ist nicht möglich. Da "full scale" Testserien dieser Art äußerst aufwendig und kostspielig sind und zudem wegen der geringen Anzahl von Testobjekten nur eine große Unschärfe der Aussage liefern, sind andere Methoden der Versagensanalyse und -eingrenzung notwendig.

Abstrahiert man aus dem experimentellen Ergebnis der Berstversuche als Ursachen des Versagens:

- Hohe, mehrachsige Beanspruchungen im Übergang Stutzen - Klöpperboden;
- Fehlerstellen im Schweißnahtbereich;

so ergeben sich - neben der selbstverständlichen Qualitätskontrolle zur Einhaltung von Fertigungs- und Werkstoffgüte - folgende Aufgaben:

- Analyse der Beanspruchungen im gefährdeten Bereich
  - integral - ohne Berücksichtigung von Fehlerstellen -;
  - lokal in der Umgebung von "fiktiv" eingebrachten Fehlerstellen/Rissen;
- Bewertung dieser Beanspruchungen mit Hilfe von Versagenskriterien.

Das Prinzip der Vorgehensweise ist in den nächsten drei Abbildungen geschildert. Abb. 3 deutet an, daß die Beanspruchungen im gefährdeten Bereich bei elastischem sowie elastisch-plastischem Werkstoffverhalten mit Hilfe numerischer Methoden integral wie auch lokal vor eingebrachten Rissen berechnet

Abb. 1: Geborstener Behälter
Werkstoff: Kesselblech H I
Temperatur: -80°C

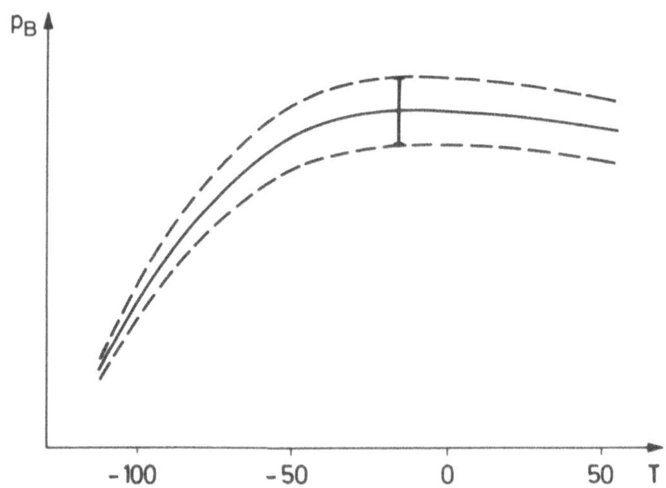

Abb. 2: Idealisierte Berstdruck-Temperatur-Kurve

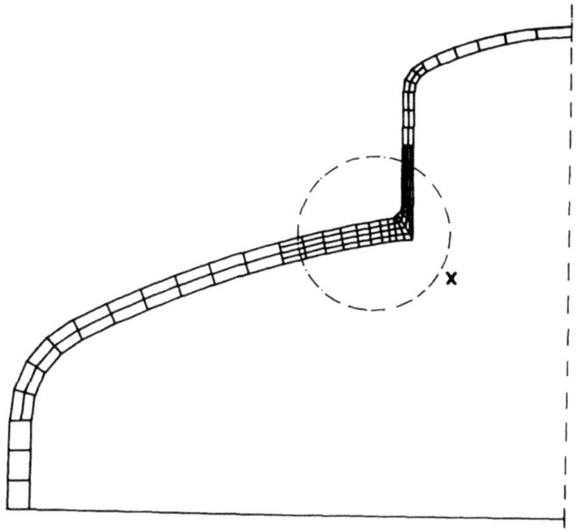

a) integral

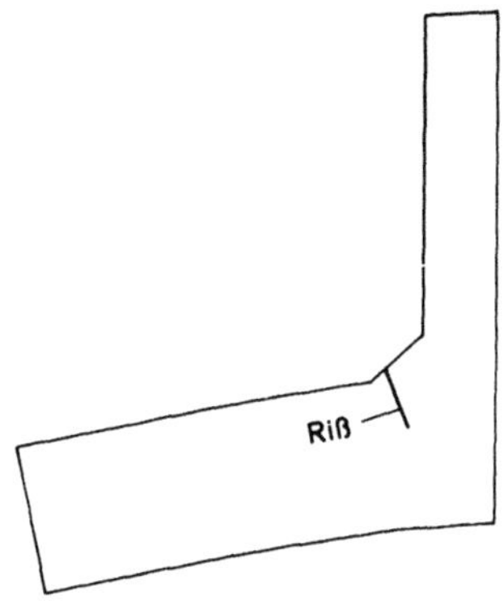

b) lokal - ein Fiktivriß dient als Sonde

Abb. 3: Zur Analyse der Beanspruchungen im Stutzenbereich

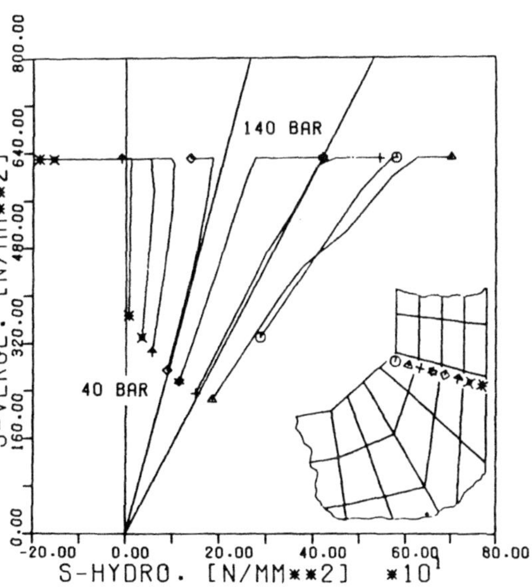

Abb. 4: Bewertung der integralen Beanspruchung in einzelnen Volumenelementen im Hencky-Diagramm:

$$\sigma_H = \frac{\sigma_1 + \sigma_2 + \sigma_3}{3} = \text{hydrostatische Spannung}$$

σ_v = Vergleichsspannung nach v. Mises

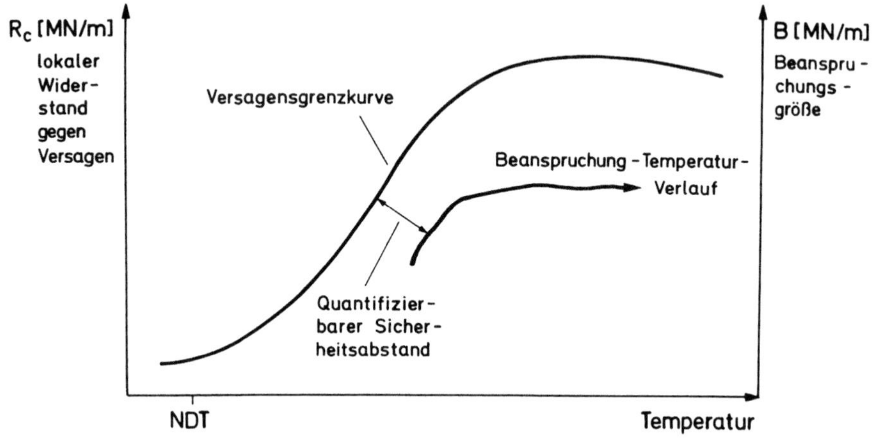

Abb. 5: Idealisierte Versagensgrenzkurve - Betriebsdiagramm

werden können. In Abb. 4 ist skizziert, wie etwa die in den verschiedenen Elementen des gefährdeten Bereichs resultierenden Beanspruchungen in einer von Hencky vorgeschlagenen Auftragung bewertet werden können. Der Einfluß von Fehlerstellen bleibt bei dieser "integralen" Betrachtungsweise unberücksichtigt. Abb. 5 gibt den typisch bruchmechanischen Weg wieder: Die vor einem schlimmstenfalls in der Konstruktion denkbaren Riß bestimmter Lage und Größe auftretende lokale Beanspruchung wird durch eine Beanspruchungsgröße B gekennzeichnet. Ihre Größe wird für alle Beanspruchungssituationen berechnet und über der Temperatur aufgetragen. Ob die jeweilige Beanspruchung tolerierbar ist, wird anhand einer Versagensgrenzkurve beurteilt. Diese Grenzkurve ist experimentell aus der Reaktion von rißbehafteten Proben auf eine ähnliche Beanspruchung bei gleichzeitiger Einhaltung konservativster Versagensbedingungen gewonnen. Aufgetragen ist der - noch zu definierende - kritische Rißwiderstand R_c über der Temperatur.

Zur Abstützung des bruchmechanischen Zugangs ist eine Vielzahl von Einzelschritten und -beweisen notwendig. Die Vorgehensweise soll in diesem Zusammenhang nur angedeutet werden. Die Abb. 6 und 7 veranschaulichen wie die realen Prozesse bei der Versagenseinleitung in einem Stahl ablaufen und wie die resultierende Bruchfläche aussieht. Der hier skizzierte Bruchvorgang stellt einen Sonderfall für einen bestimmten Werkstoff und einen bestimmten Temperaturbereich dar. Der gleiche Werkstoff würde bei sehr tiefen Temperaturen durch "Sprödbruch" versagen, im Grenzfall hoher Temperaturen durch "plastischen Kollaps". Die Bedeutung eines Ausgangsrisses für die Versagenseinleitung nimmt mit zunehmender Temperatur ab, weil das am Versagensvorgang beteiligte Rißssitzenvolumen ständig zunimmt.

Das mechanische Verhalten dieses Rißspitzenumfeldes durch charakteristische Größen zu erfassen und zu bewerten ist die zentrale Aufgabe der Bruchmechanik. Abb. 8 deutet die hierfür vorhandenen Möglichkeiten an.

- Beanspruchungscharakterisierung:
  - Spannungen σ_{ik}
  - Dehnungen ε_{ik}
  - Verschiebung der Rißufer 2v (COD)
  - für den Bruchvorgang angelieferte Energie = Energiefreisetzungsrate G
  - Spannungsfaktor K als Maß für die Stärke des Spannungsanstiegs vor der Rißspitze (linear elastisches Werkstoffverhalten vorausgesetzt)

Grundlage aller Versagenshypothesen ist die einfache Annahme, daß ein Versagen immer dann einsetzt, wenn ein bestimmter "kritischer" Wert der Beanspruchungsgröße selbst oder der einer durch die Kombination verschiedener Beanspruchungsgrößen gebildeten Funktion überschritten wird. Dementsprechend werden als Kriterien zur Beschreibung des Versagens benutzt:

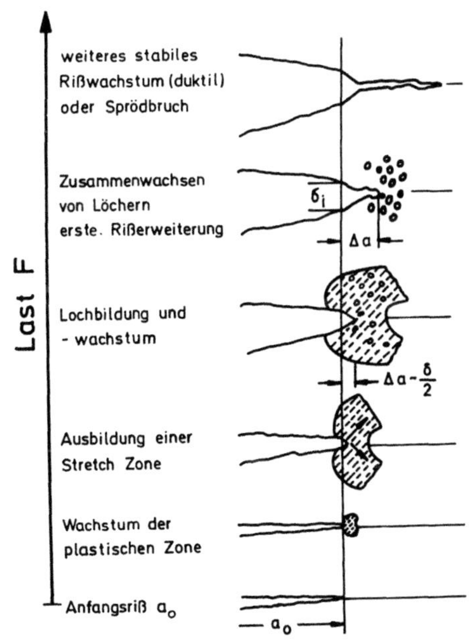

Abb. 6: Vorgänge bei der Versagenseinleitung /3/, /4/

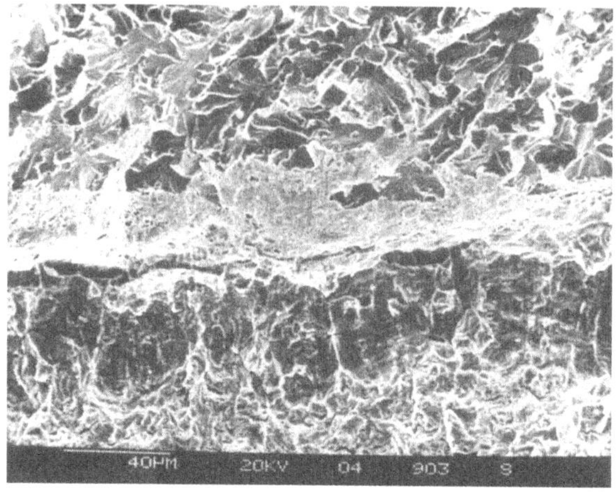

Abb. 7: Stretchzonenbildung und stabile Rißerweiterung beim Bruch einer Probe aus 22 Ni Mo Cr 3 7, T = -60°C /3/, /4/

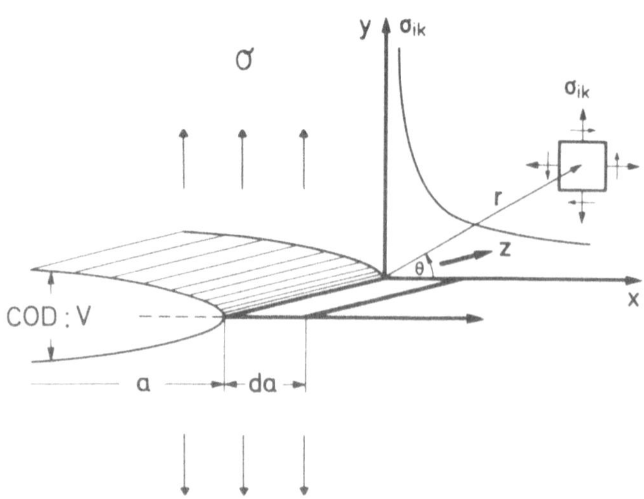

Abb. 8: Beanspruchung vor einer Rißspitze

- Spannungskriterien ⟶ relevant für Sprödbruch;
- Dehnungskriterien ⟶ relevant für Zähbruch;
- Verschiebungskriterien
- Energiekriterien ⟶ relevant für Spröd- und Zähbruch;

  die in der Bruchmechanik für überwiegend elastisches Werkstoffverhalten abgeleitete Rißzähigkeit K_{Ic} besitzt den Vorzug, daß sie die Eigenschaften der verschiedenen Kriterien in sich vereint und damit zugleich ein Festigkeits- und Zähigkeitskriterium ist. (Grund: Spannung $\sigma_{ik} \propto K/\sqrt{r}$, Verschiebung $2v \propto K\sqrt{r}$, (r = Abstand von der Rißspitze), Energiefreisetzungsrate $G \propto K^2$).

Der Versuch, den Einsatz des Versagens mit nur einem kritischen Wert einer Beanspruchungsgröße zu beschreiben, beinhaltet immer eine starke Vereinfachung und wird umso fragwürdiger, je größer die Prozeßzone, das ist das unmittelbar am Bruchvorgang beteiligte Volumen des Rißspitzenumfeldes, wird und je mehr sie unter den Einfluß bauteilspezifischer Randbedingungen gerät.

Die durch Vereinfachung erzielte Überschaubarkeit der Aussage darf aber nicht unbedingt als Beweis für deren Richtigkeit gedeutet werden. Im Verfolg dieser Vorgehensweise werden als dominierende Parameter angesehen: die Temperatur, der lokale Beanspruchungszustand und die lokale Beanspruchungsgeschwindigkeit. Behandelt man die Zeitabhängigkeit gesondert und legt den Beanspruchungszustand implizit, z.B. durch die Forderung eines lokal gegebenen ebenen Verformungszustandes fest, bleibt als Hauptparameter die Temperatur. Das ist die Basis für die Aufstellung einer Versagensgrenzkurve (vgl. Abb. 5).

Zusammengefaßt: der lokalen Beanspruchung an der Rißspitze, charakterisiert durch eine Beanspruchungsgröße B, wird von der Werkstoff- und Bauteilseite ein Widerstand entgegengebracht, charakterisiert durch einen Rißwiderstand R. Kritische Werte des Rißwiderstandes R_c geben an, wann sich ein Riß z.B. stabil oder instabil ausbreitet. Das ist in Abb. 9 für die Fälle "Sprödbruch" und "Zähbruch" veranschaulicht. Während beim Sprödbruch der Beginn der Rißausbreitung und Instabilität zusammenfallen, kann beim Zähbruch eine Auffächerung eintreten. Daß die zunächst im Prinzip diskutierten Widerstandskurven z.B. auf der Basis des J-Integral tatsächlich experimentell bestimmt werden können zeigt Abb. 10.

Wenn eine Konstruktion gegen eine dynamische Beanspruchung abgesichert werden muß, sind weitere Zusatzmaßnahmen notwendig.

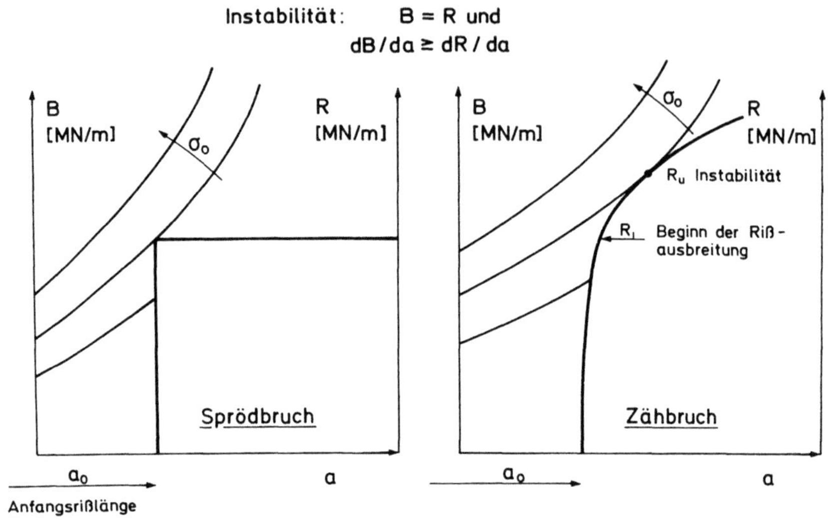

Abb. 9: Kriterien: Beginn der Rißausbreitung, Instabilität

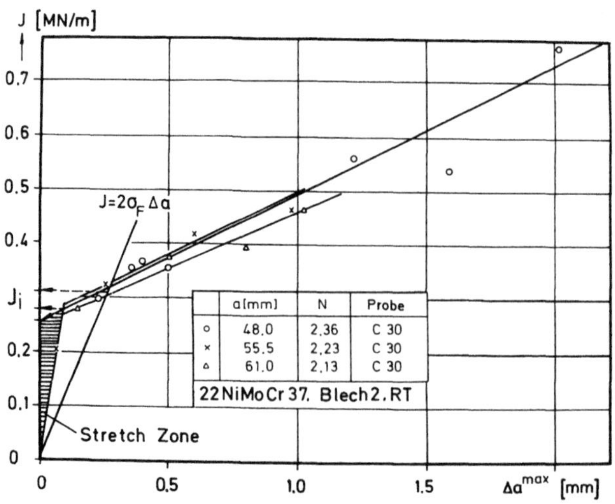

Abb. 10: Rißwiderstandskurve J - Δa /3/, /4/

3. Grenzen

Es wäre vermessen, die Grenzen der Bruchmechanik in dem folgenden kleinen Abschnitt abstecken zu wollen. Die zugrundeliegende Problematik soll deshalb anhand von drei Beispielen andiskutiert werden:

Beispiel 1: Versagensgrenzkurve.

Bei der Fixierung des in Abb. 5 wiedergegebenen prinzipiellen Verlaufs einer Versagensgrenzkurve mit Hilfe bruchmechanischer Kennwerte müssen folgende Gesichtspunkte beachtet werden:

1) Zur Überdeckung des vollen Variationsbereichs der Parameter müssen mehrere Kriterien herangezogen werden.
   - Tieftemperaturbereich: $R_c \propto K_{Ic}^2$; K_{Ic} = Rißzähigkeit; Ende des Gültigkeitsbereichs: große plastische Verformung im Rißspitzenumfeld, Nichterreichung des lokalen ebenen Verformungszustandes; formale Festlegung durch Geometriebedingungen.
   - Übergangsbereich $R_c \propto J_{Ic}$: kritischer Wert des J-Integrals, der den Einsatz stabilen Rißwachstums festlegt. Untersuchungen zum Gültigkeitsbereich in vollem Gange. Probleme: Einfluß der Probengeometrie (constraint) Bedeutung des Wechsels im Bruchmechanismus - spröd - zäh.
   - Hochtemperaturbereich: Methoden zur Bestimmung der Hochlagenzähigkeiten sind im Entwicklungsstadium.

2) Methodische Unsicherheiten bedingen ebenso wie statistische Unsicherheiten der Kennwertstreuungen eine Aussageunschärfe.

Beispiel 2: Risse unter Normal- und Schubbeanspruchung.

Das Rißspitzenumfeld eines schräg zur Beanspruchungsrichtung liegenden Risses wird durch Schub- und Normalbeanspruchungen (im ebenen Fall nach Modus I und II) bestimmt. Geht man davon aus, daß ein Sprödbruch beim Überschreiten der kritischen Werte K_{II} und K_I auftritt, lassen sich diese Werte experimentell für verschiedene K_{II}/K_I Verhältnisse bestimmen. In Abb. 11 sind für verschiedenste Werkstoffe resultierende Kennwerte - bezogen auf den jeweiligen K_{Ic}-Wert normal beanspruchter Risse - aufgetragen und mit den drei Versagenshypothesen: Maximalspannung, Dehnungsenergiedichte, Energiefreisetzungsrate verglichen. Zwei Punkte verdienen Beachtung:

- nach Aussage der Versagenshypothesen sollte ein schubbeanspruchter Riß gefährlicher sein als ein normal beanspruchter;
- die enorme Meßwertstreuung läßt keine Bestätigung einer Versagenshypothese zu /5/.

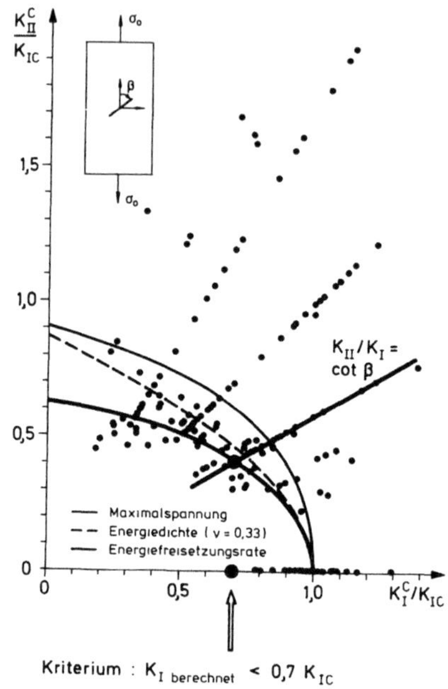

Abb. 11: Kriterien bei überlagerter Normal- und Scherbeanspruchung

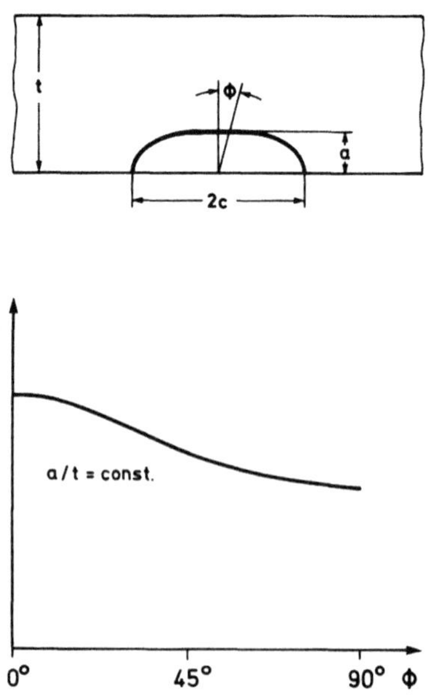

Abb. 12: K-Verlauf entlang der Front eines Oberflächenrisses /6/

Beispiel 3: Oberflächenrisse /6/

Schwierigkeiten bei der Übertragung der an 2-D Konfigurationen erzielten Ergebnisse auf dreidimensionale Bauteilbedingungen sollen mit dem Beispiel "Oberflächenriß" angedeutet werden. Abb. 12 zeigt den durch den Spannungsfaktor K beschriebenen, inhomogenen Verlauf der lokalen Beanspruchung entlang der Front eines Oberflächenrisses unter konstanter einachsiger Belastung nach Modus I. Das Wachstum eines derartigen Risses wird einerseits gesteuert durch diese inhomogene Beanspruchung, andererseits durch den entlang der Rißfront ebenfalls inhomogenen entgegenwirkenden Rißwiderstand.

4. Schlußbemerkung

Die Bruchmechanik hat für die quantitative Beschreibung von Versagensvorgängen eine Menge neuer Zugänge und Möglichkeiten eröffnet. Bei übereifriger Anwendung bruchmechanischer Ergebnisse wird manchmal vergessen, daß diesen Möglichkeiten - wie überall - auch Grenzen gesetzt sind. Daraus resultierende Fehlinterpretationen werden gern der Methode angelastet, gehen aber leider zu Lasten der Experten.

Literatur

1. z.B. Fracture (H. Liebowitz editor), Academic Press, New York and London Vol I-VII (1968-1972)
2. Siegele, D.; Sommer, E.; v. Meysenbug, C.M.: Theoretisch numerische Beanspruchungsanalyse und Versagensbeurteilung von Druckbehältern. Zeitschr. für Werkstofftechnik 11, (1980), S. 400-411
3. Blauel, J.G.: Konzepte und Möglichkeiten der Fließbruchmechanik zur Bewertung der Bruchsicherheit. Tagungsband 6. MPA-Seminar "Bruchkonzepte und zerstörungsfreie Prüfverfahren", Hrsg. MPA, Stuttgart 1980
4. Blauel, J.G.; Hollstein, T.; Wenk, M.: An Evaluation of Fracture Mechanics Material Parameters for the Reactor Pressure Vessel Steel 22 Ni Mo Cr 3 7 from WOL X-Specimens. In Proc. 1. Intern. Seminar Assuring Structural Integrity of Steel Reactor Pressure Vessels, ed. Steele, L.E. and Stahlkopf, K.E., Appl. Science Publishers Ltd Parking England 1980
5. Kordisch, H; Riedmüller, J.; Sommer, E.: The Strain-Energy-Density Criterion - Investigations for its Applicability. Int. Symp. on Absorbed Specific Energy and/or Strain Energy Density Criterion, Budapest, Ungarn, 17.-19.9.1980

6. Sommer, E.; Hodulak, L.; Kordisch, H.: Growth Characteristics of Part-Through Cracks in Thick-Walled Plates and Tubes. J. Pressure Vessel Technology, Vol. 99, pp 106-111 (1977)

Dr. Erwin Sommer
Fraunhofer-Institut für Werkstoffmechanik
Rosastr. 9
D-7800 Freiburg i.Br.
Bundesrepublik Deutschland

FACHWÖRTERVERZEICHNIS FÜR DIE BRUCHMECHANIK

ENGLISCH - DEUTSCH

Acceleration in fatigue crack growth rate	Wachstumsbeschleunigung des Ermüdungsrisses
Acid rain environmental effects	Umgebungseinfluß zufolge säurehaltigen Regens
Acoustic emission	akustische Emission
A.C. resistance technique	Wechselstromwiderstandsmeßverfahren
Adhesive joint	Klebeverbindung
Airy stress function	Airy'sche Spannungsfunktion
Alloy development	Legierungsbildung
Alloying	legieren
Alternating method	alternierendes Verfahren
- stress	alternierende Spannung
Analytical function	analytische Funktion
- method	- Methode
Analyzer	Analysator
Angle of incidence	Einfallswinkel
- of reflection	Reflexionswinkel
- of refraction	Brechungswinkel
Angular dependence	Winkelabhängigkeit
Anisotropic	anisotrop
Anti-plane strain	nicht-ebener Spannungszustand, mode-3
Apparent stress intensity	scheinbare Spannungsintensität
- toughness	- Zähigkeit
Applied load	aufgebrachte Last, Belastung
Arrest	Arretierung, Arrest, Stopp
- insert	Rißstoppelement
- strip	Rißstoppsegment, -streifen
- toughness	Arrestzähigkeit
Artificial crack	künstlicher Riß
ASTM requirement	ASTM-Normbedingung, -Anforderung
ASTM standard	ASTM Norm
Auxiliary test specimen	Hilfsprobe, Hilfsprüfkörper

Back free surface correction	Korrektur für die freie Probenrückfläche
Beam	Balken
Bend specimen	Biegeprobe
- , 3-point	Dreipunktbiegeprobe
Bending	Biegung
- strength	Biege-festigkeit
- stress	-spannung
- test	-versuch
Biaxial stress state	zweiachsiger Spannungszustand
Bifurcation	Verzweigung
Birefringence	Doppelbrechung
Birefringent coating	doppelbrechende Schichte
Blunt crack	abgestumpfter, ausgerundeter Riß
- notch	angestumpfte, ausgerundete Kerbe
Boom (truss), upper -, lower -,	Gurt, Ober-, Unter-,
Boundary collocation	Rand-Kollokation
- condition	-bedingung
Box girder	Kastenträger
Branching	Verzweigung
Branching velocity	Verzweigungsgeschwindigkeit
Bridges, service failure of	Betriebsversagen von Brücken
Bridging	Aussteifung, Versteifung
Brittle	spröde
Brittle-ductile transition	Spröd-Zäh-Übergang
Brittle fracture, Theory of -	Sprödbruch, -theorie
Buckling	knicken
- guide	Führung gegen Ausknicken
- , local	beulen
- strength	Knickfestigkeit
Bulging	schwellen, ausbauchen
Burst test	Berstversuch
Butt joint	Stumpfstoß
- weld	Stumpfnaht
Calculation	Berechnung, Rechnung
Calibration	Eichung, Einstellung
Cantilever beam (specimen)	Kragarm(probe)
Capacity, (load) carrying	Tragfähigkeit, Leistungsfähigkeit
Cartesian coordinates	Kartesische Koordinaten
Cast iron	Gußeisen
- steel	Gußstahl, Stahlguß

Casting	gießen, Guß-
- , grey iron -	Grauguß
- , malleable iron -	Temperguß
- , steel	Stahlguß
Castings	Gußstücke
CAT (crack arrest temperature)	Rißarresttemperatur
Caulk welding	Dichtungsschweißung
Caustic	Kaustik, Schattenpunkt
- , method of caustics	Kaustik-Methode
- , reflection	Reflexions-Kaustik
- , transmission	Durchlicht-Kaustik
Center line	Mittellinie, -achse
Center of gravity	Schwerpunkt
- of rotation	Drehpunkt
Ceramics	keramische Materialien
Change of cross section	Querschnittsänderung
Charpy specimen	Charpy-Probe
- test	-Prüfung
- V-notch	-V-Kerbe
Check	Überprüfung
Chevron marking	Chevron-Markierung
- notch	-Kerbe
Chord	Gurt, Sehne
Circular crack	Kreisriß, kreisförmiger Riß, Münzriß
- hole	Kreisloch
- polariscope	Zirkularpolariskop
Cladding	Verkleidung
Clearance	Toleranz, Spielraum
Cleavage	Spaltung
Cleavage crack	Spaltriß
- fibrous transition	Spröd-Zäh-Übergang
- fracture (strength)	Spaltbruch(festigkeit)
- plane	Spaltebene
Clip gauge	Meßgeber, Meßklemme
Cluster	Anhäufung, Gruppe
- of flaws	Fehlergruppe
Coalescence of voids	Hohlraumbildung
COD, crack opening displacement	COD, Rißöffnungsverschiebung
COD criterion	COD-Kriterium
- design curve	-Entwurfskurve
Cohesive force, - stress	Kohäsionskraft, -spannung

Collinear cracks	kollineare Risse, Rißserie
Collocation	Kollokations-Verfahren
Comined mode	gemischte Bruchbeanspruchung, - Mode
Compact tension specimen CT	Kompaktzugprobe
Comparison	Vergleich
Compatibility	Verträglichkeit, Kompatibilität
Complex potentials, - numbers	komplexes Potential, -e Zahlen
Compliance	Nachgiebigkeit
- measurement	- s-messung
Composite beam	Verbundträger
Conditional	bedingt, abhängig
Conjugate function	konjugierte Funktion
Consequences of failure	Versagensfolgen
Constant displacement energy release	Energiefreisetzung bei konst.Verschiebung
- load energy release	- bei konst. Last
Constraint (factor)	Behinderung, (Faktor der -)
Corner crack	Eckriß
Correction	Korrektur
- , dynamic	dynamische Korrektur
- , finite size	Korrektur für die endliche Größe
- , free surface	- freie Oberfläche
- , plastic zone	- plastische Zone
Corrosion fatigue	Korrosionsermüdung
- crack growth (rate)	Korrosionsermüdungsrißwachstum (s-geschwindigkeit)
Crack	Riß, Bruch
- acceleration	Riß-beschleunigung
- angle	-winkel, Bruchwinkel
- arrest	-arrest
- arrest concept	-arrest-Konzept
- arrest safety analysis	-arrest-Sicherheitsanalyse
- arrest segment	-arrestzone
- arrest specimen	-arrestproben
- arrest toughness	-arrestzähigkeit
- branching	-verzweigung
- , central	Zentralriß
- closure	Riß-schließung
- deceleration	-verzögerung
- driving force	-ausbreitungskraft
- extension, direction of - -	-ausbreitungsrichtung
- extension force	-ausbreitungskraft

Crack front	Riß-front
- front curvature	-frontkrümmung
- geometry	-geometrie
- growth (delay)	-wachstum(sverzögerung)
- initiation	-einleitung
- instability	-instabilität
- length	-länge
-like imperfections	-ähnliche Fehler
- opening displacement	-öffnung(sverschiebung)
- pattern	-muster
- problem	-problem
- propagation	-ausbreitung
- resistance (curve)	-widerstand(skurve)
- size	-größe
- speed	-geschwindigkeit
- starter	-starter
- tip (opening displacement)	-spitze(nöffnungsverschiebung)
- toughness	-zähigkeit
- velocity	-geschwindigkeit
CR-39 Columbia resin	CR-39, spannungsoptisches Material
Creep	Kriechen
Creep crack	Kriechriß
Criterion, criteria	Kriterium, Kriterien
Critical crack length	kritische Rißlänge
- defect size	- Fehlergröße
- stress intensity factor	- -r Spannungsintensitätsfaktor
- temperature	kritische Temperatur
Cross-grating	Kreuzgitter
Crystalline	kristallin
CTOD, crack tip opening displacement	CTOD, Rißspitzenöffnungsverschiebung
Cumulative damage law	Schadensgesetz
- fracture	Zerrüttungsbruch
Cup-cone fracture	Kalotten-Tassen-Bruch
Curvilinear coordinates	krummlinige Koordinaten
Cyclic plastic zone	zyklische plastische Zone
- stress range	- Spannungsvariation
Cylindrical coordiantes	Zylinderkoordinaten
Damage tolerance	Schadentoleranz, - spielraum
Dark field	Dunkelfeld
DCB specimen	DCB-Probe, Doppelbalkenbiegeprobe

Decohesion	Zerfall
Deformability	Verformbarkeit
Deformation field	Verschiebungsfeld, Deformationsfeld
Delayed retardation	verzögerte Verlangsamung
Depth (of crack)	(Riß)-tiefe
Design	Entwurf
- criteria (code)	- -skriterien(-vorschrift)
- curve for COD	- -skurve für COD
- stress	- -spannung
Detection	Auffindung, Erfassung
Diffraction	Beugung
Dilatation	Dilatation, Ausdehnung
Dimple	Grübchen, kleine Welle
Discontinuity	Unstetigkeit
Dislocation	Versetzung, Dislokation
Dislocation, edge -	Kantenversetzung
- mechanics	Versetzungsmechanik
- , pile-up -	Versetzungsanhäufung
- , screw -	Schraubenversetzung
- source	Versetzungsquelle
Dispersion	Wellenlängenabhängigkeit
Displacement	Verschiebung
Double cantilever beam, DCB	Doppelbalken (-probe)
- , tapered - ,TDCB	- , konische, TDCB
Double edge crack	symmetrischer Kantenriß
Drop weight (test), DWT	Fallgewicht (s-prüfung), DWT
- tear test, DWTT	- - Reißprüfung, DWTT
Ductile	duktil, zähe
- brittle transition	Zäh-Spröd-Übergang
- fracture	Zähbruch, duktiler Bruch
Ductility	Duktilität, Zähigkeit
Dugdale strip (yield) model	Dugdale'sches plastisches Zonenmodell
Duplex specimen	Duplex-Probe, Komposit-Probe
Dynamic	dynamisch
- crack growth	- -es Rißwachstum
- energy release	- -e Energiefreisetzung
- fracture testing	- -e Bruchprüfung
- fracture toughness	- -e Bruchzähigkeit
- loading	- -e Belastung
- photoelasticity	dynamische Spannungsoptik, - Photoelastizität

Dynamic stress intensity (factor)	dynamische(r) Spannungsintensität(s-faktor)
- tear test (specimen), DT	dynamische Reißprüfung, -probe, DT
Economic considerations	wirtschaftliche Betrachtungen
Eddy current inspection	Eddy-Strom-Prüfung
Edge crack	Kantenriß
Effect	Wirkung, Effekt
Effective crack size	effektive Rißlänge
- surface energy	- Oberflächenenergie
Elastic (coefficients)	elastische (Koeffizienten)
- compliance	- Nachgiebigkeit
- limit	Streckgrenze
- stress field	elastisches Spannungsfeld
elastic-plastic	elasto-plastisch
- fracture	elasto-plastischer Bruch
Elasticity, theory of	Elastizitätstheorie
Elasto-plastic fracture mechanics	Fließbruchmechanik
Electric potential method	Methode der elektr. Potentialmessung
Electron fractography	Elektronenfraktographie
Electron microscopy	Elektronenmikroskopie
- , scanning (SEM)	- , Raster- (REM)
- , transmission(TEM)	- , Transmission
Elliptical crack	elliptischer Riß
- integral	- -s Integral
Elongation	Verlängerung
Empirical relation	empirische Beziehung
Endurance limit in fatigue	notw.Spg.für Bruch bei 10^8 Lastspielen
Energy	Energie
- absorption	- -absorption, - aufnahme
- criterion	- -kriterium
- release rate	- -freisetzungsrate
Engineering concept, method	Ingenieurmethode
Engineering fracture mechanics	Ingenieur-Bruchmechanik
Environment	Umgebung
Equidensity	Äquidensite, Linie gleicher Schwärzung
Equilibrium of stresses	Gleichgewicht der Spannungen
Equipotential lines	Äquipotentiallinien
Equivalent elastic crack	äquivalenter elastischer Riß
Error (in use of K-singularity)	Fehler (bei der Verwendung der K-Singularität)
Etch pit	Ätzgrübchen

Exhaustion	Erschöpfung
Extrusion	Ausstoßung, Herausdrückung
Factor of safety	Sicherheitsfaktor
Fail-safety	Versagenssicherheit
Failure analysis	Schadensanalyse
- mode	Versagensmodus, Schadensmodus
Fastener failure	Versagen der Befestigung
Fatigue	Ermüdung
Fatigue crack	Ermüdungsriß
Fatigue crack acceleration	Ermüdungsriß-beschleunigung
- curve	-kurve
- delay	-verzögerung
- growth	-wachstum
- initiation	-einleitung
- prediction	-vorhersage
- propagation	-ausbreitung
- test	-versuch
- threshold	schwellwert
Fatigue failure	Versagen durch Ermüdung
- ,fretting -	Ermüdung durch Abnutzung
- hardening	Ermüdungsverfestigung
- limit	-grenze
- load	-belastung
- precrack	-anriß
- precracking	ermüdungsanschwingen
- rate transition	Ermüdungsgeschwindigkeitsübergang
- strength (reduction)	Ermüdungsfestigkeit, (Reduktion der -)
Ferrite-pearlite steel composite	ferritisch-perlitischer Stahl
Fibrous fracture	faseriger Bruch
Finite difference method	Finite-Differenzen-Methode
Finite element (analysis)	Finite Elemente (Berechnung, Analyse)
Finite size	endliche Größe
Fixed-grip energy release	Energiefreisetzung bei konstanter Verschiebung der Probenberandung
Flat tensile fracture	Zugbruch mit ebener Bruchfläche
Flaw	kleiner Riß, Imperfektion, Fehler
- shape (parameter)	Fehlerform (parameter)
- size	Fehlergröße
Flow stress curve	Fließspannungskurve
Force-displacement curve	Kraft-Verschiebungs-Kurve

Fractography	Fraktographie, Bruchflächenkunde
Fracture	Bruch, Riß
- analysis diagram	Bruch-analysendiagramm
- appearance	- -erscheinung
- - transition temperature FATT	Brucherscheinungsübergangstemperatur FATT
Fracture control guidelines	Bruch-überwachungsrichtlinien
- control (plan)	-überwachung(splan) -kontroll(plan)
- criterion	-kriterium
- instability	-instabilität
- map	-atlas
- mechanics	-mechanik
- mechanics parameters	bruchmechanische Kennwerte
- mechanisms	Bruchmechanismen
- mode	-mode
- mode transition	-modenübergang
- process	-prozeß
- process zone	-prozeßzone
- resistance	-widerstand
- resistance curve	-widerstandskurve
- surface	-fläche
- strain	-dehnung
- stress	-spannung
- toughness	-zähigkeit
- transition elastic FTE	Bruchverhaltensübergang, elastisch
- transition plastic FTP	- , plastisch
- work	Brucharbeit
Free surface correction (factor)	Korrektur(faktor) für die freie Oberfläche
Frequency dependence	Frequenzabhängigkeit
- effect	-einfluß, -effekt
- of inspection	Inspektionshäufigkeit
Friction stress	Reibungsspannung
Fringe	Linie eines Musters
- multiplication	Linienvervielfachung
- sharpening	Linienverschärfung
Front free surface correction	Oberflächenkorrektur für die riß-seitige freie Oberfläche
Frozen stress	'eingefrorene' Spannung
Fully plastic behavior	vollplastisches Materialverhalten

Gauge length of fatigue crack	Eichmeß- oder Kontroll-Länge des Ermüdungsrisses
G - concept	Rißausbreitungskraft-Konzept
General yield	globales Fließen
Geometrical discontinuity	geometrische Unstetigkeit
Girder	Träger (zusammengesetzter)
Grain (boundary)	Korn (-grenze)
Grain size	Korngröße
Griffith theory	Sprödbruchtheorie
Gross-section yielding	vorgeschrittener Fließbereich
Growth-controlled fracture	wachstumskontrollierte Bruchausbreitung
Heat tinting	anlassen
- treatment	Wärmebehandlung
Herring-bone structure	Fischgrätmuster (auf der Bruchfläche)
High-speed kinematography	Hochgeschwindigkeitskinematographie
- photography	- -photographie
Hinge, plastic	plastisches Gelenk
History of fracture mechanics	Geschichte der Bruchmechanik
- of stress	Spannungsgeschichte
Hole	Loch, Bohrung
Hooke's law	Hooke'sches Gesetz
Hydrogen cracking	wasserstoffinduzierter Bruch
- embrittlement	wasserstoffinduzierte Versprödung
Hydrostatic stress-state	hydrostatischer Spannungszustand
I-beam	I-Träger
Impact loading	Schlagbeanspruchung
Improvement	Verbesserung
Inclined crack	schräger Riß
Inclusion	Einschluß
Incompressible deformation	inkompressible Deformation
Incubation time	Inkubationszeit, Entwicklungszeit
Index of refraction	Brechungsindex
Inertia effects	Trägheitseffekte
Inherent fracture toughness	Eigen-Bruchzähigkeit
Inhomogeneity	Inhomogenität, Störung, Störstelle
Initiation	Anfang, Initiation
- , crack -	Rißeinleitung
Inspection	Inspektion, Überprüfung
- period	Inspektionsintervall

Instability, elastic	Instabilität, elastische
- , plastic	- , plastische
Instrumented Charpy (test), CVN	instrumentierter Charpy-Versuch CVN
Integration of crack growth	Integration des Rißfortschrittes
Intensification of stress	Spannungserhöhung
Intensity of light	Lichtintensität
Interaction effect	Wechselwirkungseffekt
Intercrystalline fracture	interkristalliner Bruch
Interference effect	Interferenzeffekt
Intergranular fracture	intergranularer Bruch
Internal necking	innere Einschnürung
- pressure	Innendruck
Interstitials	Zwischenraumbildungen
Intrusion	Eindringung
Irradiation damage	Bestrahlungsschaden
Isochromatic fringe pattern	Isochromatenbild
Isoclinic fringe pattern	Isoklinenbild
Isopachics	Isopachen
Isostatics	Isostaten
Isotropic point	isotroper Punkt
- state of stress	- Spannungszustand
J-integral	J-Integral
J-testing	J-Prüfung
K-calibration	K-Eichung
K-dominated zone	K-dominiertes Gebiet
Kinetic energy	kinetische Energie
Lateral deformation	seitliche Deformation
Leak-before-burst criterion	'Leck-bevor-Bruch'-Kriterium
Level of performance	Leistungsgrad
Light field	Hellfeld
Limit load	Grenzlast, Höchstlast
Limiting transition temperature range	Übergangstemperaturgrenzbereich
Limiting velocity	Grenzgeschwindigkeit
Line array	Linienmuster, -anordnung
- integral	Linienintegral
Linear elastic behavior	linear-elastisches Verhalten
Linear elastic fracture mechanics LEFM	Linear-elastische Bruchmechanik LEBM
Lines of force (stress trajectories)	Kraftlinien (Spannungstrajektorien)

Load	Last, Belastung
- COD diagram	Belastung-COD-Diagramm
- concentration factor	Lastkonzentrationsfaktor
- control	Belastungskontrolle, -überwachung
- cycles, number of	Lastspielzahl
- displacement curves	Last-Verschiebungskurven
- history	-Geschichte
- sequence	Lastfolge
- spectrum	-spektrum
Loading rate	Belastungsgeschwindigkeit
Loss factor	Verlustfaktor
Low strength	niedrige Festigkeit
- temperature	tiefe Temperatur, Tieftemperatur-
Lower shelf impact energy	Tiefplateau-Schlagenergie
Lüders band	Lüder'sche Linie, - Band
Macroscopic	makroskopisch
Magnetic particle inspection	Magnetpulver-Prüfverfahren
Magnification factor	Verstärkungsfaktor, Vergrößerungs-
Malleability	Verformbarkeit
Mandrel	Steckdorn
Mapping technique	Abbildemethode
Maraging steel	martensitaushärtender Stahl
Material selection	Werkstoffauswahl
Material, testing of -	Materialprüfung
Maximum load	Höchstlast
- shear strain	maximale Schubverzerrung
- shear stress	- Schubspannung
Mean stress	Mittelspannung
Mechanical Engineering	Maschinenbau
Mechanics, applied	angewandte Mechanik
- , fracture	Bruchmechanik
Mechanism	Mechanismus
Metal	Metall
Metallurgical analysis	metallurgische Analyse
Method, multiple point	Vielpunkt-Methode
- , 2-parameter	2-Parameter-Methode
Micro crack	Mikroriß
- flaw	-fehler
- structure	-struktur
- void	-hohlraum, -pore

Microscopic fracture behavior	mikroskopisches Bruchverhalten
Miner's law	Gesetz von Miner, Miner'sche Regel
Minimum service temperature	Minimalbetriebstemperatur
Mises yield criterion	von Mises'sches Fließkriterium
Mixed mode	gemischte Beanspruchungsart
- fatigue	- Ermüdungsbeanspruchungsart
Mode	Modus, Art
Mode, combined	gemischter Modus
- , mixed	gemischter Modus
- , opening (mode-1)	Rißöffnungsmodus,(Modus-1)
- , shear (plane, anti-plane)	Rißschermodus (eben, nicht-eben)
- , sliding (mode-2)	Rißschermodus (Modus-2)
- , tearing	Reißmodus
Model	Modell
- , 'dog-bone' -	"Hundeknochen"-Modell
Model material	Modellmaterial
Mohr's circle	Mohr'scher Kreis
Moiré line	Moiré-Linie
- pattern	-Muster
Monochromatic light	monochromatisches Licht
Multiple load path	Mehrfachlastweg
NDE, nondestructive evaluation	NDE, zerstörungsfreie Bewertung
NDT, Nil-ductility transition	NDT, Spröd-Zäh-Übergang
NDT, Nondestructive testing	NDT, zerstörungsfreie Prüfung
Necking	Einschnürung
Net section stress	Restquerschnitt-Spannung
- yield	Restquerschnitt-Fließen
Nodal point	Knotenpunkt
- point coalescence	-verschmelzung
Nominal stress	Nominalspannung
Non-cumulative fracture	isolierter Bruch
Nonlinear (load-displacement curve)	nichtlinieare (Last-Verschiebungskurve)
Non-propagating crack	ruhender Riß
Notch	Kerbe
Notch effect	Kerb-wirkung
- root	-grund
- sensitivity	-empfindlichkeit
Notched impact test	Kerbschlagprüfung
Nucleation	Rißkeimbildung
Numerical methods	numerische Methoden

Oblique incidence	Schrägeinfall
Offset (procedure)	Nachbarlagen, (Methode der -)
Optical interference	optische Interferenz
- methods	- Methoden
Ordered-sequence fluctuations	Schwankungen in regelmäßiger Folge
Overload effect	Überlastwirkung, -effekt
Over-shoot	Überschreitung (dynamische)
Parabola marking	Parabelmarkierung
Parabolic dimple	parabolische Eindrückung
Part-circular crack	Kreisabschnittriß
Part-through crack	Teildurchriß
Particle	Teilchen, Pulverteilchen
Path-independent (integral)	wegunabhängig(es Integral)
Peak load	Spitzenlast
Pearlite colony	Perlitanhäufung, -ausscheidung
Peierls-Nabarro force	Kraft auf eine Versetzung wirkend
Penetrant inspection	Eindring-Prüfverfahren
Penny-shaped crack	Kreisriß, münzförmiger Riß
Performance requirement	Durchführungsbestimmung
Phase shift	Phasenverschiebung
Photoelastic material	spannungsoptisches Material
Photoelasticity	Spannungsoptik, Photoelastizität
Pipeline	Rohrleitung
Pitting	Grübchenbildung
Plane of incidence	Einfallsebene
Plane polariscope	ebenes Polariskop
Plane strain	ebene Verzerrung
- , state of	ebener Verzerrungszustand (EVZ)
- fracture	EVZ-Bruch
- fracture toughness K_{Ic}	EVZ-Bruchzähigkeit
- plastic zone	plastische Zone im EVZ
- testing	EVZ-Prüfung
Plane stress	ebene Spannung
- , state of	ebener Spannungszustand (ESZ)
- fracture	ESZ-Bruch
- fracture toughness K_c	ESZ-Bruchzähigkeit
- plastic zone	plastische Zone im ESZ
- testing	ESZ-Prüfung
Plastic behavior	plastisches Verhalten
- collapse	plastischer Kollaps, - Versagen

Plastic constraint	Plastifizierungsbehinderung
- constraint factor	-behinderungsfaktor
- deformation	plastische Deformation
- hinge	plastisches Gelenk
- wings in notched bar bending	schweifenförmige plastische Gebiete bei der Biegung von gekerbten Stäben
- yielding	plastisches Fließen
- zone	plastische Zone
- zone correction	Korrektur für die plastische Zone
- zone, radius of	Radius der plastischen Zone
- zone shape	Form der plastischen Zone
- zone size	Größe der plastischen Zone
Plate test, wide	Großplattenversuch
Plate thickness	Plattendicke, Probendicke
Point force	Einzelkraft
Point loading of crack	Rißbelastung durch eine Einzelkraft
Polariscope	Polariskop
Polarized light	polarisiertes Licht
Polarizer	Polarisator
Polymer	Kunststoff
Polynomial stress function	Spannungsfunktions-Polynom
Pop-in	Rißstart, -einbruch, plötzliche Riß-initiation
Potential energy release rate	Energiefreisetzungsrate der potentiellen Energie
Practical problems	Beispiele, praktische Probleme
Pre-cracked	angerissen
Prediction of fatigue crack growth	Vorhersage des Ermüdungsrißwachstums
Pressure vessel	Druckbehälter, -gefäß
Principal axis (axes)	Hauptachse (-achsen)
- plane	Hauptebene
- strain, stress	Hauptdehnung, -spannung
Probability (density)	Wahrscheinlichkeit(-sdichte)
Processing	Fertigung, Verarbeitung
Programme fatigue loading	Ermüdungslastspielfolge, -programm
Projection of a crack	Rißprojektion
Proof loading	Prüflast
- specimen	Prüfkörper, Probe
- testing	Prüfversuch
Propagation	Ausbreitung, Fortpflanzung

Propagation, crack -	Rißausbreitung
- , wave -	Wellenausbreitung
Pure shear	reiner Schub
PVRC, recommendations on toughness requirements	Empfehlungen an die Bruchzähigkeitsanforderungen
Quality control	Qualitätskontrolle
Quarter-wave plate	Viertelwellenplatte
Quasi-brittle fracture	Quasisprödbruch
Radial stress	Radialspannung
Radiation damage	Strahlungsschaden
Radius of curvature	Krümmungsradius
Random	zufällig, Zufalls-
Random stress loading	Zufallsbelastung
Range	Bereich
RAT, ratio analysis diagram	RAT, Plateausenkungsanalysediagram nach Pellini
Rate	zeitliche Änderung, Geschwindigkeit
Rate sensitive	empfindlich gegenüber zeitlichen Änderungen
Ratio (cycle ratio)	Verhältnis (Frequenzverhältnis)
Ray of light	Lichtstrahl
Rayleigh wave	Rayleigh-Welle, Oberflächenwelle
R-curve	Rißwiderstandskurve
Recorder	Aufnehmer, Aufnahmegerät
Reduction in area	Querschnittsverminderung
Redundancy	Überfluß, Weitschweifigkeit
Reference flaw size	Referenz-Fehlergröße
- stress intensity factor	-spannungsintensitätsfaktor
Reflection	Reflexion
Refraction	Brechung
Relation	Beziehung
Residual strength	residuale Festigkeit
- stress	- Spannung
Resiliency	Elastizität (von Materialien)
Resistance curve , R-curve	Widerstandskurve , R-Kurve
- to crack extension	Widerstand gegen die Rißausbreitung
Retardation	Verzögerung, Verlangsamung
Reversed plastic flow	kompensierende Fließdeformation
Ridge marking	Kamm-Markierung
Rigid body motion	Starrkörperverschiebung

Ripple marking	Riffelmarkierung
River pattern	Flußmuster
Riveted panel	versteifte Scheibe
Rock	Fels
Root radius	(Kerb-,Riß-)spitzenradius
Rotational factor	Faktor für die Rißflankendrehung
Round-robin-test	multi-institutionelles Versuchsprogramm
Rubber elasticity	Gummielastizität
Rupture	Bruch, Gewaltbruch
Safe-life	gesicherte Lebensdauer
Safety	Sicherheit
Sandwich panel	geschichtete Platte, Sandwichplatte
Saw cut	gesägter Riß
Scaling from model to prototype	Maßstabsübertragung
Scanning electron microscope	Rasterelektronenmikroskop
Scattered light method	Streulichtverfahren
Schnadt test	Prüfung nach Schnadt
Scrawl	Krähenfuß (im Bruchbild)
Screening criteria	konservative, abschirmende Kriterien für Sicherheit
Secant construction (offset method)	Sekantenmethode
Secondary crack	Sekundärriß, Mikroriß
Separation of principal stresses	Trennung der Hauptnormalspannungen
Service conditions	Betriebs-bedingungen
- failure	-schaden
- failure analysis	-schadenanalyse
- life	-lebensdauer
- loading	-belastung
- temperatur	-temperatur
Sewing, method of - , (Irwin)	"Zunäh"-Methode (nach Irwin)
Shadow point	Schattenpunkt
- , double -	Doppelkaustik
- , method of -	Kaustik-Methode, Schattenpunktmethode
Shallow crack (notch)	flacher Riß, flache Kerbe
Shape factor	Formfaktor
Shear	Schub, Scherung
Shear-difference method	Schubdifferenzenmethode
Shear lips	Scherlippen
- modulus	Schermodul, Schubmodul
- strain	Schubverzerrung
- stress	Schubspannung

Sheet structure	Faltwerk, Flächentragwerk
Side groove	Seitenkerbe
Similarity law	Ähnlichkeitsgesetz
Single crystal	Einkristall
- edge notched (SEN) specimen	Einfachkantenrißprobe, SEN-Probe
- high load fluctuations	Einzelüberlastschwankungen
Singular point	singulärer Punkt
Singular stress field	singuläres Spannungsfeld
Singularity	Singularität
- , elastic	elastische Singularität
- , plastic	plastische Singularität
Sinusoidal loading	harmonische Belastung
Size correction	Größenkorrektur
- requirements (for specimens)	Anforderungen an die Probengröße
Skew	schief, schräg
Skin stress	Spannung im scheibenförmigen Panel
Slant fracture	schräge Bruchfläche
Slice	Schichte
Slicing of complex models	Zerlegung komplexer Modelle in Schichten
Sliding mode	Schermode, mode-2
Slip deformation	Gleitdeformation
Slow crack growth	langsames Rißwachstum
Small scale yielding	lokales Fließen
S-N-curves in fatigue	Spannungs-Lastspielzahl-Kurven bei der Ermüdung
Soft iron	Weicheisen
Soft testing machine	'weiche' Prüfeinrichtung
Specification	Bestimmung, Bezeichnung
Specimen size	Probengröße
Specimen, standard -	genormte Probe
Split forces	Spaltkräfte
Spread of plasticity	Ausdehnung bzw. Verteilung der plastischen Gebiete
square fracture	ebener Bruch, Trennbruch
Stable crack growth	stabiles Rißwachstum
Stage	Stufe, Phase
Standard	Norm, Vorschrift, Empfehlung
Standard test	Versuch nach Normvorschrift
Starter notch (crack)	Anfangskerbe, -riß
State of stress	Spannungszustand
Static fatigue	statische Ermüdung

Static loading	statische Belastung
- stress field	statisches Spannungsfeld
Steel	Stahl
- , high strength	hochfester Stahl
Stereography	Stereographie
Stiff testing machine	'steife' Prüfeinrichtung
Stiffener	Versteifung
- failure	Bruch der Versteifung
Stiffness matrix	Steifigkeitsmatrix
Stochastic	stochastisch, zufällig
Strain ageing	Verzerrungsalterung
- concentration	Verzerrungskonzentration
- controlled test	dehnungsgesteuerter Versuch
- energy density	Verzerrungsenergiedichte
- energy release rate	Verzerrungsenergiefreisetzungsrate
- gauge	Dehnungsmeßstreifen
- hardening	Verfestigung, Dehnungs-,
- hardening exponent	Verfestigungsparameter
- , principal	Hauptverzerrung
- rate	Verzerrungsgeschwindigkeit
- tensor	Verzerrungstensor
- time record	Aufzeichnung der Verzerrungsgeschichte
Strength	Festigkeit
Stress	Spannung
- amplitude	Spannungs-amplitude
- analysis	-analyse
- concentration	-konzentration
- concentration factor	-konzentrationsfaktor
- corrosion	-korrosion
- corrosion cracking	-korrosionsrißausbreitung
- corrosion threshold	-korrosionsschwellwert
- distribution	-verteilung
- field	-feld
- function	-funktion
- history	-geschichte
- intensification	-erhöhung
- intensity factor	-intensitätsfaktor
- line	-linie
- strain relationship	-Dehnungs-Beziehung
- trajectory	-trajektorie

Stress wave emission	Spannungswellenaussendung
- wave propagation	Ausbreitung elastischer Wellen
Stretch zone	Dehnzone, Gebiet großer Dehnungen
Striation	Riefelung, Streifung
- spacing	Riefelabstand
Stringer	Stütz-,Trag-, Querbalken
Stripping	abreißen, abschälen
Structure	Struktur, Bauwerk, Konstruktion
Strut	Strebe, Stütze
Subcritical crack growth SCC	unterkritisches Rißwachstum
Subgrain boundary	Subkorngrenze
Subslice	Sub-Schichte
Sulphur content	Schwefelgehalt
Superposition (principle)	Superposition(sprinzip)
Surface energy	Oberflächen-energie
- flaw	-fehler
- force	-kraft
- treatment	-behandlung
- wave	-welle
T - concept	Reißmodul-Konzept, T-Konzept
Tangent correction factor	Tangentenkorrekturfaktor
Tapered DCB specimen	konische DCB-Probe
Tearing	reißen, ausreißen, aufspalten
Tearing mode	Mode-3
- modul	Reißmodul
Technological limit line	technologische Grenze
Temper-brittle fracture	Anlaßsprödbruch
Temperature	Temperatur
Temperature shift	Temperatur-verschiebung
- transition	-übergang
Tensile mode fracture	Zugbruchmode, Mode-1
- stress, - strain	Zugspannung, -dehnung
- stress criterion	Zugspannungskriterium
Terminal condition	Endbedingung
Tesselated	mosaikartig ausgelegt
Test, ball hardness	Kugeldruckversuch
- , cold bend	Kaltbiegeversuch
- , compression	Druckversuch
- , endurance	Dauerversuch
- , fatigue	Ermüdungsversuch

Test, fatigue bend	Dauerbiegeversuch
- , hardness	Härteprüfung
- , repeated tensile	Dauerzugversuch
- , strength	Festigkeitsprüfung
- , tension	Zugversuch
Test duration	Versuchsdauer
- frequency	Versuchsfrequenz
- record	Versuchsaufzeichnung
Testing, nondestructive	zerstörungsfreie Prüfung
- , ultrasonic	Ultraschallprüfung
Testing of materials	Materialprüfung
Texture	Textur, Anisotropie
Thermal fatigue	Ermüdung durch Wärmebeanspruchung
Thickness	Dicke
- of specimen	Probendicke
Thin foil	dünne Schichte
Three-dimensional photoelasticity	Dreidimensionale Photoelastizität, - Spannungsoptik
Three-dimensional stress distribution	dreidimensionale Spannungsverteilung
Three-point loading	Dreipunkt-Belastung
Threshold	Schwellwert
Through-thickness crack	Durchriß
Tilting	neigen, Neigungs-
Time-edge effect	Alterungseffekt an Oberflächen
Time-to-failure	Lebensdauer
T-modul concept	Reißmodul-Konzept, T-Modul-Konzept
Tongue cleavage	Spaltzunge
Topography	Topographie, Oberflächenkunde
Total elastic potential	totales elastisches Potential
- useful life	nutzbare Gesamtlebensdauer
Toughness	Zähigkeit
Traction	Zugkraft, Zugbelastung
Transcrystalline fracture	transkristalliner Bruch
Transient	instationär
Transient loading	instationäre Belastung
Transition	Übergang
- , ductile-brittle	Zäh-Spröde-Übergang
- , fatigue crack	Ermüdungsrißübergang
- , fracture mode	Bruchmoduswechsel
- temperature	Übergangstemperatur

Transitional behavior	Übergangsverhalten
Transverse	quer-, Quer-
Tresca yield criterion	Fließkriterium nach Tresca
Triaxial state of stress	dreiachsiger Spannungszustand
True fracture strain	wahre Bruchdehnung
Truncation	Abbruch
Twinning fracture	Bruch an Zwillingsbildungen
Two-dimensional photoelasticity	Zweidimensionale Spannungsoptik, - Photoelastizität
Ultimate tensile stress	Zugspannung beim Bruch der Probe
Ultrasonic inspection	Ultraschallprüfung
Ultrasonics	Ultraschall-
Uncracked ligament length	ungerissene (Rest)querschnittslänge der Probe
Uniaxial stress state	einachsiger Spannungszustand
Unloading, method of partial -	Methode der partiellen Entlastungen
Unstable crack extension	instabiles Rißwachstum
- crack propagation	instabile Rißausbreitung
- fracture	instabiler Bruch
Upper shelf energy level	Energieniveau der Hochlage
Validity criteria	Gültigkeitskriterien
Variable amplitude loading	Belastung mit variabler Amplitude
Velocity	Geschwindigkeit
- , branching	Verzweigungsgeschwindigkeit
- , crack	Rißgeschwindigkeit
- , critical	kritische Geschwindigkeit
- , limiting	Grenzgeschwindigkeit
- , sound	Schallgeschwindigkeit
Virtual work principle	Prinzip der virtuellen Arbeit
Viscoelasticity	Viskoelastizität
Visual inspection	visuelle Inspektion
Void	Hohlraum, Leerstelle
- coalescence	Hohlraumvereinigung
- growth	Hohlraumwachstum
- initiation	Initiation von Hohlräumen
Volume fraction	Volumsanteil
von Mises yield criterion	Fließkriterium nach von Mises
Warping	Verwerfung, Unebenheit

Water vapor	Wasserdampf
- vapor effect on fatigue	Einfluß des Wasserdampfes auf die Ermüdung
Wave	Welle
Wave equation	Wellengleichung
- front	-front
- length	-länge
- plate	-platte
Wave, longitudinal	Longitudinalwelle
- , shear (transversal)	Scherwelle (Transversalwelle)
Weak	weich, schwach
Wear	Abnützung
Web	Steg
- joint	Stegblechstoß
- , plate girder -	Blechträgersteg
Wedge force	Aufkeilungskraft
- opening loading specimen WOL	Spaltkeilprobe WOL
Welding	schweißen
Weldment	Schweißung
Weldment testing	Schweißprüfung
White light	weißes Licht
Work-hardening	Deformationsverfestigung
Wrought iron	Schmiedeeisen
X-ray inspection	Röntgenstrahlprüfung
Yield criterion	Fließ-kriterium
- strength	-festigkeit
- stress	-spannung
Yielding	fließen
Young's modulus	Elastizitätsmodul
Zero point	Nullpunkt
Zone of plastic deformation	plastische Zone
- of transition	Übergangszone

NAMENVERZEICHNIS

SACHVERZEICHNIS

H. Parkus

Mechanik der festen Körper

Unveränderter Nachdruck
der 2., neubearbeiteten und um 123 Aufgaben erweiterten Auflage

1981. 281 Abbildungen. X, 368 Seiten.
Geheftet öS 398,–, DM 56,–
ISBN 3-211-80777-2

Aus den Besprechungen zur 2. Auflage:

„Verglichen mit anderen Darstellungen der Mechanik des festen Körpers mit ähnlichem Stoffumfang unterscheidet sich das vorliegende Buch vor allem darin, daß mit verhältnismäßig wenig Seiten ein recht großes Gebiet erfaßt wird. Der Verfasser erreicht diese Konzentration durch eine vom Üblichen abweichende Stoffaufteilung und die Herleitung der Grundgesetze für Massenpunkt und starren Körper aus den allgemeinen Prinzipien für deformierbare Körper. Ferner werden neben den für gewöhnlich in einem Mechanikkurs vorausgesetzten Mathematikkenntnissen hier bereits im ersten Viertel Sätze aus der Vektoranalysis herangezogen. Die dadurch erreichte Staffelung des Stoffes ermöglicht es, im Rahmen der nur 368 Seiten sich mit Gebieten zu befassen, die sonst fast ausschließlich in der den betreffenden Gegenständen gewidmeten Spezialliteratur zu finden sind..."

ZAMP Zeitschrift für angewandte Mathematik und Physik

Springer-Verlag Wien New York

GPSR Compliance

The European Union's (EU) General Product Safety Regulation (GPSR) is a set of rules that requires consumer products to be safe and our obligations to ensure this.

If you have any concerns about our products, you can contact us on ProductSafety@springernature.com

In case Publisher is established outside the EU, the EU authorized representative is:

Springer Nature Customer Service Center GmbH
Europaplatz 3
69115 Heidelberg, Germany

Batch number: 10584556

Printed by Printforce, the Netherlands